黄檗遗传改良

程广有　唐晓杰　王井源　任文利　著

科学出版社

北　京

内 容 简 介

黄檗为芸香科黄檗属落叶乔木，集用材、药用和绿化于一身，是东北地区重要的经济树种，具有很高的研究价值和开发价值。本书围绕黄檗遗传改良，重点介绍国内黄檗种质资源、改良策略、育种目标、变异规律、良种选育、开花结实、杂交育种、遗传测定、良种繁育和高效栽培等理论与技术。

本书适用于农林高等院校师生、林业科研院所和生产单位研究与技术人员参考。

图书在版编目（CIP）数据

黄檗遗传改良 / 程广有等著. —北京：科学出版社，2020.12
ISBN 978-7-03-067198-1

Ⅰ. ①黄… Ⅱ. ①程… Ⅲ. ①黄柏-遗传改良 Ⅳ. ①S792.310.4

中国版本图书馆 CIP 数据核字（2020）第 244698 号

责任编辑：张会格 刘 晶 / 责任校对：郑金红
责任印制：吴兆东 / 封面设计：无极书装

科 学 出 版 社 出版
北京东黄城根北街 16 号
邮政编码：100717
http://www.sciencep.com

北京虎彩文化传播有限公司 印刷
科学出版社发行 各地新华书店经销

*

2020 年 12 月第 一 版 开本：720×1000 1/16
2020 年 12 月第一次印刷 印张：16 3/4
字数：334 000
定价：168.00 元
（如有印装质量问题，我社负责调换）

前　言

黄檗(*Phellodendron amurense* Rupr.)为芸香科黄檗属落叶乔木，主要分布在我国北部、朝鲜、日本及俄罗斯远东地区。黄檗为雌雄异株，树皮灰色深沟状，木栓层较厚，内皮鲜黄色，奇数羽状复叶对生，小叶具透明小点，小枝暗紫红色。花序顶生，花瓣紫绿色，萼片阔卵形，花期 5～6 月，果熟期 9～10 月。

黄檗是我国东北阔叶红松林的重要伴生树种，古近纪和新近纪孑遗种，国家二级保护植物。由于 20 世纪八九十年代人类的严重破坏，野生黄檗资源急剧减少，处于濒危状态，1987 年《中国珍稀濒危保护植物名录》（第一册）将黄檗定为渐危种。

黄檗是"东北三大硬阔"之一，为珍贵的用材树种。材质优良，宜作高档家具，具有抗菌、抗毒、永不虫蛀等功能，被誉为"木中之王""药木家具"。

黄檗与厚朴和杜仲并称为"三大木本植物药"，黄檗韧皮部是我国名贵的传统中药材——关黄柏。关黄柏具有清热燥湿、泻火解表、退虚热之功效，并具有独特的抗真菌作用。关黄柏的药用历史源远流长，《神农本草经》、《医学启源》、《本草纲目》和《本草求真》等对黄柏的药用价值作了精辟的论述。

黄檗资源远远满足不了市场需求，人工林建设迫在眉睫。黄檗良种选育工作滞后，导致人工林建设缺乏良种。黄檗功能品种的选育和推广，既可以扩大种植面积，又可以提高营林效益。

21 世纪以后，尤其是近十年来，黄檗遗传改良和人工林培育逐步受到重视，黄檗经济性状种内遗传变异规律研究取得初步成果，为功能品种选择奠定了良好的基础。20 世纪 80 年代吉林省开展了黄檗优树选择，并建立了优良种质基因库和初级种子园；目前黄檗种子园进入开花结实期，可以为优质苗木培育提供良种，同时，在黄檗种子园经营管理过程中积累了经验，为营建高世代黄檗种子园奠定了基础；开展了黄檗控制授粉与杂交育种，获得一批杂种苗，正在对杂交后代进行鉴定与选择；黄檗组培繁殖和扦插繁殖技术取得突破性进展，为实现黄檗无性系造林奠定了基础。

为促进黄檗遗传改良研究工作的深入开展，提高黄檗经营效益，我们将近十年来黄檗研究成果汇集成册——《黄檗遗传改良》。本书重点介绍了黄檗种质资源、改良策略、育种目标、变异规律、良种选育、开花结实、杂交育种、遗传测定、良种繁育、高效栽培等理论与技术，力求理论联系实际、简明扼要。由于水平所限，疏漏在所难免，敬请同行和广大读者批评指正。

著　者

2020 年 1 月 10 日

目　　录

1 黄檗资源与育种目标

地球上的动、植物经历了 6 亿多年自然演化过程，形成今天复杂而丰富的生物多样性，也构成我们人类的巨大财富。生物多样性是自然进化的结果，也是进化的动力之一，因为复杂多变的自然客观环境要求有尽可能多样的生物来适应，也使生物界在适应这个环境的过程中丰富和壮大了自身，从而有了今天包括人类在内的生物种群的大繁荣、大兴旺。生物多样性（即生命元素）和生态过程（各物种之间以及物种与环境之间的相互作用）一起构成了地球的生物圈。

生物多样性之所以受到全球范围的关注，是因为它是一个包揽了可提高人类生活和福利的自然生物财富的术语，它是人类生存和发展的物质基础。它不仅为人类提供食物、能源、药品和工业原料，还在维持生态平衡和稳定环境方面发挥着重要作用，对人类和生物圈是一种不可替代的财产。保护生物多样性，是保护自然与保护地球的一个重要部分，无疑，也是在保护我们自己。

生物多样性的基本范畴主要指生态系统多样性、物种多样性和遗传多样性 3 个层次。生态系统多样性是指生物圈内生境、生物群落和生态学过程的多样化以及生态系统内生境差异和生态过程变化的多样性。物种多样性是指某一区域内物种的多样化，主要从分类学、系统学和生物地理学角度对一定区域内物种的状况进行研究。遗传多样性作为生物多样性的重要组成部分，是生态系统多样性和物种多样性的基础。广义的遗传多样性是指地球上所有生物所携带的基因总和，但通常是指物种内不同群体之间或一个群体内不同个体的遗传变异，包括遗传变异水平的高低和群体遗传结构的差异。对一个物种来说，其遗传变异越丰富，对环境变化的适应性就越大，遗传多样性贫乏的物种，通常在进化上的适应性就弱。

近百年来，由于世界人口的高速增长，人类经济活动的不断加剧，地球上的生物多样性正在急剧下降。尤其是在生物多样性十分丰富的热带、亚热带发展中国家，由于人口膨胀和经济发展所带来的压力，生态系统正受到严重的破坏，大量物种已经灭绝或处于濒危状态。遗传多样性是无比珍贵的，但目前如整个生物多样性一样，遗传多样性也正受到严重威胁。随着全球生态系统的急剧退化，如人口剧增和资源不合理开发利用、森林大面积减少、湿地干涸、草原退化等，其产生了严重的后果，表现在两个相关过程：第一是物种灭绝和种群数量缩减的速度正在加快；第二是地球生物界遗传多样性降低而引起的生物的明显同质化。由于自然或人为因素，使物种或种群遭到损失而降低遗传多样性，这一现象又称为遗传流失或遗传贫瘠。而人类对生物资源的依赖和需求却在日益增大。在这些严酷的事实面前，人们终于认识到，自然界中物种的多样性和进化潜力是人类赖以生存和发展的物质基础，保护物种及其所蕴藏的遗传多样性就是保护生物多样性，就是保护人类赖以生存的资源，就是保护人类自己。

森林遗传资源是生物多样性的重要组成部分，是一个国家拥有的最有价值、最有战略意义的财富。有了种类繁多和各具特色的遗传资源，就可以满足人类生存和发展的多种需要。保护遗传资源关系到保护森林生产力和提高森林质量，同时也关系到保护国家自然资源、生物多样性和人类的生存环境。森林遗传资源是林木育种的物质基础，是决定育种效果的重要因素，育种工作成效的大小，很大程度上取决于能掌握的遗传资源及有科学依据地选择利用这些资源。

1.1 育种资源的重要性

1.1.1 遗传资源的战略意义

遗传资源又称种质资源。种质是指植物亲代传递给子代的遗传物质，它往往存在于特定品种之中。例如，古老的地方品种、新培育的推广品种、重要的遗传材料以及野生近缘植物等都属于遗传资源。

遗传资源也可称为基因资源，是指以种为单位的群体内的全部遗传物质或种内基因组、基因型变异的总和。栽培植物遗传资源又常称为种质资源或品种资源。《中华人民共和国种子法》(以下简称《种子法》)已由中华人民共和国第九届全国人民代表大会常务委员会第十六次会议于 2000 年 7 月 8 日通过，《种子法》的制定目的是为了保护和合理利用种质资源，规范品种选育和种子生产、经营、使用行为，维护品种选育者和种子生产者、经营者、使用者的合法权益，提高种子质量水平，推动种子产业化，促进种植业和林业的发展。《种子法》第十一章第七十四条指出：遗传资源是指选育新品种的基础材料，包括各种植物的栽培种、野生种的繁殖材料以及利用上述繁殖材料人工创造的各种植物的遗传材料。

纵观世界农业的发展与飞跃，无不是以品种改良为重要基础的。作物品种的改良，在品质、丰产性、成熟性、抗性等方面的要求越来越高，需要从扩大作物品种的基因库入手才能取得成功。抗逆、抗病和能在严酷环境中生存的物种或适应基因，大都来源于野生种，来源于自然生态系统。作物野生种及其野生近缘种的保护和利用是现代化农业可持续发展的一个重要方面。人们常说："一粒种子改变了世界""一个基因可以影响一个国家的兴衰""一个物种可以左右一个地区的经济命脉"，这是对遗传资源重要作用的形象评价。

在自然界，所有生物都表现自身的遗传现象，它是生命延续和种族繁衍的保证。农谚说"种豆得豆，种瓜得瓜"，就是对遗传现象生动的描述。

生物细胞里有许多称为染色体的双螺旋长链，它是由一种生物大分子——脱氧核糖核酸（DNA）组成的。DNA 分子是由 4 种核苷酸错综复杂地排列组合构成的长链，生物的遗传信息即寓于脱氧核糖核酸之上，DNA 很长，核苷酸很小。因此，一个 DNA 分子包含的遗传密码数量十分惊人。如果把一个核苷酸当作一个字符的话，一个普通植物细胞里贮存的遗传信息大概相当于一个小型图书馆全部藏书的字数。生物界如此千姿百态、丰富多彩，其奥妙即在于此。

地球上约有 100 万种动物、30 万种植物和很多微生物，那里面蕴藏着丰富多样的基因资源，只要发掘和利用其中的一小部分，就足以为培育植物新品种开辟广阔天地。

随着现代科学的发展，科学家已经将世界上大部分植物有用的基因收集起来，贮存在一个"仓库"中，这个仓库就称为"基因库"，通俗的名称为"种质库"，用以保存种质资源。库内有先进的保温隔湿结构和空调等，常年保持着低温、干燥环境，减缓种子新陈代谢，延长种子寿命，使种子在几年乃至近百年仍不丧失原有的遗传性和发芽能力。实际上，单个基因——DNA 片段不便于分离和贮存。基因库中收藏的品种乃是完好的基因组合——植物种子或者组织细胞。因为农作物品种的基因组成已经查明，并已绘制成基因图贮存在电脑里，待需要应用某种特殊基因时，只要提取相应的种质材料进行遗传分离就可以了。有了这个基因库，就会很方便获取所需育种材料，并直接应用于培育所需的有用的新品种或新物种。

1.1.2 遗传资源的重要性

植物资源是在不同生态条件下经过上千年的自然演变形成的，蕴藏着各种潜在可利用基因，是国家的宝贵财富，是人类繁衍生存的基础。只有具备丰富的育种资源，育种新途径和新技术才能充分发挥作用。

1）培育新品种的物质基础

野生资源十分重要和珍贵。所有栽培植物品种都起源于野生植物。品种的形成过程就是人类利用自然资源的过程，育种所需要的基因广泛蕴藏于自然资源之中。因此，野生资源是选育新品种的重要和不可替代的育种资源。

2）植物高世代育种的需要

在集约经营和选育过程中，往往把注意力集中在少数经济性状上，从而使群体或个体的遗传基础变窄。为了能在今后的育种，尤其是高世代育种中不断取得理想的增益，就必须有丰富的育种资源做后盾。

3）基因型保护

现存的每一株生物个体都是基因的载体，拥有特定的基因型。随着经济的发展，市场需求将会发生变化，对新品种的要求也会发生变化。因此，在搜集、保存育种资源时，注重多种基因型保护，要兼顾当前需要与长远需要，既要考虑直接利用，还要考虑具有潜在利用价值的资源保护。

4）抢救濒临毁灭的树种资源

树木育种资源是生物长期演化的产物，来之不易，却可能在一瞬间遭到破坏。由于森林的大量砍伐，许多珍贵的育种资源遭到毁灭。因此，抢救濒临毁灭的树种已迫在眉睫。

林木育种资源是指在选育林木优良品种工作中能利用的一切繁殖材料，包括直接利用和间接利用、当前应用和将来应用。根据来源可将林木育种资源分为三类。

（1）本地育种资源，包括人工栽培的和自然生长的两类，有以下特点：具有高度的地区适应性（土壤、气候）；如果已经栽培推广，经济性状好；处于自然生长状态的资源蕴藏着大量优良基因型，经过驯化或改进即可选育出众多优良品种。本地育种资源是林木育种最基本的原始材料。

（2）外地育种资源，是指从国外或外地引入的繁殖材料。它们各自具有不同的遗传特性，有些是本地所欠缺的特殊种质（遗传物质），通过杂交等手段把有利基因引进到新品种中，作为杂交亲本之一可增强杂种优势，是重要的育种资源。

（3）人工创造的育种资源，是指通过杂交、诱变等措施创造出新类型或新品种。这类资源往往已综合了各种优良性状，并对其起源、习性、利用状况比较了解，应用起来方便可靠。

任何育种计划，在确定目标之后，首先就要准确选择原始材料，这在很大程度上决定了育种目标能否实现，而原始材料的选择又取决于掌握的育种资源的多少。掌握丰富的育种资源，是实现育种目标的物质基础，是充分发挥育种新技术的前提。

收集育种资源要有战略眼光。不同的生产阶段，建设目标不同、市场需求不同，对林木新品种的要求也不同。因此，在搜集、保存育种资源时，不能只重视当前需要的，还要对具有潜在利用价值的资源加以收集和保护。丰富的育种资源是今后育种中不断取得理想增益的保障。

掌握了育种资源，才能有效地实施育种计划，并取得预期的增益。在一个育种计划中，增益的实质是通过改变基因频率获得的，目的是增加所需性状基因的频率，减少那些不需要性状基因的频率。所以必须首先确定哪种是符合希望的基因或基因综合体，应将它们列为优先保护的对象；其次是确定具有潜在利用价值的基因或基因综合体。育种资源的收集常常结合育种目标，侧重于经济性状优良性，而忽视树种的适应性，这往往会给高世代育种带来意想不到的问题。为此，育种资源的收集既要考虑当前的经济需要，又要兼顾未来的需求变化和适应性。

黄檗育种资源的调查和收集工作报道较少，黄檗育种资源的保护应与属内种间分化及遗传结构的研究相结合，即先从研究种间和种内的遗传变异规律着手，因为遗传改良首先利用的是现有的遗传变异。黄檗育种资源可以利用优树收集圃的方式或结合采穗圃的营建加以收集。通过有性或无性途径，繁殖黄檗植株，栽种到其他适合其生长的地区，即为易地保护。易地保护比就地保护成本低、安全性高，同时调查、观测、研究方便。就地保护天然群体——建立自然保护区，是为了保护黄檗的生态系统。目前黄檗已经被列为吉林省一级保护植物，明确规定严禁破坏和采伐黄檗植株。但是，受经济利益的驱使，滥砍盗伐现象时有发生，给该树种天然林保护带来严重威胁。基因和基因综合体的保护同样是黄檗当前和今后所面临的重要课题。近年来黄檗数量进一步减少，面临灭绝的危险。成功的自然繁殖对于保护种群十分必要。加强黄檗林分的抚育和清林，创造有利于其自然更新和生长发育的环境条件，可以提高黄檗的自然更新能力，有利于野生育种资源的保护。同时，保存花粉和试管保存无性繁殖材料，可以降低保护成本，减少空间，提高育种资源保护的安全性。

1.1.3　植物遗传资源保存的发展和现状

联合国粮食与农业组织（FAO）于 1957 年开始发行《植物遗传资源通讯》，1961 年组织召开了有关的技术讨论会。1963 年成立植物资源考察专家小组，组织并制定种质资源收集、保存和交换条例。1968 年成立森林遗传资源专家小组。1983 年成立粮食和农业植物遗传资源委员会。1995 年工作范围扩大，包括了农业生物多样性内容，建立森林遗传资源政府间技术工作组。1996 年 6 月在德国莱比锡召开了植物遗传资源国际技术大会，根据会前对世界各国植物遗传资源，包括森林遗传资源现状的调查，发表了"世界粮食与农业植物遗传资源现状的报告"。该报告指出，20 世纪七八十年代，人们意识到植物遗传资源受到了威胁，全世界基因库的数量和规模急剧增加，异地保存的粮食和农业植物种质资源约达 700 万份，其中约 527 000 份保存在大田基因库。同时，全世界已建成各类低温种质库 500 多座，收藏种质资源 180 万多份，其中禾谷类 120 万份、豆类 35 万份、根茎类 8 万份、饲料类 20 万份。美国 80 年代建于科罗拉多州的科林斯堡种质库是世界上最大的种质库，收藏种质 20 多万份。设置于北京的中国农业科学院国家种质库，收藏种质 33 万多份。种质库为研究植物的起源和进化、培育农作物新品种奠定了丰富的物质基础。但在森林遗传资源中，除开展过遗传改良的造林树种及珍稀濒危树种有少量异地保存外，自然保护区是森林遗传资源的主要保存形式。也有些国家选择优良林分作为遗传资源加以保存。

野生植物是遗传资源的重要组成部分，它具有高度的适应性和抗性基因。人类很早就在农业生产中有意识地开展对遗传资源的利用，但人类的许多举措也使相当数量的遗传资源遭受破坏。近 20 年来，中国环境变化很大，经济高速发展，野生植物资源遭到了不同程度的破坏。

虽然中国农作物种质保存的成绩值得骄傲，但是对林木、药用植物、花卉等种质的关注却显得太晚。2000 年政府才开始关注林木种质资源，目前只能说是起步阶段，对于现在占有很大经济份额的药用植物、花卉等的遗传资源保护、收集和研发工作，我国开展得相对就更少了。中国在世界上被称为"园林之母"，但我们在花木市场占有的份额与这个称谓却不太相称。诸多原因导致我们宝贵的遗传资源流出国门。例如，兰花、牡丹等在中国有着悠久栽培历史的品种，原植株都在中国，但是利用的栽培技术和销售市场却在国外企业手中。我们不但失去了遗传资源，其产品市场也从手中一点点丢失。

种质搜集、保存更重要的一个目的是发掘它们的经济价值和利用价值。正如科学家们所言：未来谁拥有资源，谁就将掌握主动权。

1.1.4　遗传资源的国家战略

现在发达国家提出要便利获取遗传资源，发展中国家希望能出台一份具有法律约束力的文件，以此制约发达国家获取资源后不想以利益回报的行为，而发达国家对此则采取了消极的策略。中国科学院植物研究所马克平研究员 1996 年指出了这场国际"拔河"的节点，即一方面耗时间，采取的方式是要求对每个物种分别谈；另一方面却加紧通过一些其他方式获取遗传资源。

根据《生物多样性公约》规定：一国生物资源被视为国家主权范围，遗传资源的取得须经提供这种资源的缔约国事先知情同意，而且提供遗传资源的国家有权"公平分享研究和开发此资源成果及商业和其他方面利用此种资源所获得的利益"。

中国在遗传资源方面的立法比较薄弱。1989 年国务院颁布《种子管理条例》等一些相关法规和条例，对遗传资源的输出、引进及其管理还没有明确且具体的规定。我们现在甚至都不清楚国内的遗传资源有多少被带出国了，这也是管理上的一个漏洞。南美、东南亚的一些生物资源比较丰富的国家对物种的出入境管理非常严格，凡是活性材料均不允许出境，中国只是对濒危保护物种有限制，对生物资源一直没有严格的限制。据美国官方公布的一组数据显示，至 2002 年 6 月 30 日，从中国引进植物资源 932 个种、20 140 份，其中大豆 4452 份，包括野生大豆 168 份。而中国官方记录同意提供的仅仅只有 2177 份，并且野生大豆并没有被列入对外提供的品种资源目录中。相关媒体曾刊登文章说，中国农业科学院对外品种交换机构有关专家介绍，特别在 1993 年以后，由于出访考察、接待来访和合作项目太多等原因，物种资源的引进和输出在一定程度上处于失控阶段。据专家的保守估计，最近 10 年输出的生物遗传资源不仅在数量上要远远高于前 20 年的总和，而且在质量上也包含了大量优良基因。

我国人民保护遗传资源的意识淡漠。大多数人的心中没有遗传资源具有战略用途的意识，常常因为蝇头小利而将国家的宝贵资源拱手出售他人。例如，韩国境内没有红松植物，许多韩国植物研究者便通过与境内的一些人勾结，花费极低的代价，巧取我国的红松遗传资源。国内还有一些"洋奴学者"，为了换取出国机会或者获取个人利益而不惜一切代价，将国内的许多宝贵资源通过各种不正当途径输送到国外。由于无知而导致遗传资源流失实属无奈，为了换取个人的利益而导致遗传资源流失实则因小失大，由于某些学者遗传资源意识淡薄而导致遗传资源流失实在可悲。

2001年10月22日，在联合国于德国波恩召开《生物多样性公约》会议开幕日当天，绿色和平组织揭发了跨国农业企业孟山都公司（总部在美国）试图以垄断性的专利权，控制源自中国的野生大豆和栽培大豆，威胁地球生物多样性的"野心"。据了解，孟山都公司这份在全球101个国家申请64项专利的大豆，其材料是一种来自中国的野生大豆。而孟山都之所以获得这份野生大豆，是美方从中国获取后送到美国国家种质库保存，孟山都再从美国国家种质库获得。在对来自中国上海附近的这种野生大豆品种的检测和分析中，孟山都公司发现了与控制大豆高产性状密切相关的基因"标记"，孟山都公司都用这一野生大豆品种作为亲本，与一栽培大豆品种杂交，培育出含有该"标记"的大豆。植物遗传资源是在不同生态条件下经过上千年的自然演变形成的，蕴藏着各种潜在的可利用基因，是国家的宝贵财富，是人类繁衍生存和发展的物质基础，国家把这些资源收集起来作为战略资源加以储备以备子孙后代加以利用，意义重大。

1.2 黄檗育种目标

1.2.1 黄檗的用途

黄檗集木材、药用、绿化等功能于一身。黄檗用途广泛，全身都是宝，被誉为"黄金树种"。

黄檗以树皮入药，为传统大宗常用中药材，是清热去毒药材中的上品，具有泻肾火、清湿热、解疮毒等功效。黄檗属稀有珍贵树种，与水曲柳、核桃楸并称"东北三大硬阔"，有"木中之王"的美誉。

1.2.1.1 药用价值

黄檗与厚朴和杜仲并称为"三大木本植物药"，其韧皮部是我国名贵的传统中药材——关黄柏。关黄柏具有消热燥湿、泻火解表、退虚热之功效，并具有独特的抗真菌作用，在临床中被广泛应用。黄檗含有多种药用成分，其中主要有小檗碱、掌叶防己碱和药根碱等生物碱类及黄酮类化合物等。

1）药用功能

关黄柏是中国大宗的常用中药材。

药材本品为黄檗树的干燥树皮。关黄柏药材呈稍弯曲的小板片状或浅槽状，边缘不整齐，长宽不等，厚 1～6mm，栓皮多已剥离。外表面是平坦或纵沟纹、黄褐色或黄棕色，有的可以见到皮孔痕及残存的灰褐色粗皮。内表面灰黄色或黄色，具有细密的纵棱纹。质地坚硬而体重轻，容易折断，断面纤维性，呈裂片状分层的深黄色。药材气味微小，味道极苦，嚼之有黏性，能把清水染成黄色。本品以皮厚、横断面为鲜黄色、无栓皮者为佳。

关黄柏的药用历史源远流长，最早见于《神农本草经》（1～2 世纪）。关黄柏原名"檗木"，书中将其列为药材"中品"。明朝名医李时珍的《本草纲目》（公元 1578 年）记述："东垣、丹溪皆以黄柏为滋肾降火之要药。"

关黄柏内服能治疗尿路感染、前列腺炎、黄疸、痢疾、肠炎、湿热痿痹、白带、遗精、便血和痔漏等症，外用能治疮疡、口疮、湿疹、黄水疮、烧烫伤等症。

黄檗植株粉碎，经萃取可以获得开胃性食品添加剂。在日本，黄檗叶已经开发作为美容商品和治疗便秘药品的原材料。相信随着黄檗化学成分研究工作的开展，人们对黄檗的认识会越来越全面。

关黄柏，蒙古名为协日毛都，为蒙医常用药材，有燥"协日乌素"、敛毒、止泻、祛热、止血、明目等功效。历代中、蒙、藏医古籍均有记载，但传承有异，如今代用品的种类繁多，有小檗科和芸香科多种植物。为正本清源，根据有关中、蒙、藏医文献资料，对关黄柏作了考证。

中药黄柏，《别录》云："生汉中（今陕西汉中以东等地）山谷及永昌（今云南保山）。"《本草经集注》云："今出邵陵（今湖南邵阳）者，轻薄色深为胜。出东山（今福建东山岛及附近岛屿）者，厚而色浅。"《蜀本草》曰："黄檗树高数丈，叶似吴茱萸，亦如紫椿，皮黄，其根如松下茯苓。今所在有，本出房（房州，今湖北房县、竹山等地）、商（商州，今陕西秦岭以南各地）、合（合州，今四川合川、铜梁、武胜、大足等县）等州山谷，皮紧，厚二三分，鲜黄者上。二月、五月采皮，日干。"《本草图经》云："今处处有之，以蜀中者为佳。"以上诸家所说，论述了黄柏的产地、分布、生境及质量等问题。国产黄柏分川黄柏和关黄柏两大类，大致是以山西吕梁山及黄河为界，以南者为川黄柏。关黄柏其原植物为黄檗 *Phellodendron amurense* Rupr.，为后起之药材。目前关黄柏已成为黄柏的主流商品，故将其列为黄柏的第一品种。

2）化学成分

早在 1926 年，日本学者村山义温等从黄檗树皮中分离出小檗碱、药根碱、巴马汀等原小檗碱型四氢异喹啉类生物碱。新的《中华人民共和国药典》把关黄柏与川黄柏分为2种中药材。目前，已经报道的黄柏主要化学成分有：①生物碱类，小檗碱、四氢小檗碱、巴马汀、药根碱、γ-花椒碱、木兰花碱、黄柏碱、异阔果芸香碱、铁屎米酮、菌芋碱、四氢掌叶防己碱、N-甲基大麦芽碱等；②甾醇类，7-脱氢豆甾醇、β-谷甾醇、菜油甾醇等；③黄酮类，黄酮金丝桃、黄柏酮；④柠檬苷素类，黄柏内酯、黄柏酮酸；⑤挥发油，柠檬烯、β-榄香烯、（＋）-香芹酮；⑥其他，荧光酸、白鲜交酯。黄柏的主要化学成分有生物碱类、柠檬苷素类和甾醇类三大类，包括小檗碱、药根碱、黄柏碱、脱氢豆甾醇等。此外，黄檗树皮还含有白鲜交酯。

质量标准：随着对中药有效成分研究的不断深入，近年来采用多种方法对药材及其制剂进行了定性定量分析，关黄柏药材及其制剂的质量控制主要基于对其药效成分小檗碱、巴马汀等的鉴别及含量测定，最常采用的是薄层扫描法和高效液相色谱法等。现将关黄柏的质量标准研究现状归纳如表1.1所示。

表1.1 关黄柏主要化学成分及其分析方法

序号	方法	化学成分
1	高效液相色谱法（HPLC）	盐酸小檗碱、巴马汀、药根碱、黄柏碱、木兰花碱、黄柏酮、黄柏内酯
2	薄层色谱法（TLC）	黄柏酮、巴马汀、小檗碱
3	高效毛细管电泳（HPCE）超临界二氧化碳萃取法（SFC）	盐酸小檗碱、盐酸黄柏碱、盐酸巴马汀、黄柏挥发油
4	气相色谱-质谱法（GC-MC）	黄柏挥发油
5	紫外分光光度法（UV）	黄柏总生物碱
6	二硝基水杨酸法（DNS）	黄柏总糖
7	原子吸收光谱法（AAS）	锌、钴、铁、铜、锰、镁、钾、钙
8	傅里叶变换红外光谱（FTIR）	鉴别出黄柏等药材品质的优劣

注：本表来源于王舒（2015）。

黄檗的化学成分主要有生物碱类（小檗碱、巴马汀、药根碱、黄柏碱、木兰碱、N-甲基大麦芽碱、掌叶防己碱、蝙蝠葛任碱等）、甾醇类（黄柏树皮含7-脱氢豆甾醇、β-谷甾醇、菜油甾醇）柠檬苷素类（黄柏内酯、黄柏酮酸、黄柏酮）、挥发油和白鲜交酯。2005年版《中国药典》规定以小檗碱为指标来评价黄柏药材质量。在黄檗有效成分研究方面，有文献报道不同光照强度、丛枝菌根菌、水分胁迫以及氮素形态等生态因素对小檗碱、巴马汀、药根碱的含量会产生影响；黄檗主要药用成分的分布规律与产地有关，不同产地黄檗中小檗碱、巴马汀、药根碱的含量有差异。

3）药理作用

记载黄柏入药的历史文献有很多，而现代药理学又发现关黄柏在其他方面的诸多应用，如关黄柏具有降血糖、降血压、免疫抑制剂、抗菌、抗炎、抗病毒等多种作用（表 1.2）。黄檗的药理作用主要有降血糖、降血压、抗炎、解热、抗癌、抑制细胞免疫、溃疡、抗氧化、痛风、前列腺渗透、抗病毒等。

表 1.2　黄柏的药效活性及其物质基础

序号	药效活性	药效物质基础
1	降血糖作用	小檗碱
2	降血压作用	小檗碱
3	肠管的影响，使肠管张力及振幅均增强	黄柏酮、柠檬苦素、小檗碱
4	免疫抑制作用，减轻炎症损伤	黄柏碱、木兰花碱
5	抗菌作用	黄柏煎剂、水浸出液或乙醇浸出液
6	抗溃疡作用	不含小檗类生物碱的黄柏水溶性成分
7	抗氧化作用	黄柏生品、清炒品、盐灸品、酒灸品水提取物和醇提取物
8	抗痛风作用	黄柏生品、盐制品
9	抗病毒作用	黄柏水提取液
10	抗肿瘤作用	黄柏水提取液
11	前列腺渗透作用	小檗碱
12	昆虫拒食作用	黄柏中的小檗碱盐酸盐、巴马汀的氢碘酸盐、四降三萜、黄柏内酯、苦楝子酮、N-甲基燧石碱
13	杀灭家蝇的作用	异丁基酰胺类化合物

注：本表来源于王舒(2015)。

2010 年版的《中华人民共和国药典》写道：黄柏苦寒，归肾、膀胱经，主治清热燥湿，泻火除蒸，解毒疗疮，用于湿热泻痢、黄疸尿赤、带下阴痒、热淋涩痛、脚气痿躄、骨蒸劳热、遗精等。盐水浸泡的黄柏，能够滋阴降火，多用于阴虚火旺、盗汗骨蒸。前人对关黄柏的药用价值有很深的认识和实践，其药用方法一直沿用至今。

关黄柏可用于治疗一些常见病。例如，急性的细菌性痢疾肠炎，可用 15g 关黄柏和 15g 蒲公英一起水煎服。烧烫伤，可取黄柏、地榆和白及各等量焙干研粉，再用香油调成稀糊状，外敷创面。治疗湿疹，用 60～120g 黄柏溶于 500～1000ml 白醋，配成药液，面积大的用纱布浸药液敷患处，面积小的可用关黄柏细粉撒在患处。慢性皮肤溃疡，可将溃疡面洗净，撒上关黄柏细末药粉，用消毒纱布覆盖。

治疗急性扁桃腺炎，用醋把关黄柏细粉调成糊状，直接敷于下颌部压痛处。

1.2.1.2 珍贵木材

黄檗是我国东北阔叶红松林的重要伴生树种，是"东北三大硬阔"之一，为珍贵的用材树种。木材黄色至黄褐色，材质坚韧、纹理美观、耐湿、耐腐、富弹性，是重要的国防和工业用材，被誉为"木中之王"，又称"药木家具"，在众多木材中独具抗菌、抗毒、永不虫蛀等功能。出于军事考虑，中国把黄檗列为禁伐木材。黄檗木材主要用于军用枪托制造。近年来，日本、韩国以及欧亚一些发达国家特别注重开发黄檗木的门窗、家具、饰品和器具。利用黄檗木材进行室内装修是日本贵族阶层的象征。日本用于家具装修的黄檗木材每年以 2.8 万 m^3 递增。

黄檗是潜在的工业软木材料，栓皮层厚软，富有弹性，为优质软木工业原料，可制瓶塞及某些抗震、隔音、绝缘的配件。

1.2.1.3 园林及环境应用

黄檗树株形优美，树干挺拔通直，秋叶娇艳金黄，花小巧，果实晶莹剔透，挂果期长，为重要的观叶、观形、观果植物，可用做庭荫树、园景树、街道树。黄檗树冠宽阔，秋季叶变黄色，可作为彩色绿化树种。

由于黄檗的形态特征以及它是有名的无害虫树种，黄檗在美国的一些地区被作为园林观赏及街道树种，在美国的大学校园中被广泛种植，俄亥俄州城市林业研究员的一个报告显示，对黄檗作为街道树种的需求日益增加。黄檗在美国的北部和西部园林及环境保护方面具有特殊的价值。由于黄檗的雌株产核果，核果破裂后发出特殊的气味污染街道，所以在绿化中提倡用雄株。

1.2.1.4 黄檗与养蜂

优质蜜源：黄檗是东北林区夏季的主要辅助蜜粉源植物。黄檗树的开花和流蜜量受气候影响。一般的年份，流蜜期能很好地发展蜂群、造脾。雨水调和的年份，蜜粉充足，一个中上等的生产群能采到商品蜜 10～25kg。蜜为深琥珀色，稍有异味。

防治蜂病：黄檗树全株都含有挥发油、有机酸、小檗碱，黄檗的内皮、根块、蜜粉均有抗菌作用，并且抗真菌作用更好。小檗碱也称黄连素，是从药用植物黄连、黄檗、三棵针中提取得到的一种抗菌性生物碱。黄檗的蜜粉对蜜蜂白垩病有良好的防治作用。

2007 年，黑龙江省东南部地区林区春季异常低温，主要辅助蜜粉源——柳树蜜粉绝收。大部分蜂场的蜂群都是靠饲喂稀薄糖浆和购买来源不明的蜂用花粉。因蜂巢内的湿度过大，外购蜂用花粉带有白垩病的病菌，很多蜂群染病，发病率高的蜂场，有 80%的蜂群患病。发病蜂群用 0.5%的麝香草酚糖浆、白垩清、白垩净、小苏打粉等治疗，但收效甚微。6 月 9 日黄檗开花进粉，6 月 22 日流蜜结束。

在这 10 多天的流蜜期中，凡是在有黄檗的林区放蜂的蜂场，到 6 月底时，三幼病和白垩病不治而愈。而没有黄檗的场地，或黄檗蜜粉歉收的林区，病情一直延续到 8 月初。这种现象并非偶然，早在 1992～1995 年黑龙江省的大部分地区均出现这种情况。经过多年观察，黄檗的花粉和内皮煎汁喂蜂，确实能防治幼虫病。

1.2.1.5　杀虫

黄檗是一种防虫蛀的纸张材料，我国最早出现的避蠹纸就是用黄檗汁浸泡加工制成的，古代称之为"潢纸"。用黄檗汁制成防蛀纸或将染有黄檗汁的纸做书的衬页和档案的卷纸，能够达到驱杀虫的目的。黄檗种子油具有杀虫剂的性能。

1.2.1.6　其他用途

黄檗内皮可作染料，黄檗叶可用于提取芳香油，果实含有甘露醇和不挥发的油分，可用于工业及医药方面。

黄檗种子可榨油、制肥皂及机械润滑油。

黄檗的根、茎、叶、果实和种子经粉碎后的萃取物可以作为开胃性食品添加剂。

黄檗具有深根性，萌发能力很强，抗风及抗烟尘能力均较强，可用于营造防护林及水源涵养体，对 Cl_2 及 HCl 气体有较强的抗性。

黄檗还可以净化空气，保持水土，改善环境，具有绿化、美化多重功能，符合现代的环保要求。

黄檗对以 SO_2、铅为主的复合污染物具有很强的抗性，可作为抗污染树种。

黄檗与红松混交能改善土壤理化性质，增加红松根量，在白俄罗斯，其与欧洲赤松（*Pinus sylvestris* L.）混交，可改良土壤。

1.2.2　黄檗育种目标

开展植物育种工作时，首先必须确定育种目标，它是选育新品种的设计蓝图，贯穿于育种工作的全过程，是决定育种成败与效率的关键。只有有了明确而具体的育种目标，育种工作才会有明确的主攻方向，才能科学合理地制定品种改良的对象和重点；才能有目的地搜集种质资源；有计划地选择亲本和配置组合，进行有益基因的重组和聚合，或采用适宜的技术和手段，人工创造变异引进外源基因；确定选择的标准、鉴定的方法和培育条件等。

育种目标是育种工作的依据和指南。如果育种目标不科学、不合理、忽高忽低、时左时右，或者不够明确具体，则育种工作必然是盲目的，使育种的人力、物力、财力和新途径、新技术很难发挥应有的作用，难以取得成功和突破。

植物育种目标一般可以分为产量性状目标、品质性状目标、成熟期目标、对抗病虫害的耐受性目标、对环境胁迫的耐受性目标、对保护地栽培环境的适应性目标等方面。具体要由育种者根据植物品种及生产需求设定一个或者几个目标，指导育种工作的进行。

根据黄檗主要用途，育种目标可分为木材产量、木材品质、树皮产量、活性成分含量和观赏与绿化等。

（1）木材产量。黄檗木材产量具体表现在树高、胸径和材积等性状上，即树高、胸径和材积较其他个体高，或者较其他个体生长快，在生长过程中表现为速生。

（2）木材品质。黄檗木材色黄、坚硬、纹理明显，木材品质的主要指标木材纹理、密度、色度等优于其他植株。

（3）树皮产量。黄檗韧皮部入药，是传统中药——关黄柏，树皮厚度个体间差异较大，从药用角度出发，树皮产量高，即药材产量高。

（4）生物碱含量。黄檗生物碱是主要药用活性物质，个体间存在较大差异，利用生物碱含量较高的优良品种营建药用原料林，用同样的经营成本和时间，可以获得更多生物碱产量，为相关制药企业供应更多原料。

（5）观赏与绿化。根据绿化要求不同，选择植株冠型、叶色等形态性状优良、观赏价值高的品种，为绿化祖国和美丽乡村建设提供优质观赏树。

1.3　黄檗育种资源

黄檗（*Phellodendron amurense* Rupr.）为芸香科（Rutaceae）黄檗属（*Phdlodendron*）阔叶乔木，又名黄柏、檗木、黄菠萝、黄柏栗、元柏。芸香科黄檗属植物有 4 种，我国 2 种 1 变种，分别是黄檗（*Phellodendron amurense* Rupr.）、川黄檗（*P. chinense* Schneid.）和秃叶黄檗（*P. Chinense* var. *glabriusculum* Schneid）。

1.3.1　黄檗的分布

黄檗主要分布在欧亚大陆东北部北纬 35°～60°、海拔 200～1100m 的山区及半山区，在其分布区的北部垂直分布可达 700m，在南部可达 1500m。在中国分布于东北大兴安岭东南部，小兴安岭、长白山、完达山、千山等山区及华北燕山山脉北部。主要分布省(自治区、直辖市)为黑龙江、吉林、辽宁、河北、北京、内蒙古，山西也有分布。黑龙江省主要分布在饶河、尚志、虎林、伊春、桦南、木兰、宝清、延寿、庆安、海林、林口、集贤、萝北、穆棱、汤原、抚远、宾县、五常、鹤岗、鸡西、密山、宁安、巴彦、方正、缓棱、同江；吉林省主要分布在永吉、桦甸、蛟河、舒兰、磐石、靖宇、敦化、临江、抚松、珲江、汪清、梨树、东丰、辉南、安图、龙井、和龙、集安、柳河；辽宁省主要分布在桓仁、本溪、新宾、抚顺、清原、凤城、宽甸、辽阳、鞍山、海城、庄河、岫岩、开原、西丰、义县、绥中、营口、盖州。此外，河北省的抚宁、涞水、青龙、承德等地亦产。在山西省的大同、太原、晋中、临汾等地有黄檗的引种。国外分布在俄罗斯远东地区、日本和朝鲜，黄檗为东北亚特有种。

1.3.2　黄檗的形态

黄檗是落叶乔木，树高达 15～20m。树皮分为两层，外皮是稀薄的灰褐色木栓层，内层是黏性的鲜黄色，味苦。木材髓心黄色，无特殊气味。小枝通常为暗红色或紫棕色，花单性，雌雄异株，圆球形浆果状核果。花期 5～6 月，果期 7～9 月。花单性，黄绿色，萼片 5，花瓣 5。雄花的雄蕊 5，有退化雄蕊。雄花的退化雄蕊鳞片状。聚伞或伞房圆锥花序。平均每穗有果 21 个，初时绿色，成熟时蓝黑色，内有光泽，核果宿存，圆球形，直径 1cm，有特殊气味。雌雄异株，15～20 年生开始结实，结实量有丰歉年之分，种子丰年间隔期 2～3 年。种子通过食果实鸟类传播。

1.3.3　黄檗的生境

黄檗的主要分布区位于寒温带针叶林区和温带针阔叶混交林区，为湿润型季风气候，冬夏温差大，冬季长而寒冷，夏季较热。黄檗为阳性树种，根系发达，萌发能力较强，在林冠下更新不良，但能在空旷地完成更新。仅在火烧、采伐迹地上偶尔见到小面积纯林。在分布区多为伴生树种，在黑龙江省林区常散生在河谷及山地中下部的阔叶林或红松、云杉针阔叶混交林中，常与水曲柳、核桃楸等阔叶树种混交，下木层内包含原始红松阔叶林中常见的种，如茶条槭、青楷槭、东北山梅花等，草本层植物有毛缘薹草、四花薹草、小叶芹等。

黄檗散生于肥沃、湿润、排水良好的河岸、谷地、低山坡、林缘及杂木林中。黄檗可作红松的伴生树种，有助于红松根部生长发育。其对土壤适应性较强，适于土层深厚、湿润、通气良好、含腐殖质丰富的中性或微酸性壤质土。其有发达的主根，适生于河谷两侧、排水良好、土层深厚的腐殖质冲积土上，在黏土、瘠薄土地及沼泽地上生长不良。黄檗苗期较耐荫，成年树喜阳光、喜潮湿、喜肥、怕涝、耐严寒。黄檗在东北林区，常散生在河谷及川地中下部的阔叶林或红松、云杉针阔叶混交林中；在河北省山地则常为散生的孤立木，生于沟边及山坡中下部的杂木林中。

黄檗较耐寒，可耐-40℃低温，但是在人工造林初期，幼枝易受冻害，随着黄檗树龄的增加，其抗寒能力也逐渐增强。

1.3.4　黄檗资源现状

山西省大同、太原、晋中、临汾等地有黄檗的引种。在分布区内，黄檗常作为伴生树种散生在阔叶红松林中，蓄积量很少，再加上人们对黄檗资源的破坏，导致黄檗资源处于衰竭状态。据 1981 年与 1986 年对黑龙江省森工林区的清查，黄檗蓄积量由 $1.008 \times 10^7 \text{m}^3$ 降至 $3.39 \times 10^6 \text{m}^3$，仅 5 年时间就减少了 2/3。至 2000 年，全国（除台湾、西藏）水曲柳、胡桃秋、黄檗的总面积为 $7 \times 10^5 \text{hm}^2$，成过熟林面积为 $3 \times 10^4 \text{hm}^2$，近成熟林面积为 $1.5 \times 10^4 \text{hm}^2$。

我国的植物保护工作在中华人民共和国成立以前不被重视。现在有关珍稀濒危植物黄檗的保护在我国已经开始受到重视。黄檗为古老的孑遗植物，对研究古代植物区系、古地理及第四纪冰期气候有科学价值。高等植物每种平均携带遗传基因 40 万个以上，一个物种就是一个基因库，其中的很多物种对人类来说是育种的好材料，它们是人类必不可少的后备种质资源。

黄檗属稀有珍贵树种，是古近纪和新近纪古热带植物区系的孑遗植物，黄檗自然分布范围较小，没有发现黄檗纯林，常作为伴生树种散生在阔叶红松林中，数量很少。20 世纪中后期黄檗资源被过度采伐，目前国内黄檗资源衰竭，处于濒危状态。1987 年《中国珍稀濒危保护植物名录》（第一册）将黄檗定为渐危种。1987 年国家中医药管理局颁发的《国家重点保护野生药材物种名录》中把黄柏的药源植物黄檗列为重点保护野生药材国家二级保护物种。1989 年出版的《中国珍稀濒危植物》和 1990 年出版的《中国植物红皮书》都把黄檗列为保护树种。1999 年国家林业局、农业部颁布的《国家重点保护野生植物名录》（第一批）中将黄檗列为国家二级保护树种。地方政府结合当地情况也制定了若干地方性珍稀植物黄檗的保护法规，吉林省林业厅 2002 年下达了《关于进一步加强对国家二级保护植物黄檗保护管理的通知》，明确规定任何单位和个人严禁采伐原生天然生长的黄檗，在促进天然更新等抚育时，采伐区内的黄檗一律不得采伐。

1.3.5 黄檗引种栽培

黄檗原产于包括中国的东北部、朝鲜及日本在内的亚洲东部地区。在俄罗斯远东、萨哈林南部也有分布，1865 年左右被引种到美国。据报道，在美国的伊利诺伊州、弗吉尼亚州及纽约、宾夕法尼亚、费城均有分布。

黄檗在美国北部、西部的园林及环境保护方面具有特殊价值，主要是由于黄檗羽状复叶观赏性好和虫害少，被世界许多地区作为园林观赏及街道树种而广泛栽培。随着人们对居住环境的升级改造，会需要更多种植观赏价值高、保健功能强、病虫害少等环境友好型树种，因此，黄檗作为优质绿化树种应用前景广阔。

1.4 黄檗育种资源的搜集、保存、研究和利用

1.4.1 黄檗育种资源的搜集

组织调查队搜集黄檗育种资源。由植物学、育种学和生态学等专业人员组建

黄檗种质资源调查与收集团队，在黄檗分布区内展开广泛调查，选择优良基因型。也可以结合优树选择收集黄檗优良种质资源。

优树是优良基因的载体，在同一林分中生长旺盛，对生态环境适应性强，抗病虫害和抗逆性等方面表现优良，因此常作为基因收集与保存的首选目标，即从群体中按育种目标和优树标准进行表型个体选择。

在树木改良计划开始阶段，在树干通直度、抗病性、木材品质以及抗逆性等方面，通过优树选择或优树间杂交是能获得明显改良的。

1）以木材为目标的黄檗育种资源搜集

优树标准因树种、选种目的、地区资源状况等而异，用材树种的优树指标主要包括木材生长量、材质和抗逆性。

（1）生长量。生长量常通过树高、胸径、材积三个因子来体现。选择材积、树高和胸径分别超过标准地平均木的优势木，也即Ⅰ级木，即在同等生长条件下林分中长势优良的单株。平均木为估测整个林分的材积，根据林分的平均因子选出的有平均代表性的树木。实践中要根据选择群体的大小和所需优树的数量来具体确定这些指标。

（2）形质指标。主要考虑对木材品质有影响的指标，或有利于提高单位面积产量和能反映树木生长势的形态特征，一般包括干形、冠幅、自然整枝、枝下高、侧枝、树皮裂纹、木材比重、管胞长度、晚材率等性状。

2）以药用为目标的黄檗育种资源搜集

在小标准地法中，规定优树的总生物碱含量超过标准地平均木的50%。

在优势木对比法中，规定优树的总生物碱含量超过标准地优势木的20%。

优树散生于各地，条件各异，为提高选优效率，选优前必须做好准备、查阅资料、踏查试点、查明森林分布情况和变异特点。

最理想的选优林分是性状已充分表现出来的同龄纯人工林。同龄：对比结果可靠。纯林：由同一树种构成的，没有非选择树种的干扰。人工林：林龄和株行距相同，对比结果可靠。

3）搜集优良育种资源的林分

（1）性状表现优良。生长量、自然整枝能力、通直度、分枝角以及其他有益性状处于平均或较高水平的人工林或天然林。在较差的林分很难选到满意的优树。

（2）生态条件。选优林分的产地（原产地）应清楚，并将产地与推广地区的自然生态条件进行比较，只有推广地区的生态条件与产地相似时，才能发挥出优树的生产潜力。因此，优树具有地理特点。

（3）立地条件。立地条件要适宜。用材树种的生长特性只有在立地条件好的地段上才能充分表现出来。所以用材树种优树很多是在Ⅲ地位级以上林分中评选出来的。而特别优良立地条件上生长的优树不适于供贫瘠地区造林。

（4）林龄。选优林分的林龄一般应在 1/3 伐龄以上。如果林龄过小，许多性状未充分表现出来，选择的可靠性差；如果林龄过大，生长差异小，也影响评选。

（5）郁闭度。林分郁闭度在 0.6 以上，林相整齐，可以避免因光照条件不同而造成的非遗传性差异。

（6）林分起源。实生起源的林分个体间分化较大，选择效果好。

（7）林分面积。林分面积应满足设置对比树的数量规定。

（8）未经过选择。凡是经择伐的林分，或遭受破坏的林分，不宜选优。

4）优树评选方法

在选定的林分内，按拟定的调查方法、标准，沿一定的路线调查。具体评定方法可利用优势木对比法或小标准地法（见 2.4 节黄檗优树选择）。此外，还可以通过国家间或地区间交换树种的方式收集黄檗种质资源。

一个树种分布中心地区的种源，基因分组复杂，具有多种优良性状和适应能力，代表性极强。因此，在种源实验或育种资源搜集时，采样点尽量设置在分布中心地区。

1.4.2　黄檗育种资源保存

育种资源保护是指搜集、整理、鉴定、保存和合理利用植物种质资源。

育种资源保存的目的简单来说就是：①为当前林业生产和生态建设服务，它与育种实践密切联系；②从长远考虑，为持续利用服务，保存物种和种内生物多样性。从上述两点来看，森林植物遗传资源的保存是有重要意义的。

世界各国对遗传资源的调查、收集、保存、研究和利用都十分重视。为了充分利用世界植物资源，联合国粮食与农业组织（FAO）成立了植物遗传资源国际委员会（IBPGR），1967 年设立了森林遗传资源专家小组，1974 年起草并公布了"森林遗传资源保存与利用的全球性计划"，对遗传资源工作提出了发掘、收集、评定、保存和利用 5 个方面的内容，明确提出了森林遗传资源保存和利用的重点是多用途树种及乔木树种。

物种和基因的多样性是满足人类社会发展所需的一种可供选择的自然资源，我们必须善待它、保护它。保护遗传多样性的目的是防止物种灭绝和基因丢失，保持种群内等位基因多态的频率，保存森林遗传资源多样性，维持人类赖以生存的生态环境，并为了遗传改良和其他的应用。人们称自然界的遗传资源为"战略资源"，它不但维系着人类的现在，也关系到人类的将来。当今遗传资源保护问题已成为世界各国和国际组织关注的焦点，无不把遗传资源保存放在首要位置。

1995 年 3 月在意大利罗马召开的联合国粮食和农业组织林业委员会第 12 届会议，制定了中长期林业重点，关于森林遗传资源，重点将放在加强对区域和全球森林生物多样性丧失或恢复的了解和报道。在中长期内，将优先重视在森林遗传资源（树种和树种内多样性）的采集、特征描述、改良、交换、原生境和非原生境保存等方面向国家机构提供支持。

保护生态系统，保存稀有和濒临灭绝的树种，防止基因及基因综合体的丧失，是自然资源保护的基本任务。国际自然与自然资源保护联盟（IUCN）在1990年制订的《世界自然保护战略》中提出了生物资源保护的三项目标：①维护各基本生态过程和各生命保障系统；②保存遗传多样性；③保证动、植物物种和生态系统的持续利用。

遗传资源保存方式主要有3种：①就地保存；②异地保存；③保存种子和花粉。就地保存是指保护天然林分，或用保护林分的种苗就近营建新的林分。异地保存是指把搜集到的种子、穗条在其他适宜的地区栽种。种源试验林、子代测定林、优树收集圃等都是异地保存。保存种子和花粉即采用低温、干燥、黑暗和密封的条件保存种子或花粉。

当前国内外遗传资源保存采用的方式有两类，即就地保存和异地保存。就地保存的主要方法有：自然保护区、国家森林公园，以及优良天然林和母树林等。异地保存多与林木育种活动结合，如种源试验林、种子园、优树收集圃、无性系、子代测定林、树木园及种子和花粉的收集贮藏。至于组织、器官的离体贮存，即使林业发达国家在生产中也极少采用。

遗传资源是在一定生态系统和自然进化过程中形成的，与自然保护区建设相结合，可在原有生态系统下保护基因资源，而异地保存只能静态的保存资源；由于市场需要的改变及自然环境条件的变迁，收集保存什么样本很难预测，收集样本的标准更难掌握；森林植物分布区广，原产地立地条件多样，异地保存在样本收集、栽植、保存等方面有困难；科学技术的进步，如采用低温贮存种子、花粉能延长贮存时间，但保存的材料仍需不断更新；维持、运行需要大量经费投入。

区域性森林植物种质保存库和森林植物种质低温库是植物遗传资源保存的主要途径。

1.4.2.1 就地保存

就地（原地）保护是指在自然界生境内的保存，即在自然生境内保存目的树种的片林或混交林，以防止通常来自人类活动造成的进一步损失。自然保护区和国家公园等都兼有原地保存基因库的功能，它是野生动、植物保护的主要形式。其主要优点是保护了生态系统，林木可继续进化，如辟出一小片永久性样地，长期监测种群的变化。其基本原则是要求保存足够的遗传多样性，使物种得以充分发挥其进化潜力。生态系统的保存需要占据较大的面积，而遗传资源的保存不同，不必保存大量含有同样所期望基因综合体的个体，主要需要管理保护的林分，能维持理想的遗传组成，一般几千株树就足以建立有效基因库，即能够保持自体更新能力的群体。同时，要注意对极端环境和边缘群体的保护，因为在极端环境和边缘群体中，其基因频率可能不同于主要群体的基因频率，可能产生具有特殊潜在价值的变种或生态型。

我国在森林遗传资源的保存方面做过大量工作，自然保护区于 1958 年开始兴建，1985 年国务院颁布自然保护区管理办法。截至 2005 年年底，我国自然保护区数量已达到 2349 个（不含港澳台地区），总面积 14 994.90 万 hm²，约占我国陆地领土面积的 14.99%。在现有的自然保护区中，国家级自然保护区 243 个，占保护区总数的 10.34%，地方级保护区中省级自然保护区 773 个、地市级保护区 421个、县级自然保护区 912 个，初步形成类型比较齐全、布局比较合理、功能比较健全的全国自然保护区网络。到 2005 年 3 月，我国加入联合国"人与生物圈保护区网"的自然保护区有长白山、九寨沟、西双版纳等 26 处。截至 2007 年年底，我国的国家级自然保护区共有 303 处。近年加强了保护区工作，规模不断扩大。同时，实施中的天然林保护工程实质上就是森林遗传资源保存的组成部分。统筹协调好这些工作，是原地保存森林植物遗传资源成功的基本保证。母树林和自然保护区是植物遗传资源原地保存的主要形式。

目前，仅吉林省境内就有各类自然保护区 47 个，其中国家级自然保护区 12个、省级自然保护区 12 个、县级自然保护区 23 个，这些自然保护区的建立对于吉林省境内的动、植物保护起到了巨大作用。在众多自然保护区中，在 18 个自然保护区内有黄檗分布，由于黄檗已被列为国家级二级保护植物、吉林省一级保护植物，吉林省政府规定在自然保护区内任何人都不允许破坏和移植黄檗。因此，这些自然保护区为黄檗这一珍贵树种的保存建立了安全网和保护伞。

1）长白山自然保护区

长白山自然保护区建于 1960 年，1980 年长白山自然保护区加入了联合国教科文组织"人与生物圈"计划，成为世界生物圈保留地之一，1986 年，经国务院批准成为国家级自然保护区。长白山自然保护区位于吉林省的东南部，地跨延边朝鲜族自治州的安图县和白山市的抚松县、长白县，东南与朝鲜毗邻。地理位置 41°41′49″～42°51′18″N，127°42′55″～128°16′48″E，总面积为 196 465hm²，其中林地面积 16 081hm²、草地面积 5683 hm²、天池水面面积 402hm²；森林覆盖率87.9%，是一个以森林生态系统为主要保护对象的自然综合体自然保护区。

长白山自然保护区不仅植物类型复杂多样，而且种类十分丰富，目前已知有野生植物 2277 种，分属于 73 目 246 科。其中：真菌类植物 15 目 37 科 430 种；地衣类植物 2 目 22 科 200 种；苔藓类植物 14 目 57 科 311 种；蕨类植物 7 目 19科 80 种；裸子植物 2 目 3 科 11 种；被子植物 33 目 108 科 1325 种。根据国务院环境保护委员会 1984 年公布的《国家重点保护植物名录》，在 2277 种野生植物中，有国家重点保护植物 25 种。长白山自然保护区生物物种资源极为丰富、生态系统比较完整，具有典型特色的自然综合体，其蕴含着巨大经济价值、生态价值和文化价值。

2）松花江三湖自然保护区

20 世纪 40 年代，在松花江中上游先后建成了丰满、红石、白山三座水电站，形成了三个较大的梯级人工湖，即松花湖、红石湖、白山湖（以下简称三湖）。三湖的形成，改变了这一地区原有的自然生态系统，为了加强这一地区的森林生态和水资源保护，1990 年 2 月吉林省人民政府决定建立吉林省松花江三湖保护区。三湖保护区位于吉林省东南部，地理位置为 42°06′~43°51′N、126°35′~128°02′E，总面积约 114.5 万 hm^2。其中林地面积 82.3 万 hm^2，占总面积的 71.9%；水域面积 5.7 万 hm^2，占总面积的 5.0%。

保护区内林地面积为 82.29 万 hm^2。其中，吉林省森工企业经营的面积约为 53.8 万 hm^2，蓄积 8037 万 m^3；地方国营所属面积约为 28.49 万 hm^2，蓄积 2719 万 m^3。全保护区总蓄积约 1.1 亿 m^3。保护区内野生植物资源十分丰富，有 2000 多种，包括被子植物、裸子植物、蕨类、藓类、地衣、真菌类等。其中珍贵的树种有红松、长白松、东北红豆杉、黄檗等；真菌类有猴头、灵芝等；药用植物有人参、天麻、穿龙骨等。

1.4.2.2　异地保存

异地（又名迁地）保护是指在人为条件下把森林遗传资源（种子、穗条等）收集并带到其生境之外的地方进行保存。它是栽培植物保护的主要形式，如品种（遗传）资源库、近缘野生种和珍稀濒危动植物保护中心、种源试验林、子代测定林、优树收集圃、树木园、植物园等。由于受经济制约，通常只限于对优良树种或潜在价值明显的树种，如主要造林或商品性树种、种源、家系和无性系进行保护，其目标可区分为保护原群体基因（等位基因）频率的静态保存、进化保存和选择性保存。由于树种生物学特性和繁殖方式不同，通常异地保存有以下几种形式：通过常规无性繁殖技术建立无性系库，对容易保存种子的树种建立种子贮藏库，用组织培养技术建立离体保存库等。

异地保存应与良种基地建设相结合，到 20 世纪 90 年代初已建成母树林、种子园、采穗圃等林木良种基地 649 处，总面积约 15.7 万 hm^2，其中种子园面积达 1.6 万 hm^2，采穗圃面积 1 万 hm^2；30 多个主要造林树种已作了种源试验，收集了大量种源；在各主要树种的分布区内选择了优树，累计达 5 万多株；营建各类遗传测定林、试验林和示范推广林 5000hm^2。充分利用过去良种选育和基地建设的成果，是异地保存的基础。可以考虑根据气候大区，以主要栽培树种为单元，按树种实施异地保存。

黄檗异地保存有：森工企业在适宜的林地建立的人工林，如吉林省森工集团各林业局、长白山森工集团各林业局，以及吉林省中东部地方林业局等；园林公司在园林苗圃种植的绿化苗木；药用植物种植基地/合作社在药用植物园种植的黄檗苗木；林业教学/科研部门建立的黄檗优良基因库，如北华大学实验基地。上述企业/事业单位在客观上都起到了保护黄檗遗传资源的作用。

森林植物遗传资源的保存不论对当前林业生产还是国家长远发展都是需要的，建设项目具有重要意义。异地保存与原地保存的关系是相辅相成的，但对森林遗传资源来说，原地保存是主要的保存形式，这已在各国生产实践中普遍采用，并为国际组织所确认。对主要造林树种和有商品价值的树种，要尽可能多地保存其遗传变异，保存的变异类型越多，将来遗传改良的机会就越多。

1.4.2.3 保存种子和花粉

将植物种子、花粉、根和茎的组织或器官贮藏在适宜的条件下来保存的方法称为离体保存。近 20 年来，全球有 50 多个国家建设了长期保存植物遗传资源的低温种质库。由于种子贮藏库还不可能保存所有树木的种子，有些树种种子又不耐贮藏，故保存的重点只能限于主要造林树种、育种材料和珍稀濒危树种。

1.4.2.4 黄檗遗传资源组织培养保存

组织培养技术可在较小面积上保存大量的遗传资源，占有空间小，可繁殖脱毒苗，便于种质交换，用营养器官作为繁殖材料可有效地减少生物学混杂和保持材料的原有基因型。这是一种安全、经济的方法，在科学研究中也是一种常用的保存方法。

在组织培养条件下对林木种质的保存有 2 种形式。

（1）培养物的反复继代培养。培养材料在常温条件下，在人工培养基中不停生长，定期更换新的培养基，并将材料重新分割成小段，转接到新配制的培养基中继代培养，一直保持培养基中养分充足。

（2）冷冻保存。冷冻保存技术是将培养的组织或器官贮存在很低的液氮温度（-196℃）下。从理论上讲，所有植物能在低温下无限期贮存，贮存期间它们的代谢完全停止，在需要时又能恢复生长。

利用组织培养技术保存植物遗传资源有以下几个阶段。

1）第一阶段：无菌培养的建立

任何植物细胞或组织培养体系的建立，都必须采制适宜的外植体。所谓外植体，就是第一次接种用的植物材料。虽然几乎任何植物的组织或器官都可作为外植体，但是具体采取什么组织或器官则取决于培养体系的目的和所涉及的植物种类。木本植物通常选择茎尖、茎段、叶片、花蕾、根、未成熟果实、种子等，草本植物通常选择叶片、花蕾、根尖、茎段、腋芽、种子等，经过初级培养，剔除污染材料,获得无菌培养材料,用于进一步繁殖培养。

a. 采样和表面灭菌

在采样前除应预先制备好用于接种的培养基(其中的营养与植物激素要考虑到该种植物最初培养的要求)外,还应携带刀、剪、广口瓶、塑料袋、采集箱(袋)等,到田间选取洁净、无病虫伤害的健壮植株。剪取比较幼嫩、生长能力较强的部位,但又不能太嫩。这样的茎段或叶片有下述优点:污染程度较老龄部轻,比较耐表面灭菌剂的处理,接种后生长能力强,诱导效果较明显。

如果室外栽培的材料污染太严重,多次接种都难以获得无菌的材料,就需要采取比较严格的预防措施:先将植物样本掘出,剪除一些不必要的枝条,改为室内盆栽,喷布杀虫剂和杀菌剂,经常施肥,加强管理。不便移栽的,可套塑料袋,避免灰尘和昆虫污染,等它们长出新枝条后再进行采样接种,可以大大增加无菌材料的得率。另外,在晴天采样比在阴雨天采样效果好,距地面较高部位,特别是暴露在强烈阳光下的枝条污染较轻。采得的样品妥为收藏,尽量使其保持新鲜,迅速带回实验室,尽快做表面灭菌处理。

b. 首次接种污染率的估算与对策

第一次接种,材料是从田间或温室采来、经表面灭菌的。因为要获得有活力的材料,灭菌措施不可能很彻底,以致污染率很高,严重时常达 100%。但材料很干净,灭菌措施又很恰当,污染率也可能很低,甚至全无污染。

如果污染率仍为 95%,要在每支试管中接入 3 块材料,那么至少要做 8000 支试管,接入 2.4 万块材料,才能有 1 支(得 3 块)无菌的试管。可见在初次接种时每支试管放 1 块材料,采用大量小试管将材料分散,才是最有效率的。

即使污染率不太高,采用上述办法也是得率最多的。也见到一些初学者,用大三角瓶做第一次接种,在初期发现污染后,从里面挑选尚未污染的材料再转接一次,这样做效率太低。往往转接后材料仍是污染的。因为培养基表面有一薄层水膜,其他材料污染时,已经波及培养基表面了,或者被转移的材料本身是没完全灭菌的,只是转移的时候没发现。

2)第二阶段:诱导外植体生长与分化

对于大多数已经试验成功的植物或再生能力较强的植物来说,获得了无菌材料,并继代培养,能连续生长繁殖下去,那么就可认为已经建立了无菌培养系。但是对于一些难分化的、没有试验过的植物来说,获得无菌材料并不能算是建立了无菌培养系。这时需要诱导外植体生长与分化,使之能够顺利增殖。

3)第三阶段:促进中间繁殖体的增殖

在第二阶段培养的基础上所获得的无菌苗、胚状体和原球茎等,数量都还不多,也难以直接种植到栽培介质中去,这些培养的材料可统称为中间繁殖体,它们需要进一步培养增殖,使之越来越多,才能发挥快速繁殖的优势。增殖使用的培养基对于一种植物来说，每次几乎完全相同，由于培养物在接近最良好的环境条件、营养供应和激素调控下，不存在其他生物的竞争，能够按几何级数增殖。一般情况下在 4～6 周内增殖 3～4 倍是很容易做到的。如果操作中偶然引起的少数污染，又能做到及时转接继代，那么从获得 1 瓶生长得比较密集的增殖材料开始，将它分接为 3 瓶，经过 1 个月的培养，这 3 瓶材料就可各自再分接为 3 瓶，共 9 瓶，到第 2 个月末将达到 27 瓶。依此计算，只要 6 个月即可增殖出 2187 瓶。这个阶段就是中间繁殖体的增殖阶段。在快速繁殖中，第一、第二两个阶段只是一个必需的过程，但不是经常要做的，而第三阶段则是经常性的、从不停顿地进行着的过程。由于工厂化育苗都有一定的规模，不能让这一个环节无限制地运转，在达到相当的数量之后，则应考虑使其中一部分转入第四阶段，通过改变培养基而转入壮苗和生根的途径上，也就是使增殖的材料分流，生产出成品，而增殖只是贮备"母株"。

4）第四阶段：壮苗与生根

在材料增殖到一定数量后，就使部分培养物分流，进入壮苗与生根途径。若不能及时将培养物转移到生根培养基上，就会使久不转移的苗子发黄老化，或因过分拥挤而使无效苗增多，最后被迫扔掉许多材料。

在生根壮苗培养基上，大多数植物要分离成单苗。转移培养后应停止增殖，使植株迅速生根，同时植株也长高了，便于以后移栽。多数植物第四阶段只需一次培养。一般认为矿物元素浓度较高时有利于发展茎叶，而浓度较低时有利于生根，所以多采用 1/2 或 1/4 量的 MS 培养基，全部去掉或仅用很低的细胞分裂素，并加入适量的生长素，用得最普遍的是萘乙酸（NAA）。虽然植物种类不同，但一般 3～4 周即可生根，当长出多条不定根时即可出瓶移栽。

在比较少的情况下，因植物遗传性或培养基不适合，尤其是第三阶段细胞分裂素用量过高时，易引起生根困难。残留在小苗里的细胞分裂素数量较多，在生根培养基上仍不能停止增殖，这样往往要延长第四阶段，再转接一次生根培养基。一些生长细弱的植株也需要增加一次培养壮苗的步骤，使苗粗壮，便于诱导生根和以后的种植。通常采用不加激素的培养基即可。

从胚状体发育成的小苗，常带有原先即已分化的根，可以不经诱导生根的阶段。但因经胚状体途径发育的试管苗数量特别多，且个体较小，所以，常需要一个低的或没有植物激素的培养基培养的阶段，以便壮苗生根。

从形成的嫩茎上切取插条进行试管外生根是一项降低成本的有力措施，它不但减少了试管生根需要无菌操作的工时耗费，也减少了一次培养基制作的材料、能源与工时耗费。切割下的插穗可用生长素类的粉剂或适当浓度的溶液浸蘸处理，所用生长素类浓度应当预先小批量试验确定。

试管内壮苗与生根的阶段，目的是为了将植株成功地移植到试管外的环境中，也是使试管苗适应外部环境的一个过渡时期。试管中的植株是以培养基中的糖为碳源的，即异养型的，生根壮苗阶段就应当调整，使它们减少对异养条件的依赖，逐步发展它们通过光合作用来为自己制造碳源的能力，所以应同时采取相配合的两项措施——减少培养基中糖含量和提高光照强度。培养基中糖含量约减少一半，光照强度随植物种类不同而异，由原来的 300～500lx 或 500～1000lx 提高到 1000～3000lx 或 5000lx。在这样的条件下（无机盐和糖浓度减半、高光照强度）植物能较好地生根，对水分胁迫和疾病的抗性将有所增强，植株可能表现出生长延缓和较轻微的失绿，但事实证明，这样的幼苗要比在低光照强度条件下的细高幼苗移栽成活率更高，自然光照的幼苗较灯光照明的幼苗素质好。

5）第五阶段：试管苗出瓶移栽与苗期管理

经过上面几个阶段的培养，小苗已生根成为完整的再生植株，或者虽未生根但已长粗壮，适宜无根扦插，这时便可出瓶移栽。

试管苗是在无菌、有营养供给、适宜光照和温度，以及 100% 的相对湿度环境中生长的，并有适宜的植物激素以调节生长代谢等生理需要，一旦出瓶移栽，环境就会发生不利于其生长的剧烈变化，如湿度不再能轻易地保持 100%，温度也没有培养室那样适宜，失去了营养的支持，移栽的环境可能杂菌丛生等。总之，这么幼嫩的小苗是很难成活的，稍有不慎便会造成大量死苗，使过去花费的劳动付之东流。要使试管苗大量种植成活，就应当分析并改装幼苗种植的环境条件，必须尽可能地创造适宜于它生存的环境，这些条件是能够办到的。

第一，要保持小苗的水分供需平衡。在培养瓶中培养的小苗，因培养瓶中的湿度大，茎叶表面防止水分散失的角质层等几乎全无，根系也不发达或无根，种植后难以保持水分平衡，即使根的周围有足够的水分也不行，所以需要提高周围的空气湿度（到 90%～100%），使叶面的蒸腾减少，尽量接近培养瓶中的条件，使小苗始终保持挺拔的姿态。可采用下列办法，如试管苗移栽后淋透水、加盖一块玻璃，或罩上广口瓶、加覆塑料薄膜、在温室内种植、在喷雾机保护地内种植等。

第二，要选择恰当的种植介质，最重要的是疏松通气、适宜的保水性、容易灭菌处理、不利于杂菌滋生。常用的有粗粒状蛭石（过细的蛭石粉并不适宜）、珍珠岩、粗砂、炉灰渣、谷壳（或谷壳炭）、锯木屑等，或者将它们以一定的比例混合应用。管理过程中不要浇水过多，过多的水应能迅速沥除，以利根系的呼吸，有助于生根成活。这些介质在使用前应高压灭菌。

第三，要防止菌类滋生。试管苗原来的环境是无菌的，移栽后难以保持完全无菌，但应尽量不使菌类大量滋生，以利成活。适当使用一定浓度的杀菌剂可以有效地保护幼苗，如百菌清、多菌灵、托布津等，浓度在 1/1000～1/800。小苗移栽后立即用喷雾器喷淋。另外，在试管苗出瓶时，要仔细洗去附着其上的培养基，尽量少伤苗。伤口过多、根损伤过多都是造成死苗的原因。没有伤口,小苗受害很慢或不受影响。例如,培养过程中污染了的瓶子,敞开以后很久小苗仍可存活,就是例子。有时候想了许多办法也种不活的苗子,杀菌以后就几乎不发生死苗现象,很容易就渡过移栽成活这一关了。每隔7～10天喷药一次,水中可加入0.1%的肥料,或用1/2 MS大量元素的水溶液追肥,可加快苗的生长与成活。

第四,要注意一定的光照、温度条件。试管苗原来是有糖等营养供应的,出瓶后要靠自己进行光合作用维持生存,因此光照不能太弱,以强度较高的漫射光为好,最好能够调节,随苗的壮弱、喜光性、种植成活的程度而定,在1500～4000lx,甚至可达10 000lx。光线过强会使叶绿素受到破坏,当合成赶不上时,叶片失绿、发黄或发白,使小苗成活延缓。过强的光照使蒸腾加强,导致水分平衡的矛盾更尖锐。

小苗种植的过程中温度要适宜,黄檗以25℃左右为宜。温度过高涉及蒸腾加强、水分平衡以及菌类滋生等问题,温度过低使幼苗生长迟缓或不易成活。如果能有良好的设备或配合适宜的季节,使介质温度略高于空气温度2～3℃,则有利于生根和促进根系生长,有利于提前成活。采用埋设地热线的生根箱、温室地槽等来种植试管苗,可以取得更好的效果。

只要把水分平衡、介质、杂菌光照和温度等条件控制好了,试管苗的大量移栽成活就是在预计之内的事了。最有利的条件是有不断移栽的苗子供试验,仔细安排几种不同处理的试验,很快就能掌握大量植株成活的关键。小苗的管理并不复杂,最重要的是管理人员的责任心及适当的设备。

1.4.3 黄檗育种资源的研究和利用

搜集和保存育种资源的目的是为了培育新的优良品种。而只有充分了解育种资源的生物学特性、适应性、经济性状表现等,才能准确地选择育种原始材料,进而实现育种目标。要想全面了解育种材料的特性,就必须进行系统的研究。研究工作可结合种源试验和子代测定来进行。经研究确定具有优良经济性状的资源即可用于育种计划,如果特别优良——增益较大的,可以通过种子园或采穗圃等方式繁殖推广。

搜集黄檗样品后要进行种源试验,目的是揭示可能有用的变异性、对环境条件的适应程度,以及进行试验的树种、原产地的经济价值或社会价值。评价工作应在尽可能多的地点进行,以便能够评价原产地内以及原产地之间的遗传变异。

评价时要建立起完整的遗传资源档案。在田间试验条件下,系统考查记载生物学特性、形态特征和经济性状,初步了解稳定而明显的形态特征和有较高遗传力的性状,还包括生态生理特性,以及对病虫害和不利气候、土壤因素的抗性和适应性等。有时还必须在控制条件下进一步试验鉴定,在控制条件下得到的鉴定结果，还需要通过田间试验加以验证。

利用是一切森林遗传资源管理的最终目的，它既包括大规模人工造林中利用大批量种子或其他繁殖材料，也包括利用培育适应性强、经济价值高的基因型。

从种源试验中获得有关信息后，重点要逐渐从评价工作转移到优良种源的大批利用上来，即选育出黄檗优良种源，通过扦插、播种和组织培养等育苗技术，扩大繁殖和培育人工林。同时，在当地适生种源中进行单株选择和家系选择，以便进一步改良。

2 黄檗选择育种原理与方法

选择是最基本的育种措施，在遗传多样性丰富的群体中，依据经济性状变异规律，通过选择可以获得我们需要的各种优良品种。选择育种的理论是性状的可遗传性——遗传力，选择育种的基础是天然的变异。林木选择育种方法有种源选择和优树选择。

2.1 遗 传 力

2.1.1 遗传力概念

遗传力是选择育种中的一个重要参数，是由树木个体数量性状的表型值（P）、基因型（G）和环境（e）共同作用的结果。

$$P = G + e \qquad (2.1)$$

$$V_P = V_G + V_e \qquad (2.2)$$

$$V_G = V_A + V_D + V_I \qquad (2.3)$$

$$V_P = V_A + V_D + V_I + V_e \qquad (2.4)$$

式中，V_P 为表型方差；V_G 为遗传方差；V_e 为环境方差；V_A 为加性方差；V_D 为上位方差；V_I 为互作方差。

遗传力分为广义遗传力和狭义遗传力。

广义遗传力（H^2）：遗传方差（V_G）占表型方差（V_P）的百分率。

$$H^2 = V_G / V_P \times 100\% \qquad (2.5)$$

狭义遗传力（h^2）：加性方差（V_A）占表型方差（V_P）的百分率。

$$h^2 = V_A / V_P \times 100\% \qquad (2.6)$$

加性遗传变量不同于显性变量和上位性变量等非加性遗传变量，它可以上、下代间传递。因此，狭义遗传力更具有实际意义。狭义遗传力大，表明该性状由亲代传递给子代的能力强，受环境影响小，表型选择的效果较好。反之，则说明环境对该性状的影响较大，也就是说该性状从亲代传递给子代的可能性较小，对该性状的选择效果差。

遗传力的估算会受供试材料的性质、群体大小、取样方法、估算方法、试验条件等影响。它是一个变量，不是固定值。因此，由遗传力估算出来的改良效果，在应用时是有条件的；估算值在多数情况下只表示相对大小，不可能准确预估改良效果。

2.1.2　遗传力估算

2.1.2.1　由无性系估算广义遗传力

采用无性系估算遗传力，主要步骤如下：①把原株繁殖成无性系，每个无性系含若干株；②按田间设计要求栽种；③按无性系进行性状观测，得观测值。

同一无性系来源于 1 株植物，无性系各单株基因型相同，与母株一致，因此无性系单株间的差异为非遗传因素导致，不同无性系间的差异为遗传效应和环境效应共同作用的结果（表 2.1）。

表 2.1　k 个无性系、n 株小区高生长变量分析

变异来源	自由度	均方	F 值	期望均方值
无性系间	$k-1$	M_G	M_G/M_n	$\sigma_e^2 + k\sigma_G^2$
无性系内	$n-1$	M_e		σ_e^2
总变量	$kn-1$			

均方与期望均方之间建立等式：

$$M_G = \sigma_e^2 + k\sigma_G^2 \tag{2.7}$$

$$M_e = \sigma_e^2 \tag{2.8}$$

分别计算遗传效应值和环境效应值。进一步估算遗传力：

$$\text{广义遗传力}\quad H^2 = \sigma_G^2/(\sigma_e^2 + \sigma_G^2) \tag{2.9}$$

例：有 8 个无性系，每个无性系含 5 株（r），对 8 年生时树高作变量分析，结果如表 2.2 所示。

表 2.2　无性系高生长变量分析

变异来源	自由度	平方和	均方	F 值	期望均方值
无性系间	7	4.93	0.704	9.24**	$\sigma_e^2 + r\sigma_G^2$
无性系内	32	2.44	0.076		σ_e^2
总变量	39	7.47			

对数据作变量分析，列出变量分析表，根据变量计算遗传力。

根据期望均方值　　　　　$\sigma_G^2 = (0.704 - 0.076)/5 = 0.126$

高生长广义遗传力　　　$H^2 = \sigma_G^2/(\sigma_G^2 + \sigma_e^2) = 0.126/(0.126 + 0.076) = 0.62$

由原株通过无性繁殖方法育成的无性系属于同一个世代，因此严格地说由上述公式估算出来的无性系广义遗传力应当称为重复力。

2.1.2.2　利用亲-子关系估算狭义遗传力

由子代与一个亲本的回归系数估算遗传力。

由于一个亲本只能提供一半的基因给子代，因此，子代的平均基因型值是共同亲本加性效应值（育种值）的一半。可以根据亲本的基因型值（G）和亲本育种值（A）的半数来估算亲-子的遗传协变量（CovGop）。

由于 G 和 A 都是以距群体平均值离差的形式表示的，因此

$$\text{CovGop} = \frac{\sum(\frac{1}{2}A)(G)}{n}$$

$$= \frac{\sum\frac{1}{2}A(A+D)}{n}$$

$$= \frac{\frac{1}{2}\sum A^2}{n} + \frac{\frac{1}{2}\sum(AD)}{n}$$

如果 A 与 D（上位效应）相互独立，则 $\Sigma AD = 0$，所以

$$\text{CovGop} = \frac{\frac{1}{2}\sum A^2}{n} = \frac{1}{2}V_A$$

如果基因型协变量近似于表型协变量，即 $\text{CovGop} \approx \text{Covop}$，那么回归系数

$$b = \frac{\text{Covop}}{V_P} \approx \frac{\frac{1}{2}V_A}{V_P} \approx \frac{1}{2}h^2$$

所以，$h^2 \approx 2b$　　　　　　　　　　　　　　　　　　　　　　　（2.10）

回归系数可按下式计算：

$$b = \frac{\sum xy - (\sum x)(\sum y)/n}{\sum x^2 - (\sum x)^2/n}$$

式中，x 为亲本性状观测值；y 为子代性状观测值。

例：设在人工林中选择 10 株优树，分别采种，按家系育苗造林。优树 10 年生树高与其子代 10 年生树高平均值列入表 2.3。

表 2.3　优树及其子代树高平均值(m)

母树号	母树（x）	子代（y）
1	2.0	2.4
2	2.5	2.2
3	3.0	2.5
4	2.1	2.3
5	2.4	2.1
6	2.3	2.8
7	2.2	1.9
8	2.8	2.5
9	2.6	2.4
10	2.7	3.0
合计	24.6	24.1

母树平方和 $= \sum X^2 - (\sum x)^2 / n$

$\qquad = 2.0^2 + 2.5^2 + \cdots + 2.7^2 - 24.6^2 / 10 = 0.924$

母-子协方和 $= (\sum xy - (\sum x \sum y)) / n$

$\qquad = (2.0 \times 2.4 + \cdots + 2.7 \times 3.0 - 24.6 \times 24.1) / 10$

$\qquad = 0.344$

母子回归系数

$$b = (\sum xy - \sum x \sum y) / N / [\sum x^2 - (\sum x)^2 / n]$$
$$= 0.344 / 0.924 = 0.372$$

由于，$b = 1/2h^2$

所以，$h^2 = 2b = 2 \times 0.372 = 0.744$

回归系数大小易受亲子代年龄、所处环境和测量单位等条件的影响。因此，在用回归系数估算遗传力时应当注意下列几点：①亲子代的树龄必须一致或相近；②亲子代应处于相同或相似的环境条件；③测量亲子代性状的单位应相同，否则会影响遗传力的估算精度，甚至会出现 $h^2 > 1$ 或 $h^2 < 1$ 的现象。

由于母本与子代的变量和均值相近，因此，r 值与 b 值（0.372）近似相等。在这种情况下，r 和 b 均可用于估计 h^2。但利用相关系数估算遗传力，可以不考虑亲子代的年龄条件和测量单位。

例：将上例子代数据乘以 1/10，即假设 10 年生母树与 1 年生子代的关系。计算结果如下：

回归系数：$b = 0.037$

相关系数：$r = 0.371$

b=0.037，只有原来数值的 1/10，显然已不能用这个 b 值去估算遗传力了。但 r=0.371，与前面计算的结果完全一致。由此可见，用相关系数估算遗传力较用回归系数估算有一定优势。

2.1.2.3　由自由授粉子代材料估算遗传力

因田间设计及计算处理不同，估算遗传力又可细分为下列几种方法（都以小区内植株为单位）。

1）由没有区组重复的田间设计材料估算遗传力

设有 f 个家系，每个家系有 r 株苗，则共有 fr 个数据。变量分析的模式见表 2.4。

表 2.4　f 个家系、r 次重复半同胞家系高生长变量分析

变异来源	自由度	均方	F 值	期望均方值
家系间	$f-1$	M_f	M_f/M_e	$\sigma_e^2 + r\sigma_f^2$
家系内	$n-1$	M_e		σ_e^2
总变量	$fn-1$			

例：从人工林中选择的 8 株树上分别采种，并按家系育苗造林。子代 4 年生时测量各家系全部 12 株苗木的高生长，测量结果见表 2.5。

表 2.5　半同胞家系单株高生长

株号	系号								总和
	1	2	3	4	5	6	7	8	
1	89	140	72	100	70	98	94	30	
2	80	100	54	88	65	55	66	44	
3	75	145	117	89	55	17	61	69	
4	58	78	75	60	120	86	45	17	
5	74	73	123	108	79	89	125	49	
6	87	45	40	123	112	59	90	25	
7	112	138	20	74	97	50	45	175	
8	30	99	55	70	123	41	46	58	
9	93	32	55	100	137	59	127	123	
10	51	165	115	72	49	73	62	20	
11	112	80	103	96	128	88	105	35	
12	64	153	48	97	53	60	104	43	
合计	925	1248	890	1077	1088	775	970	688	7661

具体计算步骤如下：$\sum X^2 - (\sum x)^2/n$

校正系数 $C = (\sum x)^2/n = (7661)^2/96 = 611\,363.76$

总平方和 $= 89^2 + 80^2 + \cdots + 35^2 + 43^2 - 611\,363.76$

$\qquad = 114\,273.24$

$$家系间平方和 = (925^2 + \cdots + 688^2)/12 - 611363.76$$
$$= 18950.49$$
$$家系内平方和 = 114273.24 - 18950.49 = 95322.75$$

根据上列数据列出变量分析表（表 2.6）。

表 2.6　半同胞家系高生长变量分析

变异来源	自由度	平方和	均方	F 值	期望均方值
家系间	7	18 950.49	2 707.21	2.5	$\sigma_e^2 + r\sigma_f^2$
家系内	88	95 322.75	1 083.21		σ_e^2
总变量	95	114 273.24			

所以，
$$\sigma_f^2 = 1/r(M_f - M_e)$$
$$= 1/12(2707.21 - 1083.21) = 135.33$$
$$\sigma_e^2 = M_e = 1083.21$$

由于半同胞子代基因型值（G）是亲本育种值（A）的一半，即

$$G \approx 1/2A$$

根据变量性质，有

$$V_G \approx 1/4V_A$$

则
$$V_A \approx 4V_G$$

于是，若按半同胞单株的表现进行选择，可用下式估算单株遗传力：

$$h^2 = 4\sigma_f^2/(\sigma_f^2 + \sigma_e^2)$$
$$= 4 \times 135.33/(1083.2 + 135.33) = 0.44$$

从期望均方的结构可知，家系均方（M）既包含了家系的遗传变量，又包含了环境变量。因此，如按家系平均值选择时，可用家系均方中遗传变量部分占家系均方的比值作为家系遗传力的估计值。根据本例均方结构，有

家系遗传力 $h^2 = (M_f - M_e)/M_f$
$$= (2707.21 - 1083.21)/2707.21 = 0.60$$

本例的家系遗传力公式还可写成下列两种形式：

$$h^2 = \sigma_f^2/(\sigma_e^2/r + \sigma_f)^2 \tag{2.11}$$

$$h^2 = 1 - 1/F \tag{2.12}$$

第二种形式应用比较简便，但应用时要注意统计模型。

据 Wright 认为，用半同胞家系平均值估算的遗传力比用半同胞的单株树估算的遗传力可靠，而且，选择也常根据家系平均值进行。所以，家系遗传力是比较重要的遗传数。

2）由单点完全随机区组材料估算

f 个家系、b 次重复、n 株小区的变量分析模式见表 2.7。

表 2.7　f 个家系、b 次重复、n 株小区变量分析模式

变异来源	自由度	均方	F 值	期望均方值
区组间	$b-1$			
家系间	$f-1$	M_f	M_f/M_{fb}	$\sigma_e^2 + n\sigma_{fb}^2 + nb\sigma_f^2$
家系内小区间	$(f-1)(b-1)$	M_{fb}		$\sigma_e^2 + n\sigma_{fb}^2$
误差（小区内）	$fb(n-1)$	M_e		σ_e^2
总变量	$fbn-1$			

变量分析后，可参阅前例方法，按下式估算遗传力。

单株遗传力：$h^2 = 4\sigma_f^2/(\sigma_{fb}^2 + \sigma_f^2 + \sigma_e^2)$　　　　　　　　　　（2.13）

家系遗传力：$h^2 = (M_f - M_{fb})/M_f = 1 - 1/F$

　　　或 $h^2 = 4\sigma_f^2/(\sigma_e^2/nb + \sigma_{fb}^2/b + \sigma_f^2)$　　　　　　（2.14）

3）由多点完全随机区组材料估算

f 个家系、s 个造林点、b 次重复（区组）、n 株小区的变量分析模式见表 2.8。

表 2.8　f 个家系、s 个造林点、b 次重复（区组）、n 株小区变量分析模式

变异来源	自由度	均方	期望均方值（随机模式）
家系	$f-1$	M_f	$\sigma_e^2 + n\sigma_{fb}^2 + nb\sigma_{fs}^2 + nbs\sigma_f^2$
地点	$s-1$	M_s	$\sigma_e^2 + n\sigma_{fb}^2 + nb\sigma_{fs}^2 + nf\sigma_b^2 + nfb\sigma_s^2$
地点内区组	$s(b-1)$	M_b	$\sigma_e^2 + n\sigma_{fb}^2 + nf\sigma_b^2$
家系×地点	$(f-1)(s-1)$	M_{fs}	$\sigma_e^2 + n\sigma_{fb}^2 + nb\sigma_{fs}^2$
家系×地点内区组	$s(b-1)(f-1)$	M_{fb}	$\sigma_e^2 + n\sigma_{fb}^2$
误差（小区内）	$bsf(n-1)$	M_e	σ_e^2

由变量分析求得各均方值后，可通过表 2.8 期望模式作简单计算，求得各变量组分。

如果 σ_f^2 的分量 $=(M_f - M_{fs})/nbs$，求得变量组分后，即可估算遗传力。

例：设种子园自由授粉半同胞家系 (f) 为 29 个，在 8 个地点 (s) 做完全随机区组造林试验，每个地点重复 (b) 6 次，10 株 (n) 小区。变量分析结果见表 2.9。

表 2.9　多点半同胞子代测定变量分析

变异来源	自由度	均方	期望均方值
家系	28	63.877	$\sigma_e^2 + n\sigma_{fb}^2 + nb\sigma_{fs}^2 + nbs\sigma_f^2$
地点	2	842.045	$\sigma_e^2 + n\sigma_{fb}^2 + nb\sigma_{fs}^2 + nf\sigma_b^2 + nfb\sigma_s^2$
地点内区组	15	3.782	$\sigma_e^2 + n\sigma_{fb}^2 + nf\sigma_b^2$
家系×地点	56	6.745	$\sigma_e^2 + n\sigma_{fb}^2 + nb\sigma_{fs}^2$
家系×地点内区组	420	1.445	$\sigma_e^2 + n\sigma_{fb}^2$
误差（小区内）	4698	0.884	σ_e^2

（1）计算均方组分。

误差　　　　　　　　$\sigma_e^2 = 0.884$

家系×地点内区组　　$\sigma_{fb}^2 = (1.445 - 0.884)/10 = 0.056$

家系×地点　　　　　$\sigma_{fs}^2 = (6.745 - 1.445)/(10 \times 6) = 0.088$

地点内区组　　　　　$\sigma_b^2 = (3.782 - 1.445)/(10 \times 29) = 0.008$

地点　　　　　　　　$\sigma_s^2 = (842.045 - 3.782 - 10 \times 29 \times 0.008)/(10 \times 29 \times 6) = 0.48$

家系　　　　　　　　$\sigma_f^2 = (63.877 - 6.745)/(10 \times 6 \times 3) = 0.317$

（2）估算遗传力。

半同胞家系遗传力：$h^2 = (M_f - M_{fs})/M_f = (63.877 - 6.745)/63.877 = 0.894$

或 $h^2 = \sigma_f^2/(\sigma_e^2/nbs + \sigma_{fb}^2/bs + \sigma_{fs}^2/s + \sigma_f^2)$

　　　$= 0.317/[0.884/(10 \times 6 \times 3) + 0.056(6 \times 3) + 0.88/3 + 0.317]$

　　　$= 0.894$

单株遗传力：$h^2 = 4\sigma_f^2/(\sigma_e^2 + \sigma_{fb}^2 + \sigma_{fs}^2 + \sigma_f^2)$

　　　$= 4 \times 0.317/(0.884/0.056 + 0.088/0.317) = 0.943$

2.1.2.4　由控制授粉子代材料估算遗传力

设 m 个父本与 f 个母本进行交配，产生 $m \times f$ 个杂交组合，按随机完全区组设计进行育苗造林，b 个区组，则变量分析模式见表2.10。

表2.10 交配设计变量分析模式表

变异来源	自由度	均方	期望均方值
区组	$b-1$		
父系	$m-1$	M_m	$\sigma_e^2 + b\sigma_{mf}^2 + bf\sigma_m^2$
母系	$f-1$	M_f	$\sigma_e^2 + b\sigma_{mf}^2 + bm\sigma_f^2$
父×母	$(m-1)(f-1)$	M_{mf}	$\sigma_e^2 + b\sigma_{mf}^2$
误差	$(mf-1)(b-1)$	M_e	σ_e^2

计算步骤及公式如下：

校正数 $\qquad C = \left(\sum\sum\sum x_{ijk}\right)^2 / (bmf)$

总的平方和 $\qquad S_T = \sum\sum\sum x_{ijk}^2 - C$

区组平方和 $\qquad S_b = \dfrac{\sum x_{..k}^2}{mf} - C$

父本平方和 $\qquad S_m = \dfrac{\sum x_{i..}^2}{bf} - C$

母本平方和 $\qquad S_f = \dfrac{\sum x_{.j.}^2}{bm} - C$

父母互作平方和 $\qquad s_{mf} = \dfrac{\sum\limits_i\sum\limits_j x_{ij.}^2}{b} - C - S_m - S_{mf}$

误差平方和 $\qquad S_e = S_T - S_b - S_m - S_f - S_{mf}$

计算期望均方值：

$$\sigma_e^2 = M_E; \quad \sigma_m^2 = (M_m - M_{mf})/bf$$

$$\sigma_f^2 = (M_f - M_{mf})/bm; \quad \sigma_{mf}^2 = (M_{mf} - M_e)/b$$

计算变量估计值：

表型变量： $\qquad \hat{\sigma}_p^2 = \sigma_m^2 + \sigma_f^2 + \sigma_{mf}^2 + \sigma_e^2$

加性遗传变量：

父系 $\qquad \hat{\sigma}_{Am}^2 = 4\sigma_m^2$

$$母系　　　　　　　\hat{\sigma}_{Af}^2 = 4\sigma_f^2$$

$$父+母　　　　　　\hat{\sigma}_A^2 = 2 \times (\sigma_m^2 + \sigma_f^2)$$

计算遗传力：

$$父系　　　　　　h_m^2 = \hat{\sigma}_{Am}^2 / \hat{\sigma}_P^2　　　　　　　　　　（2.15）$$

$$母系　　　　　　h_f^2 = \hat{\sigma}_{Af}^2 / \hat{\sigma}_P^2　　　　　　　　　　（2.16）$$

$$父+母　　　　h_{(m+f)}^2 = \hat{\sigma}_A^2 / \hat{\sigma}_P^2　　　　　　　　（2.17）$$

林木性状的遗传力有如下趋势：①不易受环境影响的性状，其遗传力比易受环境影响的性状要高；②变异系数小的性状，其遗传力比变异系数大的性状高；③质量性状（经数量化处理）的遗传力比数量性状的高。

2.1.3　遗传增益

人工选择取得的改良效果，常用响应和遗传增益来表示。

（1）入选率（P）：选择个体树木占选择群体总数的百分率。

（2）选择差（S）：选出树木性状的平均值[$X_{0（平均）}$]与原群体平均值（μ）之差。

$$S = X_{0(平均)} - \mu　　　　　　　　　　（2.18）$$

（3）选择强度（i）：选择差除以该性状的标准差（σ_P），是标准化的选择差。

$$i = S / \sigma_P　　　　　　　　　　（2.19）$$

入选率高 ⇒ 选择强度小 ⇒ 选择差小；入选率低 ⇒ 选择强度大 ⇒ 选择差大。

（4）响应（R）：入选亲本的子代平均表型值距被选择原始群体平均值间的差异叫响应，响应是绝对值。

（5）遗传增益（ΔG）：响应除以原群体的平均表型值（R/μ）所得的百分率。遗传增益是相对值。

遗传增益的估算：遗传改良的效果受遗传力和选择差所制约。当利用亲子回归系数估算遗传力时，子代对中亲的回归系数：$b = R/S$。式中，b 为回归系数，R 为响应，S 为选择差。

$$R = h \cdot i \cdot \sigma_A　　　　　　　　　　（2.20）$$

式中，R 为响应估算值；h 为遗传力的平方根；i 为选择强度；σ_A 为变异系数。

增益的大小与遗传力的平方根、选择强度以及选择性状的变异系数的乘积成正比。这三个因素的值越大，改良效果越好。

选择差、遗传力和遗传增益之间的关系见图 2.1。

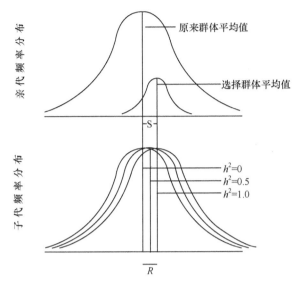

图 2.1 遗传力与选择差和遗传增益的关系示意图（沈熙环，1990）

2.2 黄檗遗传改良

2.2.1 遗传改良策略

林木育种策略是针对某个特定树种的育种目标，依据树种的生物学和林学特性、遗传变异特点、资源状况、已取得的育种进展，并考虑当前的社会和经济条件及可能投入的人力、物力和财力，对该树种遗传改良做出长期的总体安排。制定育种策略是一个树种遗传改良工作中的最根本问题。育种策略制定后，需要编制为达到育种策略中规定目标的具体计划。从 20 世纪 80 年代末到 90 年代，澳大利亚对辐射松，美国对火炬松、湿地松等，意大利对欧美杨，德国对欧洲云杉等树种提出了比较完备的育种策略方案。

20 世纪 70 年代中期以来我国针叶树种种子园建设发展迅速，选择了大量优树，建立了种子园，并对其中部分优树作了遗传测定，但由于生产建设发展快，理论准备不足，对选择出来的繁殖材料没有加以分类经营，所以，绝大多数树种都没有划分不同的群体，育种群体和生产群体合二为一。对收集优树的遗传测定工作缺乏全面规划，对世代的发展考虑不多。至于阔叶树种，甚至在育种强度最大的杨树中，对育种资源的收集也不力，且缺乏深入系统的研究，将重点都放在以选择理论为指导的长、中、短配套的总体规划上。

20 世纪 90 年代初，林业部林木种苗管理总站鉴于当时我国林业生产对良种需求，并且一些主要造林树种已开始营建改良代种子园，转向高世代育种，制定林木育种策略已十分迫切。在劳动人事部和林业部的关怀和支持下，林木种苗管理总站于 1991 年和 1992 年曾分别在吉林延边和四川成都举办了北方和南方林木改良高级研修班。在成都研讨会上，邀请国内专家就林木育种策略问题做了专门讨论。随后出版了《林木良种繁育策略》一书，该书收录了有关我国开展多世代育种和制定育种策略的论文。此后，国内专家研讨过马尾松、杉木等树种的育种策略和高世代遗传改良；中国和美国、英国、新西兰专家合作，共同研讨火炬松、湿地松、加勒比松及泡桐等树种的育种策略，并发表过一些文章。到 90 年代我国学者及时介绍了意大利的杨树育种策略，以及美国和澳大利亚对火炬松、湿地松和辐射松的育种策略研究进展。我国针叶树种育种策略上的研究进展，在一定程度上也推动了阔叶树种育种策略的开展。

2.2.1.1　制定育种策略的原则

制定育种策略的原则如下所述。

1）育种策略的目标

育种策略的目标是在短期内取得最大的增益，提供最佳的经济和社会效益，持续维护长期改良的效果，既能满足当前生产的需要，又能符合长远遗传改良的要求。策略应当符合长期改良和短期利用相结合需要，要能体现出不断获取更大增益的原则。

2）育种途径和方法

育种策略中规定的育种途径和方法，既要符合树种和性状的生物学特性及遗传特点，又要考虑该树种遗传改良的社会经济条件。

3）育种环节

育种策略要合理地运用育种的各个环节，并做好各个环节间的衔接。

4）育种策略的灵活性

育种策略要能适应环境和社会需求的改变，具备灵活应变和适应的能力，要保持种内遗传多样性。

5）育种策略的设计原则

在达到预定目标的前提下，各项试验设计应就简不就繁，以达到最小投入、最大产出的目的。

育种策略就是按育种程序来设计和制定的。林木育种过程实际上是使遗传基础由宽变窄，再由窄变宽的螺旋式上升发展过程。育种的第一步是根据育种目标从群体中选择符合要求的个体，或淘汰不符合要求的个体，是遗传基础变窄的过程；第二步，对选择出来的个体，通过杂交，进行基因重组，是遗传基础变宽的过程。选择和经过重组的繁殖材料通过遗传测定进行再选择，又是遗传基础变窄的过程，如此反复循环，使需要的遗传基因频率不断提高，繁殖材料的遗传品质不断优化。同时，在育种的各个阶段经过选择和遗传测定的繁殖材料，可以通过种子园或采穗圃大量繁殖，用于造林生产。

黄檗的主要用途分别是木材、药用，增加木材产量和提高木材质量是以用材为目的的育种目标；增加树皮产量和生物碱含量是以药用为目的的育种目标。

2.2.1.2 育种策略的基本内容

育种策略就是按育种程序来设计和制定的。育种策略的前提是选择适宜的改良树种。改良树种确定后，在制定的策略中应当包括下述基本内容。

1）育种目标

育种目标如果为建筑用材，树木生长量和树干利用率、树干通直度和饱满状况是关心的主要指标；如果为纸浆材，生物量、木材密度、纤维或管胞长度是主要的。对保护自然生态的树种，要改良的性状首先是对严酷自然生态条件的适应能力，充分发挥生态效益是主要的，改善经济性状是其次的。改良树种受病虫危害状况也是确定育种目标时要考虑的内容。

2）育种资源

育种资源是树种改良的物质基础。从着手树木遗传改良的第一天起，就着力于建立起一个规模较大的育种群体，以便在多个世代改良中能不因资源不足而影响或中止工作。树种改良开展之前如果没有做过育种资源的调查和收集工作，或者现有的资源数量有限，首先应下大力气抓资源的调查和收集。通过子代测定和无性系测定，研究收集资源改良性状的遗传表现，以及与良种繁殖有关的特性，还应研究性状的遗传方式，并通过选择、交配制种，不断提高所需基因的频率，并要防止群体内近亲系数提高过快。

3）繁殖方式和繁殖技术

改良树种能否将营养繁殖作为主要繁殖方式，即营养繁殖技术的成熟程度如何，与育种策略的制定有密切的关系。当前营养繁殖的主要方式仍然是扦插，但对组织培养技术比较成熟的少数树种，在特别需要的情况下也有用组织培养的。一个树种如既能种子繁殖，又能营养繁殖，扦插技术又较成熟，则育种和良种繁育的途径就比较灵活，特别当这类树种种间杂交可配性高、杂种优势明显时，更能显示育种各个环节应用的灵活多样性，在较短的时间内可望取得较大的改良效果。

4）选择强度和遗传增益

选择强度和遗传增益是育种策略中考虑的问题之一。遗传增益是选择强度和遗传力的函数，增益的大小取决于供选群体的大小，如果从只含 1 株的待选群体中选择 1 个单株，增益为 0。随着待选群体的增大，增益迅速增加，但群体大到一定程度时，增长的速度减慢，从 50 株或 100 株中选择 1 株增益虽有差别，但已不明显。选择强度要根据对增益大小的要求、资源状况、群体大小和改良世代的多少等多种因素来确定。

5）防止近交，控制共祖率

经营育种群体，特别在多世代育种中，主要的问题是防止近交，控制共祖率发展过快，现在普遍采用的方法是把参与育种过程的繁殖材料划分成不同的群体，如基本群体、育种群体和生产群体等，在育种群体内又进一步划分为亚系。同时，在组配育种群体个体时，选用不同的交配设计，可以延缓近交发展，是控制共祖率发展的另一个措施。

6）育种周期

要考虑所采用育种方法从投入到产出的时间进程，育种周期的长短、增益的大小、单位时间内获得增益的多少，时间是评价的指标之一。同时，要考虑采用促进开花结实、缩短育种世代的措施，以及早期测定的可能性和可靠性等问题。

7）研究与生产结合

一个完善的育种策略，既要有长期改良目标，又要划分达到预定目标的各个阶段和采取的措施，同时，要考虑在各个改良阶段中可能取得的成果，以及在技术和生产中可能做出的贡献。

8）试验设计

根据试验目的，确定测定项目和内容、方法、地点、时间和观测期限，考虑最佳的田间试验设计方案。

9）工作持续性

育种工作是长期的工作，只有持续工作，才能达到预定目标，因此，在制定育种策略时要考虑实施计划的行政管理体制、主要技术骨干现状和人员培训、资金投入量和持续年限、所需购置的主要设施、与外单位的协作和分工、信息交流渠道及措施等。

10）风险

在育种策略中应当指出存在何种因素可能妨碍策略的实施。例如，早期选择，存在幼龄与成年时的相关，影响预估的准确性；病虫害、森林火灾、灾难性气候等有时是难以预估的，是策略实施中潜在的危险因素；行政管理机构的改革、技术骨干的变动、资金投入得不到保证，都会严重影响预定目标的落实。

总之，为实现育种目标，育种策略中应当包括：育种资源的组织和管理；所采取的育种途径、方法及各个育种环节间的衔接；划分育种发展阶段并规定各个阶段对生产和技术上所能做出的贡献等内容。

2.2.2 选择的基本方法

在林木育种实践中，常用的选择方法有以下几种。

（1）混合选择：是根据选择的目的要求，从原始群体中挑选符合要求的树木，混合采种，混合繁殖、推广的选择方法。

优点：方法简单，程序少，工作量小。在性状遗传力高、种群杂合率高的情况下可获得较好的选择效果。

缺点：亲子间谱系不清。

（2）单株选择：是根据选择的目的和要求，从原始群体中选择所需的单株，分别采种，分别育苗并鉴定，然后扩大繁殖推广的选种方法。

优点：后代优良程度高，纯度高，遗传增益大，谱系清楚，便于查阅其亲缘关系。

缺点：破坏了原来群体遗传结构，导致遗传基础贫乏而引起生活力衰退，工作量大。

（3）家系选择：是对入选优树的自由授粉或控制授粉子代分别作子代测定，根据各优树子代性状的平均值，挑选优良家系、淘汰低劣家系的过程。对选出家系不再作个体的选择。

（4）家系内选择：在家系内挑选优良植株的过程。

（5）配合选择：在优良家系中再挑选优良单株，是多世代育种常用的方法，增益较大。

（6）直接选择：按照选种要求，直接对目标性状进行选择。

（7）间接选择：根据与目标性状（生理性状）相关的性状（形态形状）指标挑选树木的过程。

（8）多性状选择：育种目标常要求综合性状优良，即多种性状均表现良好，使各性状均符合育种要求的选择方法。

（9）无性系选择：通过无性系测验，评出最优良的无性系，进一步扩大繁殖、推广、应用于生产的选择方法。

（10）超级苗选择：在同一圃地、育苗技术等因素都相同的条件下，选择生长特别优良的苗木的方法。为嫁接准备砧木。超级苗的标准：比平均数高出 2 个标准差，即 $X > X$ 平均$+2\delta$。

以上所述选择方法可灵活运用。总之，选择极其重要，是林木改良过程中不可或缺的，可以作为中间手段，也可以作为独立的育种方法。选择是生物进化三要素中唯一可以受人操纵的因素。选择结果如何直接关系到遗传增益的大小。任何一项育种方法最初是选择，最后还是选择。

2.3 黄檗种源选择

对适用于种子繁殖的树种，可采用简单混合选择或轮回混合选择。选择优树，然后从选择的优树上一次或连续地采集自由授粉种子或混合授粉种子，混合播种，这属于简单混合选择；如果从优树种子长成的子代中再进行选择，如此重复多个世代，称为轮回混合选择。

　　另有一类方法是采集的种子不混合，按单株分别采集和育苗，再按选择测定世代的多少，分简单轮回选择和轮回选择。采用这类方法，一般首先考虑树种种内的地理变异特点，在适宜的种源区内选择优树；用优树穗条或种子建立无性系种子园或实生苗种子园，但多为无性系种子园；对优树或优树无性系做自由授粉或控制授粉子代测定；根据子代测定的结果，对种子园无性系或无性系植株只做一个世代的去劣疏伐，属简单轮回选择。如果根据子代测定结果，选择并用挑选出来的优良子代繁殖材料营建新的世代种子园，或对新的种子园的无性系（或家系）和植株做去劣疏伐，属轮回选择。

2.3.1　黄檗种内变异

　　林木改良的目的在于获得遗传增益。选择生物碱含量高的优良林分，一类方法是在入选林分内选择优树，然后从选择的优树上一次或连续地采集自由授粉种子，或混合授粉种子，播种、育苗。另一类方法是在适宜的种源区内选择优树，用优树穗条或种子建立种子园或采穗圃，同时对优树或优树无性系做自由授粉，或控制授粉子代测定，根据子代测定的结果对种子园无性系或无性系植株去劣疏伐。

　　种内存在遗传变异是选育新品种的前提。成功的树种改良经验表明，只有首先了解该树种的资源状况、繁殖方式、主要经济性状的变异规律，才可能制定出切实可行的改良方案，并取得预期的效果。黄檗现存数量极少，每一块林子，甚至每一株树都是宝贵的育种资源，要严加保护，充分研究和利用。黄檗星散分布于针阔混交林深处，这些混交林成为群体间或个体间的天然隔离屏障。长期的地理隔离常导致遗传变异。由于黄檗人工林建设滞后，主要用途在于木材和提取生物碱，而生物碱属于生理性状，并非形态特征，只有借助于特殊仪器才能检测出生物碱含量。天然群体内常常蕴藏着丰富的遗传变异和遗传多样性。因此，研究其群体间与群体内生物碱和生长量的变异规律及变异模式是选育高生物碱含量优良品种的前提和基础。

　　黄檗最初的选择会获得较大的增益，但是，其增益幅度将受到群体数量少的限制。争取最大的遗传增益和广泛的遗传基础是相互矛盾的。考虑到长期育种需要和林分的稳定性，选择强度不宜过大，要保持较宽的遗传基础，这样就要以牺牲一部分生长量/生物碱含量为代价。在选择高生物碱含量的同时，必须注意生物碱前体物质含量、生长量、结实量、扦插生根率等性状。其中最重要的性状是生长量/生物碱含量，其次是材质、树皮或针叶的生物量增加，以及繁殖能力等。确定适宜的优树选择标准，检测生物碱含量和生长量等主要性状，利用无性繁殖技术扩大繁殖入选优树，单系或多系推广造林。

　　达尔文的物种起源学说认为，决定生物进化的主要因素是遗传的变异和自然选择。达尔文认为，变异的原因一般应从生物体本身和环境的影响两个方面去探求。生物的变异往往是和环境条件相结合的。他曾写道："分布很广的植物，通常都有变种""因为分布在广大区域内，它们常处于各种不同的物理条件下，并且会遇到各类的生物群而发生竞争。"生物所发生的遗传变异一般是微小的、不定的，如何能发展成显著的变异并超出种的界限？达尔文认为是自然选择的作用。

　　一个分布区广的树种，由于纬度、经度和海拔等差异较大，可能造成分布区内雨型、日照长度、热量及土壤等生态条件的不同。由地理隔离而形成的生殖隔离，有可能使种内产生在形态、生理、适应性等方面发生遗传变异的不同群体。种内遗传变异主要分为4个层次：①地理种源间变异；②同一种源内不同林分间变异；③同一林分内不同个体间变异；④个体内的变异。

　　了解一个树种各个层次的变异模式和变异大小，可正确制订育种方案，经济有效地保存育种资源。充分利用各个层次的变异模式不尽相同，不能用统一的公式来描述，这就要求通过试验来确定。

　　（1）地理种源间的变异。黄檗不同地理起源的繁殖材料，分别生长在生态条件差异较大的环境，在适应各自生态环境的过程中，其生长习性、生物碱含量、形态等方面发生分化，即遗传差异。不同地理种源间的变异是黄檗性状变异的重要来源。要了解一个树种的变异规律，首先要掌握地理种源间的变异。

　　（2）林分间的变异。同一产地（种源）不同的黄檗林分间，由于人为的干预程度不同或群体结构不同，以及微地理或小环境存在差异，在黄檗生长量、干形、生物碱含量等经济性状方面导致遗传分化。对于自然分布范围不是十分广泛的树种，这类遗传变异在新品种选育中具有重要意义。

　　（3）个体间的变异。在同一黄檗林分内，由于基因型和立地的差异，不同植株在生长量、材质、生物碱含量等经济性状方面存在遗传分化。

　　（4）个体内的变异。主要指杂合性个体通过有性繁殖产生的子代分离现象。黄檗雌雄异株，在雌雄配子形成时等位基因彼此分离，非等位基因自由组合，连锁基因常常发生交换，在雌雄配子形成受精卵时随机结合，因此，同一黄檗植株的种子基因型各不相同，在生长量、生物碱含量等表现型上千差万别。也包括个体的局部变异——芽变现象（芽的分生组织发生基因突变），以及家系内或无性系内产生的变异。

　　总之，发掘、研究和利用这些变异是育种工作的根本任务。

　　选择分为自然选择和人工选择。

　　自然选择是指自然界对生物的选择作用，即生物在其生存条件的影响下，适者生存，不适者淘汰的过程，即优胜劣汰。保持原有基因频率，可获得更好的适应性。自然选择是导致植物群体间遗传分化的主要原因。

人工选择是根据人们的需要，从混杂群体中挑选符合要求的个体或类型的过程。选择的目标是经济性，人工选择考虑获得较好的经济效果，但是遗传基础变窄。

黄檗种源选择的基本概念如下。

种源：种子来源，是指从同一树种分布区范围不同地点收集的种子或其他繁殖材料。

产地：原产地，是指繁殖材料的原始采集地点，如同人的籍贯。

种源与产地有时不同。例如，种源试验中包括从兴安岭采集的日本落叶松种子则称为兴安岭种源，而日本本州岛为日本落叶松的产地。

种源试验：是把地理起源不同的种子或其他繁殖材料放到一起所做的栽培对比试验。

种源选择：是指通过试验为各个造林地区选择生产力高、稳定性好的种源。

种内不同群体的发生，是各个群体对自然选择的反应，自然选择因子不同，各个群体的反应也可能不同。因此，当把同一个种的不同群体栽植到相同的环境下就可能有不同的表现。发生了遗传变异的群体，称为地理小种。

黄檗天然林分之间生物碱含量差异很大，有必要开展种源试验，进一步研究其变异规律和变异模式，为不同地区营建生物碱产量高的人工林提供理论依据。遗传测定可以检测入选优树的遗传品质。黄檗可以利用种子和无性繁殖，遗传测定分为子代测定和无性系测定两种方式。采集优树种子，播种繁殖，形成家系。根据家系的生物碱含量及其他性状的综合评价，作家系选择和确定入选优树的遗传品质。

2.3.2　黄檗种源试验的目的和作用

世界范围内的种源研究历史悠久，几乎所有进行人工林经营的国家都进行过或正在进行种源试验。据统计，涉及的树种已有100多个，包括了世界各地的主要造林树种。我国先后进行种源试验的树种有马尾松、杉木、油松、樟子松、落叶松、白榆、侧柏、湿地松、火炬松、柚木等。

1）黄檗种源试验的目的

（1）掌握变异规律。从理论上研究林木地理变异规律、变异模式、变异大小、变异与生态环境和进化因素的关系。

（2）选择种源。从林业生产考虑，为各造林区确定生产力高、稳定性好的种源，并为种子区划或种条的调拨范围提供科学的依据。

（3）高世代育种。着眼高世代育种，为今后进一步开展选择、杂交育种提供数据和原始材料。

2）黄檗种源试验对林业生产的直接作用

（1）增加木材产量。在种源试验基础上，根据种源与立地的交互作用，为各造林地选择最适宜的黄檗优良种源开展造林，可以增加黄檗木材产量。

（2）提高林分稳定性。不同种源对气温高低、湿度大小、病虫害的抵抗能力都有不同的表现。通过种源试验可为各造林地选出适应性最好的种源。

2.3.3　黄檗种源试验方法

种源试验分为全面种源试验和局部种源试验。

全面种源试验：目的是确定分布区内各种群之间的变异模式和变异大小。试验时由全分布区采种，根据供试树种的地理分布特点等一般选用10～30个种源。供试种源应能够代表该树种的地理分布特点。试验期限：1/4～1/2轮伐期。

局部种源试验：目的是为栽培地区寻找最适宜的种源，是在全面试验的基础上进行的，因此供试种源可少一些，一般3～5个，试验期限为1/2轮伐期。

种源试验的具体方法如下。

1）采种点的确定

采种点选择得当与否、是否全面、是否有代表性，对于能否达到预期试验目的影响重大。采样方法应根据树种分布情况和地形变化以及气候因素来确定。常采用的方法有：①网格法，即在分布区地图上覆以方格透明纸，在每个格内取样；②按纬度或海拔等地理指标的变化梯度或主要生态因子（如降水量）变化梯度取样；③沿着山脉或水系定点取样；④主分量分析法。

2）采种林分和采种树

采种林分的起源要明确，应尽量用天然林，林分组成和结构要较一致，密度不能太低，以保证异花授粉正常。采种林分应达到结实盛期，生产力较高，周围没有低劣林分或近缘树种。采种林分面积应较大，能生产大量种子，以保证今后种子的需要。

在确定的林分中，采种树一般应不少于20株，以多为好。采种树间距离不得小于树高的5倍。从理论上考虑，采种树应能代表采种林分状况，如在随机抽选的植株上或平均木上采种。而实际上多用优势木种子，因优势木种子能够增加育种效果。在同一试验中注意可比性，必须统一规定在哪类树上采种。丰年种子品质好，因此，最好在丰年采种。不能在孤立木上采种。每批种子都应标记，防止混淆。

3）采种记录

记录的目的是使采种过程保持书面记载，不因人事更替而贻误工作，同时，详尽的记录可为今后研究提供方便。

为明确采种林分位置，需写明行政区划，以及自然地理外貌的名称，如山名、地名、经纬度。最好把采种林分位置与永久标志连接绘制草图。

记录内容还要包括气象记录、地形、土壤条件、种子数量。

4）苗圃试验

苗圃地选在黄檗自然分布区内，具有培育良种苗木条件的苗圃一般都具有成熟的苗木培育技术和经验。在黄檗苗木培育过程中，土壤、坡向、光照、前茬、排水等立地条件完全一致，管理措施相同。苗圃试验可采用随机区组设计，重复3次，并设边（保护）行。

苗圃试验的主要任务是：①为造林试验提供苗木；②研究不同种源苗期的差异；③研究苗期与成年性状间的相关性。

苗期观测项目包括场圃发芽率、高生长、地径生长、病虫害、苗木越冬状况、物候、生长节律和形态等。

5）造林试验

造林试验是种源试验的中心环节。造林试验的目的是了解不同种源对不同气候、土壤条件的适应性、稳定性和生产潜力。造林试验点的选定要有代表性。同时，多数试验点是该树种的主要造林区。试验条件应一致，并按田间试验设计原则安排。造林管理措施应求一致，并保证造林成活、生长正常。如果有死苗，应在造林后头两年补植。

造林试验可分两个阶段：

第一阶段：选出优良种源。在幼林阶段完成，主要了解适应性和生长的一般表现，找出优良种源，作为种源调拨的初步依据。每个种源栽植50～60株。

第二阶段：确定优良种源推广地区。将第一阶段适应性好和生产力高的种源，做进一步试验。试验期为1/3～1/2轮伐期，主要了解干型、树高、直径和材积生长，以确定生产力高的地区。每小区30～50株。

通过种源试验，可评出当地最好的种源，即种源选择，优良种源扩繁后用于造林。优良种源的供应途径为：①利用原产地的优良林分改建母树林；②在原产地选优树营建无性系种子园；③在第二阶段试验的同时，建种子园或母树林。

2.4　黄檗优树选择

通过选择获得黄檗优树，进一步繁殖成无性系，利用无性系造林可以获得最大的增益。按表型选择出来的无性系，在大量繁殖之前，根据是否进行无性系测定，可分为表型优良和基因型优良两类。在集约经营条件下，已很少采用不做无性系测定的方法。现在，在推广一个无性系之前通常都要做无性系测定，并根据无性系与立地的交互作用情况，确定无性系的适宜推广地区。无性系生长整齐，增益也高，但是无性系是选择的"终端"，不能再做选择，只有创造新的遗传变异，才能选育出更优越的繁殖材料。采集优树的穗条，扦插育苗，建立无性系，通过生物碱含量检测确定优劣。无性系测定时注意克服年龄效应和位置效应。因此，这类选育方法往往结合采用杂交育种。

随着黄檗树龄的增大，生物碱含量升高，在选择优树时应该注意树龄对生物碱含量的影响，在同龄林或树龄相近的群体内选择优树，才能获得预期的结果。生物碱含量因生长季节不同而异，在休眠期的2月，生物碱含量达最高。种源选择或优树选择时，不同群体之间或不同单株之间生物碱含量的检测时期应该一致。黄檗群体之间生物碱含量存在显著差异，群体内单株间生物碱含量的变异幅度与群体间相当。因此，群体选择或单株选择可望获得较大遗传增益。

在种内变异中，除不同种源之间、同一种源不同林分之间存在差异之外，同一林分内的不同植株间也存在差异，称为个体间变异，这种差异可以遗传给后代。因此，林学家于20世纪30年代开始进行落叶松优树选择，到60年代已被世界各国广泛采用。

优树（正号树，精英树）：是指在同一林分中相同立地条件下，生长量、材性、干型、适应性、抗逆性等方面远远超过同种同龄（如为异龄需要调整）的树木。

平均木（中央木）：为估测整个林分的材积，根据林分的平均因子选出的有平均代表性的树木。

对照树：与优树位于同一林分，年龄基本相同，生长在同等的立地，作为优树评选时对比较正的树木。

候选树：用作优树的待选树木，具有符合要求的表型特征，但未经评定或测定的优树。

优势木（I级木）：是林内仅次于优树的最高大的林木。

优良木：生长发育健旺，干型良好，价值较高，树冠没有缺陷的树木。

精选木：通过遗传测定，确认遗传品质卓越的优树。

家系：凡由单株树木上生产的自由授粉子代，或由双亲控制授粉产生子代，称为家系。前者为半同胞家系，后者为全同胞家系。

无性系：凡由单株树木经无性繁殖生产的所有植株，称为无性系。繁殖无性系的原始植株称为无性系原株；由原株繁殖出来的个体，称为无性系植株或分株。

2.4.1 黄檗优树标准和选优林分

通过优树选择，几乎每个树种都能提高目标性状产量。黄檗是多用途树种，经过选择可以获得速生、材质优良、生物碱含量高、观赏性好等多种类型优良个体。

2.4.1.1 优树标准

优树标准因树种、选种目的、资源状况等而异。以木材为目标的黄檗优树指标主要包括木材生长量、材质和抗逆性等。

1）生长量指标

黄檗生长量常通过树高、胸径、材积三个因子来体现。优树的数量标准有如下规定。

在小标准地法中，规定优树的材积、树高和胸径应分别超过标准地平均木的150%、15%和50%。

在优势木对比法中，规定优树的材积、树高和胸径应分别超过优势木平均值的50%、5%和20%。

在具体确定这些指标时，要根据选择群体的大小和所需优树的数量来具体确定。如果群体小、所需的优树多，则选择指标可低些。但生长指标不能超过同龄林分中的最大值；否则，无法选出优树。

2）形质指标

只考虑对木材品质有影响的指标，或有利于提高单位面积产量和能反映树木生长势的形态特征。一般包括：①树干通直、圆满、单主干；②树冠较窄，幅度不超过树高的1/3或1/4，最好是尖塔形、圆锥形、长卵形；③树干自然整枝良好，枝下高不小于树干总长的1/3，侧枝较细；④裂纹通直，无扭曲；⑤木材比重、管胞长度、晚材率等因用途不同而异；⑥树木健壮，无严重病虫害；⑦尽可能选择已开花、结实的单株。营养体生长与结实量间存在一定相关性。

2.4.1.2　选优林分

黄檗优树选择的林分要求同1.4.1节。

2.4.2　黄檗优树评选方法和选优程序

2.4.2.1　优树评选方法

1）材积评定

在选定的林分内，按拟定的调查方法、标准，沿一定的路线调查。确定候选树（表型符合要求，但未经实测证实的优树），对候选树生长量进行评定。方法如下。

a. 对比法

（1）优势木对比法。以候选树为中心，在立地条件一致的10～25m半径范围内（包含30～40株树），选出仅次于候选树的3～5株优势木的平均值进行对比。实测候选树与优势木的各项生长指标与形质指标，候选树材积、形质等指标超过规定标准的即可选入。

在异龄林中选优时，树龄差须经调整后方可比较。校正公式为

校正值＝优树材积–优树相当于优势木树龄时的年生长率×相差树龄

（2）小样地法（小标准地法）。以候选树为中心，划定面积为 200~700m² 的小样地（包括 30~50 株树），实测样地内每株树木的胸径、树高、材积，当候选树达到标准时即可入选。

b. 基准线法

（1）回归线法。天然林多为异龄混交林，邻近木之间的亲缘关系较近，常采用回归线法。具体方法是：首先按标准实测候选树的生长量，如树高和材积；其次是选用相应立地条件类型和林龄的（生长量与林龄）回归曲线图。如果候选树 A 在回归线上方，且其他形质指标也符合，即可选入。

（2）绝对生长量法。根据生长过程表或立地指数表，分别按龄级制定出优树生长量的绝对标准，当候选树的生长量达到或超过规定标准时（形质指标也符合标准）即可选入。

2）形态和品质评定

前面介绍了用材树种的一般形质标准，但具体到某个树种在某个地区的指标和标准，应根据树种特性和选种目标而有所不同。

在形态和品质评定时，首先应确定衡量的方法，然后根据各指标的变动幅度划分不同级别。

原则是：衡量方法尽可能简单易行，同时划分的级别应有较明显的界限。

2.4.2.2　选优程序

1）制定方案

在开展选优工作之前，要详细查阅有关资料，对黄檗的分布区、中心产区、最佳种源区和种内遗传变异特点等都应有较好的了解。根据种源区划研究结果，最优种源区为选优的生态区域，根据种子园建设任务和要求，对优树数量、工作进度、经费、人员、仪器、表格等做出计划，拟定出选优方案。

2）踏查

选优人员应深入林场，实地踏查黄檗林分状况，确定选优路线与具体方法。在有代表性的林分内目测性状的变异度，统一选优标准，做好标记。

3）实测评选

通过踏查，找出候选树，确定对比树，按规定标准实测评选，逐项记录，符合标准的即为优树。在树高 1.5m 处用红漆涂一圈做标记，在易观察的方向上写明编号，填写优树登记表，拍摄优树照片，以便存档。

4）内业整理与分析

外业资料要及时整理汇总，计算出优树的选择率、选择差、选择强度等。

5）检查验收

在完成外业实测和内业计算后的较短时间内，上级主管部门对所选优树进行审核，检查优树是否符合标准，选优是否按原方案、步骤实施与完成，档案记录是否完整。如果初选优树过多，可淘汰部分优树，通过检查，总结经验，写出评语。

6）优树资源保存

优树是宝贵的基因资源，应及时收集保护，方法是建立优树收集区异地保存，采集分散优树的穗条，嫁接到优树收集区内加以保存、研究和利用。

2.4.2.3　建立优树档案

黄檗优树档案包括：选优方案，选优前收集的资料和数据，优树登记表和照片，优树收集区无性系登记表和配置图，优树验收报告，观测记录等。优树档案应分别造册，按年度归档，便于今后利用优树时查阅。

目前为止，以木材为育种目标的优树选择标准和方法比较成熟，而其他经济性状的优树选择标准还不成熟，有待进一步探讨。

2.5　种源选择与优树选择相结合

种内存在多层次的变异。种源选择实质上是利用群体间的变异，而优树选择是利用群体内变异。如果在不同地区选择优树，可以先选种源，然后在优良种源中选优树，这样，既利用了群体间的变异，又利用了群体内个体间的变异。利用两个层次的变异，将获得更大的遗传增益。这也正是目前国内外选择育种的发展趋势。

3 黄檗生长性状遗传变异

达尔文的《物种起源》学说认为，"分布很广的植物，通常都有变种"。分布区域较大的植物，同种不同群体生长的生态条件和立地条件差异较大，"适者生存，不适者淘汰"这是永恒的自然法则。不同生态范围内的生物，为了生存要适应各自的生态条件，经过长期的适应—改变，由量变到质变，并将这些改变固定下来，传给子代。同时，群体间距离较远，不能互相传粉，没有基因交流，最终导致种内遗传分化。在自然界，适应于环境条件的生物被保存下来，而不适应的生物被淘汰，这个过程叫自然选择。所有地球生物都要经历自然选择的过程。

一个纬度分布区广的树种，由于热量因素，如无霜期、有效积温、最高气温、最低气温存在差异，会导致植物抗寒性、耐热性、生长期、生长量等变化。海拔的变化会导致气候因子的综合改变，如气温、降雨、光照等，变化较大的是热量。经度差异大常常导致降水量大幅度改变，降水量通常是由西向东递增，生长在东部地区的生物群体耐干旱能力较差。种内不同群体遗传分化是自然选择的结果。种内地理变异是种源选择的基础。

人工造林的成功与人工林的生产能力很大程度上取决于所选用的树种和种内的种源。种源即种子来源，是指从同一树种分布区范围不同地点收集的种子或其他繁殖材料。

现代育种学认为，变异是选择的基础，没有变异就没有选择。种源选择也一样，如果种内不存在变异，那么种源选择就没有意义。所以，为了有效地进行种源选择，首先应了解种内的变异性。

3.1 选育黄檗速生良种的意义

3.1.1 黄檗供求关系与面临的问题

1）木材供不应求

在分布区内，黄檗常作为伴生树种散生在阔叶红松林中，蓄积量很少，再加上人们对黄檗资源过度采伐，导致黄檗资源处于衰竭状态。人工林建设迫在眉睫。

2）黄檗药用原料枯竭

黄檗韧皮部是我国名贵的传统中药材——关黄柏，具有消热燥湿、泻火解表、退虚热之功效，并具有独特的抗真菌作用，是临床应用比较广泛的药物，具有广泛的临床作用，被称为"三大木本植物药"之一。其药用历史悠久，应用广泛，需求逐渐增加。据统计，目前国内外医药市场对黄檗的需求量为 4000t，并且需求量每年以 10%的幅度增长。然而黄檗的产量日趋枯竭，进入 21 世纪后，主产区的东北三省，以及内蒙古、四川、云南等地大面积采剥野生黄檗，同时大量砍伐黄檗和黄皮树，导致黄檗和黄皮树林大面积缩减，每年递减 20%以上。自 2000 年始，我国黄檗产量逐年减少，缺口加大，严重地威胁我国药厂生产。黄檗进口逐年锐减，为保证国内急需，我国每年都从朝鲜大量进口黄檗。2000 年之后，每年进口量递减 500t 左右。黄檗市场正处于"内外交困""山穷水尽"之境地，因此，营建黄檗药用林势在必行。

3）人工林建设缺乏良种

由于黄檗遗传改良工作滞后，既没有活性成分含量高的药用品种，也没有生长快、材质好的用材品种。目前随意采集树龄较高的黄檗韧皮部入药，由于采集树龄不同，黄檗活性成分含量参差不齐，在中药配伍时剂量相同，药效却不同。营林生产上随意采收黄檗种子育苗造林，导致人工林同龄植株的生长量、干型、材质各不相同。如果针对不同用途选择优良品种营建人工林，将起到事半功倍的效果。

3.1.2　黄檗良种选育的意义

由于过度采伐使野生黄檗资源濒临灭绝，可采的大径材资源日趋减少。人工林建设严重滞后，除造林技术问题外，主要是缺乏优良品种。遗传变异规律是良种选育的理论基础，目前为止，关于黄檗经济性状变异规律的报道甚少，因此，黄檗种内遗传变异规律尚不清楚。本章主要对黄檗生长性状变异规律进行分析，揭示其生长性状变异规律，为黄檗优良品种选育提供依据。

1）揭示遗传变异规律

挖掘和收集黄檗优良遗传资源，既可以为良种选育奠定物质基础，又有助于这一濒危植物保育。揭示生长量和生物碱含量变异规律，将提高黄檗遗传改良的遗传增益，培育出更多更好的优良品种。

2）增加优质木材产量

黄檗材质坚硬、浅黄色、纹理美观，是东北地区主要的造林树种，利用优良黄檗品种造林，可以缩短采伐期、提高木材质量，为市场提供更多更好的黄檗木材。

3）增加中药材和成药产量

国内外需要大量黄檗药材及其提取相关活性成分的关黄柏原料。因此，人工栽培黄檗是一个致富的好项目。选育并推广黄檗良种，建立黄檗药用原料林，开展细胞培养等生物工程，可以增加药用品产量，缓解黄檗药材供不应求的矛盾。

3.2　黄檗种源变异与选择

3.2.1　黄檗种源生长性状初步统计

在吉林省临江林业局黄檗无性系测定林，选择黑龙江种源 1、临江种源 1、临江种源 2、临江种源 3。黑龙江种源 1 选择雌无性系 20 个、雄无性系 10 个；临江种源 1 选择雌无性系 22 个、雄无性系 15 个；临江种源 2 选择雌无性系 18 个、雄无性系 10 个；临江种源 3 选择雌无性系 24 个、雄无性系 5 个；其中雌无性系各 25 个分株，雄无性系各 10 个分株。分别对各种源无性系树高、胸径、冠幅、树皮厚度以及枝条 3 个年份连年生长量进行测量，分析各种源树高、地径、冠幅、树皮厚度和枝条连年生长量等生长性状。

黑龙江种源内，雌、雄无性系树高、地径、冠幅、树皮厚度和枝条 3 连年生长量统计参数见表 3.1 和表 3.2，雌无性系的生长性状变异系数大多高于雄无性系，说明雌无性系单株间生长性状差异较大。其中枝条 2 连年生长量变异系数最大（66.58%），变幅为 1.5～81cm，树高变异系数最小（28.94%），变幅为 1.4～10.2m。

表 3.1　黑龙江种源生长性状统计表

性别	性状	平均值	标准差	最大值	最小值
雌株	树高/m	5.07	1.4672	10.20	1.40
	地径/cm	13.94	4.9320	32.00	3.50
	冠幅/m	4.58	1.5629	9.30	0.35
	树皮厚度/mm	11.19	3.9408	24.36	2.01
	枝条 1/cm	21.33	6.9953	44.80	1.50
	枝条 2/cm	10.66	7.0968	81.00	1.50
	枝条 3/cm	15.12	7.4066	50.20	2.00
雄株	树高/m	5.03	1.2493	9.60	2.10
	地径/cm	15.56	5.1093	35.00	2.50
	冠幅/m	4.68	1.2922	8.43	0.65
	树皮厚度/mm	13.28	3.8391	22.96	4.63
	枝条 1/cm	19.43	6.6862	42.70	6.30
	枝条 2/cm	9.72	6.0228	33.00	2.10
	枝条 3/cm	14.11	6.3210	31.50	2.50

注：枝条 1 表示枝条 2018 年连年生长量，枝条 2 表示枝条 2017 年连年生长量，枝条 3 表示枝条 2016 年连年生长量。下同。

表 3.2　黑龙江种源生长性状变异系数　　　　　　（单位：%）

性别	树高	地径	冠幅	树皮厚度	枝条 1	枝条 2	枝条 3
雌株	28.94	35.39	34.12	35.23	32.79	66.58	48.98
雄株	24.83	32.83	27.62	28.92	34.42	61.94	44.78

　　临江种源 1 内，无性系树高、地径、冠幅雄性植株的变异系数均大于雌性植株，而无性系树皮厚度和枝条连年生长量的变异系数雌性植株均大于雄性植株（表 3.3、表 3.4）。其中雌无性系的枝条 2 连年生长量变异系数最大（为 61.60%），变幅为 1.2～52.5cm，冠幅的变异系数最小（23.49%），变幅为 1.2～7.85m；雄无性系变异系数最大的性状也是枝条 2 连年生长量（59.36%），变幅为 1.8～28cm，树高变异系数最小（27.42%），变幅为 1.2～7.5m。

表 3.3　临江种源 1 生长性状统计表

性别	性状	平均值	标准差	最大值	最小值
雌株	树高/m	4.32	1.0391	8.70	0.39
	地径/cm	11.50	3.2621	24.50	2.80
	冠幅/m	3.83	0.9004	7.85	1.20
	树皮厚度/mm	9.10	3.4101	21.97	2.17
	枝条 1/cm	20.62	7.5394	52.40	2.20
	枝条 2/cm	11.03	6.7927	52.50	1.20
	枝条 3/cm	14.77	7.9151	51.00	2.00
雄株	树高/m	4.05	1.1106	7.50	1.20
	地径/cm	10.66	3.6588	23.00	3.00
	冠幅/m	3.44	1.0585	5.90	0.85
	树皮厚度/mm	9.82	3.3258	24.61	2.07
	枝条 1/cm	22.08	7.4875	51.20	8.00
	枝条 2/cm	11.43	6.7864	28.00	1.80
	枝条 3/cm	14.93	7.2548	35.90	2.30

表 3.4　临江种源 1 生长性状变异系数　　　　　　（单位：%）

性别	树高	地径	冠幅	树皮厚度	枝条 1	枝条 2	枝条 3
雌株	24.07	28.36	23.49	37.47	36.57	61.60	53.60
雄株	27.42	34.32	30.80	33.87	33.91	59.36	48.59

　　临江种源 2 内，雌无性系除树高和枝条 3 连年生长量的变异系数大于雄无性

系外，其他生长性状变异系数均小于雄性无性系（表 3.5、表 3.6）。雌无性系枝条2 连年生长量变异系数最大（58.97%），树皮厚度变异系数最小（25.51%）；雄无性系树高变异系数最小（22.63%），枝条 2 连年生长量的变异系数最大（61.75%）。

表 3.5　临江种源 2 生长性状统计表

性别	性状	平均值	标准差	最大值	最小值
雌株	树高/m	2.97	0.8233	8.9	1
	地径/cm	7.13	2.3182	16.8	2
	冠幅/m	2.42	0.6942	4.78	0.6
	树皮厚度/mm	6	1.531	10.69	0.65
	枝条 1/cm	16.79	6.4628	40.1	3
	枝条 2/cm	10.97	6.4686	35.5	1.8
	枝条 3/cm	14.48	8.1543	50	1.6
雄株	树高/m	3.36	0.7596	5.5	1.65
	地径/cm	7.66	3.0088	19.9	1.8
	冠幅/m	2.47	0.9207	5.1	0.565
	树皮厚度/mm	6.43	1.7967	10.33	2.42
	枝条 1/cm	16.33	7.036	47.2	4.5
	枝条 2/cm	11.3	6.976	43.2	2.5
	枝条 3/cm	12.37	6.4223	32	2.8

表 3.6　临江种源 2 生长性状变异系数　　　　　　（单位：%）

性别	树高	地径	冠幅	树皮厚度	枝条 1	枝条 2	枝条 3
雌株	27.68	32.52	28.74	25.51	38.49	58.97	56.32
雄株	22.63	39.27	37.20	27.93	43.08	61.75	51.90

临江种源 3 内，雌、雄无性系的树高、地径、冠幅变异系数接近（表 3.7、表 3.8），说明两个群体内个体间差异相似。雌无性系地径变异系数较大（43.26%），变幅为 1.5～18cm；雄性无性系地径变异系数为 47.67%，变幅为 2～20.1cm。雌性无性系树高变异系数较小（31.73%），变幅为 1.3～5.71m；雄无性系树高变异系数为 30.99%，变幅为 0.3～5.2m。

表 3.7　临江种源 3 生长性状统计表

统计参数	雌株			雄株		
	树高/m	地径/cm	冠幅/m	树高/m	地径/cm	冠幅/m
平均值	3.02	6.61	2.74	2.87	6.44	2.66
标准差	0.9575	2.8613	1.0934	0.8903	3.069	0.848

统计参数	雌株			雄株		
	树高/m	地径/cm	冠幅/m	树高/m	地径/cm	冠幅/m
最大值	5.71	18.00	8.32	5.20	20.10	4.90
最小值	1.30	1.50	0.50	0.30	2.00	1.15

表 3.8　临江种源 3 生长性状变异系数　　　　（单位：%）

雌株			雄株		
树高	地径	冠幅	树高	地径	冠幅
31.73	43.26	39.89	30.99	47.67	31.85

3.2.2　黄檗优良种源选择

　　方差分析结果表明，树高、地径和冠幅生长量种源间差异均达到极显著水平，雄性树皮厚度种源间差异达到极显著水平，雄性枝条 3 和雌性枝条 1 连年生长量种源间差异极显著（表 3.9），说明这些生长性状存在种源间遗传变异。

表 3.9　种源间各生长性状方差分析

性状	变异来源	雌株			雄株		
		自由度	均方	F 值	自由度	均方	F 值
树高	种源	3	345.607 7	260.44**	3	70.443 2	66.90**
	无性系	78	2.133 9	1.61**	36	1.774 8	1.69*
	误差	1270	1.327 0		335	1.052 9	
地径	种源	3	4 032.412 3	185.96**	3	1 420.296 2	86.79**
	无性系	78	22.409 7	1.03	36	10.492 2	0.64
	误差	1270	21.684 5		335	16.365 6	
冠幅	种源	3	332.513 2	248.67**	3	227.980 9	6.32**
	无性系	78	1.579 7	1.18	36	36.007 4	1.00
	误差	1270	1.337 1		335	36.052 0	
树皮厚度	种源	2	56 764.660 0	0.75	2	1 086.769 8	100.79**
	无性系	57	64 625.849 0	0.85	32	5.762 0	0.53
	误差	1033	75 700.250 0		271	10.782 0	
枝条 1	种源	2	1 844.760 7	37.1**	2	823.749 5	16.79**
	无性系	57	55.033 2	1.11	32	59.739 2	1.22
	误差	1068	49.728 4		282	49.066 6	
枝条 2	种源	2	93.561 3	0.86	2	129.960 9	3.02
	无性系	57	95.968 1	0.88	32	43.638 1	1.01

续表

性状	变异来源	雌株			雄株		
		自由度	均方	F 值	自由度	均方	F 值
枝条 2	误差	1 068	108.504 7		282	43.064 6	
枝条 3	种源	2	30.293 9	0.50	2	172.759 3	3.89**
	无性系	57	55.691 7	0.92	32	49.539 1	1.11
	误差	1 068	60.630 7		282	44.457 0	

进一步对种源间生长性状进行多重比较，黑龙江种源树高、地径和冠幅均显著高于其他种源，雌、雄植株之间差异未达到显著水平（图 3.1～图 3.3），表明黑龙江种源树高和地径速生性优良，可作为临江地区黄檗造林良种，即采集黄檗黑龙江种源种子，培育实生苗木，选择适宜立地人工栽培。

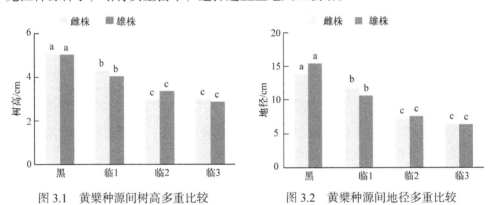

图 3.1　黄檗种源间树高多重比较　　　　图 3.2　黄檗种源间地径多重比较

图中字母表示显著性，相同字母代表差异不显著，不同字母代表差异显著。下同
黑表示黑龙江种源；临 1 表示临江种源 1；临 2 表示临江种源 2；临 3 表示临江种源 3。下同

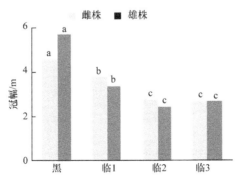

图 3.3　黄檗种源间冠幅多重比较

3.3 黄檗无性系间遗传变异

黄檗生长性状方差分析的结果表明,黑龙江种源内雌无性系间树高差异显著,雄无性系间树高差异极显著,无性系间地径和冠幅差异不显著（表3.10）。

表3.10 黑龙江种源无性系间生长性状方差分析

性状	变异来源	自由度	雌株		自由度	雄株	
			均方	F 值		均方	F 值
树高	无性系	19	4.0370	1.86*	9	4.3286	3.26**
	误差	442	2.1762		107	1.3279	
地径	无性系	19	25.5260	1.05	9	21.4819	0.81
	误差	442	24.2726		107	26.4934	
冠幅	无性系	19	3.3016	1.37	9	140.2903	1.26
	误差	442	2.4058		107	110.9404	
树皮厚度	无性系	19	11.9659	0.76	9	7.2377	0.47
	误差	442	15.6888		107	15.4206	

临江种源1内雌性树高和冠幅无性系间差异极显著,雌性地径无性系间差异不显著,雄性树高、地径和冠幅无性系间差异均不显著（表3.11）。

表3.11 临江种源1无性系间生长性状方差分析

性状	变异来源	自由度	雌株		自由度	雄株	
			均方	F 值		均方	F 值
树高	无性系	21	2.9751	3.06**	14	1.5561	1.31
	误差	374	0.9733		102	1.1891	
地径	无性系	21	47.9379	1.29	14	9.2418	0.66
	误差	74	37.1160		102	13.9557	
冠幅	无性系	21	1.8049	2.39**	14	1.6745	1.60
	误差	74	0.7549		102	1.0442	
树皮厚	无性系	21	17.5399	0.80	14	7.7165	0.67
	误差	74	22.0257		102	11.5335	

3.4 黄檗无性系生长性状主成分分析

利用 Kaiser 法（保留特征根大于 1 的主成分）对黄檗无性系种子园内无性系

树高、地径等 7 个生长性状进行主成分分析。

雄无性系内（表 3.12），前三个主成分（Y_1、Y_2、Y_3）的累计贡献率达到 85.2%。由特征向量写出如下第一、第二和第三主成分方程：

$$Y_1 = 0.499X_1+0.445X_2+0.505X_3+0.121X_4+0.441X_5+0.284X_6+0.086X_7$$

$$Y_2 = -0.17X_1+0.333X_2+0.236X_3+0.618X_4-0.164X_5-0.576X_6-0.255X_7$$

$$Y_3 = -0.171X_1-0.170X_2-0.088X_3+0.390X_4+0.267X_5-0.111X_6+0.836X_7$$

根据变量系数的大小了解主成分的生物学意义，第一主成分方程中，X_1（树高）、X_2（地径）、X_3（冠幅）和 X_5（枝条 1 连年生长量）系数较大，表示"树高、地径、冠幅和枝条 1 连年生长量"的综合因子；第二主成分方程中，X_4（树皮厚度）的系数相对较大，因此第二主成分主要表示"树皮厚度"因子；第三主成分方程中，X_7（枝条 3 连年生长量）系数较大，表示"枝条 3 连年生长量"因子。而枝条 2 连年生长量系数在三个主成分方程中相对较小，表明枝条 2 连年生长量在生长性状中所起的作用较小。

表 3.12 黑龙江种源雄无性系生长性状主成分分析

序号	特征根	贡献率	性状	特征向量				
				q_1	q_2	q_3	q_4	q_5
1	3.160	0.452	树高 X_1	0.499	-0.170	-0.171	0.437	-0.035
2	1.674	0.239	地径 X_2	0.445	0.333	-0.170	0.405	-0.200
3	1.125	0.161	冠幅 X_3	0.505	0.236	-0.088	-0.259	-0.071
4	0.496	0.071	树皮厚度 X_4	0.121	0.618	0.390	-0.031	0.624
5	0.360	0.051	枝条 1X_5	0.441	-0.164	0.267	-0.663	-0.255
6	0.138	0.020	枝条 2X_6	0.284	-0.576	-0.111	-0.010	0.685
7	0.046	0.006	枝条 3X_7	0.086	-0.255	0.836	0.370	-0.174

黑龙江种源雌无性系内（表 3.13）保留前两个特征根值大于 1 的主成分（Y_1、Y_2），二者共计保留了 70.9% 的原始数据中的信息。根据特征向量列出主成分方程分别为

$$Y_1 = 0.27X_1+0.55X_2+0.463X_3+0.459X_4-0.142X_5+0.347X_6-0.242X_7$$

$$Y_2 = 0.478X_1+0.038X_2+0.105X_3-0.325X_4+0.553X_5+0.391X_6+0.441X_7$$

从 Y_1 看，地径、冠幅和树皮厚度对 Y_1 有较强的正向负荷，说明地径、冠幅和树皮厚度是第一主成分的主导因子；从 Y_2 看，树高、枝条 1 连年生长量和枝条 3 连年生长量对 Y_2 有较强的正向负荷，说明树高、枝条 1 连年生长量和枝条 3 连

年生长量是第二主成分的主导因子。

表 3.13 黑龙江种源雌无性系生长性状主成分分析

序号	特征根	贡献率	累计贡献率	性状	特征向量				
					q_1	q_2	q_3	q_4	q_5
1	2.771	0.396	0.396	树高 X_1	0.270	0.478	0.464	−0.471	−0.066
2	2.188	0.313	0.709	地径 X_2	0.550	0.038	0.267	−0.176	0.330
3	0.729	0.104	0.813	冠幅 X_3	0.463	0.105	−0.565	0.114	0.497
4	0.533	0.076	0.889	树皮厚度 X_4	0.459	−0.325	0.075	0.322	−0.146
5	0.494	0.071	0.960	枝条 1 X_5	−0.142	0.553	−0.500	−0.219	−0.041
6	0.211	0.030	0.990	枝条 2 X_6	0.347	0.391	−0.082	0.422	−0.648
7	0.073	0.010	1.000	枝条 3 X_7	−0.242	0.441	0.363	0.636	0.443

临江种源 1 雌无性系内（表 3.14）保留前两个特征根值大于 1 的主成分（Y_1, Y_2），二者共计保留了 69.5% 的原始数据中的信息。由各主成分的特征向量列出的主成分模型分别为

$$Y_1 = 0.51X_1+0.562X_2+0.493X_3+0.312X_4-0.088X_5-0.224X_6+0.165X_7$$

$$Y_2 = -0.120X_1-0.07X_2+0.212X_3+0.291X_4+0.552X_5+0.559X_6+0.484X_7$$

从 Y_1 看，树高、地径、冠幅和树皮厚度对 Y_1 有较强的正向负荷，说明树高、地径、冠幅和树皮厚度是第一主成分的主导因子；从 Y_2 看，枝条 1 连年生长量、枝条 2 连年生长量和枝条 3 连年生长量对 Y_2 有较强的正向负荷，说明枝条生长量是第二主成分的主导因子。

表 3.14 临江种源 1 雄无性系生长性状主成分分析

序号	特征根	贡献率	累计贡献率	性状	特征向量				
					q_1	q_2	q_3	q_4	q_5
1	2.839	0.406	0.406	树高 X_1	0.510	−0.120	0.342	0.139	0.516
2	2.021	0.289	0.695	地径 X_2	0.562	−0.070	−0.053	0.293	0.198
3	0.953	0.136	0.831	冠幅 X_3	0.493	0.212	0.086	0.045	−0.734
4	0.641	0.092	0.923	树皮厚度 X_4	0.312	0.291	−0.744	−0.041	0.038
5	0.342	0.049	0.972	枝条 1 X_5	−0.088	0.552	0.473	0.384	−0.105
6	0.172	0.024	0.996	枝条 2 X_6	−0.224	0.559	−0.228	0.367	0.311
7	0.032	0.004	1.000	枝条 3 X_7	0.165	0.484	0.210	−0.781	0.216

临江种源 1 雌无性系内（表 3.15）前三个主成分（Y_1、Y_2、Y_3）的累计贡献率达到 83.7%。由各主成分的特征向量列出的主成分模型分别为

$$Y_1 = 0.434X_1 + 0.445X_2 + 0.497X_3 + 0.344X_4 - 0.380X_5 - 0.254X_6 - 0.2X_7$$

$$Y_2 = 0.316X_1 + 0.377X_2 + 0.142X_3 + 0.071X_4 + 0.415X_5 + 0.586X_6 + 0.466X_7$$

$$Y_3 = -0.321X_1 - 0.293X_2 + 0.125X_3 + 0.688X_4 - 0.159X_5 - 0.069X_6 + 0.54X_7$$

从 Y_1 看，树高、地径、冠幅和树皮厚度对 Y_1 有较强的正向负荷，说明树高、地径、冠幅和树皮厚度是第一主成分的主导因子；从 Y_2 看，树高、地径、枝条 1 连年生长量、枝条 2 连年生长量和枝条 3 连年生长量对 Y_2 有较强的正向负荷，由于树高和地径在第一主成分中已占较大比重，第二主成分中可以去掉，因此说明枝条生长量是第二主成分的主导因子；从 Y_3 看，树皮厚度在第三主成分中起决定作用。

表 3.15　临江种源 1 雌无性系生长性状主成分分析

序号	特征根	贡献率	累计贡献率	性状	特征向量				
					q_1	q_2	q_3	q_4	q_5
1	2.903	0.415	0.415	树高 X_1	0.434	0.316	−0.321	0.342	−0.318
2	1.942	0.277	0.692	地径 X_2	0.445	0.377	−0.293	−0.178	−0.062
3	1.014	0.145	0.837	冠幅 X_3	0.497	0.142	0.125	−0.484	0.526
4	0.446	0.064	0.901	树皮厚度 X_4	0.344	0.071	0.688	0.586	0.160
5	0.371	0.053	0.954	枝条 1X_5	−0.380	0.415	−0.159	0.178	0.667
6	0.239	0.034	0.988	枝条 2X_6	−0.254	0.586	−0.069	0.206	−0.117
7	0.085	0.012	1.000	枝条 3X_7	−0.200	0.466	0.540	−0.448	−0.366

临江种源 2 雄无性系内（表 3.16）前两个主成分（Y_1、Y_2）的累计贡献率达到 64%。由各主成分的特征向量列出的主成分模型分别为

$$Y_1 = 0.451X_1 + 0.174X_2 + 0.252X_3 + 0.595X_4 - 0.235X_5 - 0.253X_6 + 0.478X_7$$

$$Y_2 = 0.243X_1 + 0.42X_2 + 0.421X_3 - 0.086X_4 + 0.547X_5 + 0.528X_6 + 0.052X_7$$

从 Y_1 看，树高、树皮厚度和枝条 3 连年生长量对 Y_1 有较强的正向负荷，说明树高、树皮厚度和枝条 3 连年生长量是第一主成分的主导因子；从 Y_2 看，地径、冠幅、枝条 1 连年生长量和枝条 2 连年生长量对 Y_2 有较强的正向负荷，说明地径、冠幅、枝条 1 连年生长量和枝条 2 连年生长量是第二主成分的主导因子。

表 3.16　临江种源 2 雄无性系生长性状主成分分析

序号	特征根	贡献率	累计贡献率	性状	特征向量				
					q_1	q_2	q_3	q_4	q_5
1	2.503	0.357	0.357	树高 X_1	0.451	0.243	0.183	0.457	−0.572
2	1.978	0.283	0.640	地径 X_2	0.174	0.420	−0.738	0.202	0.104
3	0.945	0.135	0.775	冠幅 X_3	0.252	0.421	−0.122	−0.746	0.009
4	0.852	0.122	0.897	树皮厚度 X_4	0.595	−0.086	0.026	−0.083	−0.119
5	0.483	0.069	0.966	枝条 1 X_5	−0.235	0.547	0.089	0.380	0.349
6	0.235	0.033	0.999	枝条 2 X_6	−0.253	0.528	0.471	−0.191	−0.273
7	0.005	0.001	1.000	枝条 3 X_7	0.478	0.052	0.421	0.078	0.672

　　临江种源 2 雌无性系内（表 3.17）前三个主成分（Y_1、Y_2、Y_3）的累计贡献率达到 70.2%。根据特征向量列出主成分模型分别为

$$Y_1 = 0.523X_1 + 0.559X_2 + 0.515X_3 + 0.305X_4 - 0.075X_5 + 0.005X_6 + 0.225X_7$$

$$Y_2 = 0.105X_1 - 0.149X_2 + 0.069X_3 + 0.176X_4 + 0.624X_5 + 0.731X_6 - 0.08X7X_7$$

$$Y_3 = -0.153X_1 - 0.09X_2 - 0.214X_3 + 0.109X_4 - 0.354X_5 + 0.387X_6 + 0.797X_7$$

　　从 Y_1 看，树高、地径、冠幅和树皮厚度对 Y_1 有较强的正向负荷，说明树高、地径、冠幅和树皮厚度是第一主成分的主导因子；从 Y_2 看，枝条 1 连年生长量和枝条 2 连年生长量对 Y_2 有较强的正向负荷，说明枝条 1 连年生长量和枝条 2 连年生长量是第二主成分的主导因子；从 Y_3 看，枝条 3 连年生长量对 Y_3 有较强的正向负荷，说明枝条 3 连年生长量是第三主成分的决定因子。

表 3.17　临江种源 2 雌无性系生长性状主成分分析

序号	特征根	贡献率	累计贡献率	性状	特征向量				
					q_1	q_2	q_3	q_4	q_5
1	2.712	0.388	0.388	树高 X_1	0.523	0.105	−0.153	−0.141	−0.102
2	1.170	0.167	0.555	地径 X_2	0.559	−0.149	−0.090	0.058	0.293
3	1.028	0.147	0.702	冠幅 X_3	0.515	0.069	−0.214	−0.298	0.101
4	0.885	0.126	0.828	树皮厚度 X_4	0.305	0.176	0.109	0.567	−0.712
5	0.797	0.114	0.942	枝条 1 X_5	−0.075	0.624	−0.354	0.508	0.463
6	0.326	0.047	0.989	枝条 2 X_6	0.005	0.731	0.387	−0.480	−0.115
7	0.081	0.011	1.000	枝条 3 X_7	0.225	−0.080	0.797	0.280	0.400

3.5　黄檗无性系生长性状特征方差分量分析

按套式设计计算无性系对比林内雌雄株生长性状特征的方差分量比，用种源间方差分量占遗传总变异的百分比表示种源间的表型分化系数（表3.18）。结果表明，树高、地径、冠幅、树皮厚度和枝条3连年生长量的表型分化系数的变异幅度为16.26%～99.68%，说明黄檗无性系对比林内的种源间表型变异大于种源内无性系间的表型变异；树高、地径、冠幅、树皮厚度和3个年份枝条连年生长量的表型分化系数均值分别为90.45%、72.02%、98.45%、95.92%、95.52%、52.41%和57.96%，其中枝条2连年生长量的表型分化系数最小；由各生长性状的表型性状平均值可以发现种源间平均表型方差分量占总变异的31%，种源内无性系间平均表型方差分量占总变异的1.53%，机误的方差分量占总变异的67.47%；树高、地径、冠幅和树皮厚度种源间方差分量百分比均大于30%，且均大于林分内无性系间的方差分量百分比；进一步发现，黄檗无性系测定林各生长性状种源间变异对总变异的贡献为80.44%，种源内无性系间的贡献为19.56%，这说明黄檗群体间的遗传变异大于个体间的遗传变异。

表 3.18　黄檗生长性状遗传参数

性状		方差分量			方差分量组成/%			表型分化系数/%
		S_i	S_j	S_k	S_i	S_j	S_k	
雌株	树高	1.0103	0.0691	1.3576	41.46	2.83	55.71	93.60
	地径	10.6982	0.1851	14.8129	41.63	0.72	57.65	98.30
	冠幅	1.0820	0.0310	1.3714	43.55	1.25	55.20	97.21
	树皮厚度	6.3106	0.1848	11.1061	35.85	1.05	63.10	97.16
	枝条 1	4.9582	0.2827	49.7284	9.02	0.51	90.47	94.61
	枝条 2	0.0804	0.0434	46.8847	0.17	0.09	99.74	64.97
	枝条 3	0.0511	0.2632	60.6307	0.08	0.43	99.48	16.26
雄株	树高	0.6607	0.0962	1.0947	35.68	5.20	59.12	87.29
	地径	15.3401	0.6502	17.5495	45.74	1.94	52.32	45.74
	冠幅	2.0696	0.0066	1.8677	52.47	0.17	47.36	99.68
	树皮厚度	9.9853	0.5622	22.2597	30.44	1.71	67.85	94.67
	枝条 1	27.7868	0.7931	50.6620	35.07	1.00	63.93	97.22
	枝条 2	1.2169	1.8369	39.5011	2.86	4.32	92.82	39.85
	枝条 3	45.1120	0.1573	30.0245	59.91	0.21	39.88	99.65
均值					31.00	1.53	67.47	80.44

3.6　黄檗无性系聚类分析

通过整合生长性状数据，利用离差平方和法对不同种源雌雄无性系生长性状进行系统聚类分析。由图 3.4 可知，黑龙江种源内，当 D^2=7.5 时，将 10 个雄无性系聚为 3 类。H1M8、H1M9 和 H1M2 聚为 1 类，H1M1、H1M6 和 H1M5 聚为 1 类，其余 4 个无性系聚为 1 类，其中 H1M3 自成 1 个亚类，H1M4、H1M7 和 H1M10 被聚为第 2 个亚类。当 D^2=8.5 时，将 20 个雌无性系聚为 4 类（图 3.5）。H1F14、H1F15、H1F13、H1F5、H1F7 和 H1F16 聚为 1 类，H1F1、H1F4、H1F9 和 H1F12 聚为 1 类，H1F17 自成 1 类，其余 9 个无性系聚为 1 类。进一步分类可知 H1F18 和 H1F20 被聚为 1 个亚类，H1F3、H1F19、H1F2、H1F8、H1F11、H1F10 和 H1F6 聚为第 2 个亚类。

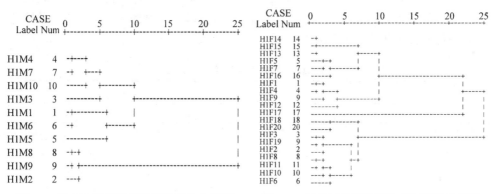

图 3.4　黑龙江种源雄无性系间聚类分析图　　图 3.5　黑龙江种源雌无性系间聚类分析图

临江种源 1 内，当 D^2=10 时，将 15 个雄无性系聚为三类（图 3.6）。L1M2、L1M9、L1M4 和 L1M13 被聚为 1 类，L1M1、L1M15、L1M10 和 L1M11 被聚为 1 类，其余 7 个无性系聚为 1 类。其中 L1M7 和 L1M14 被聚为 1 个亚类，L1M5、L1M12、L1M8、L1M3 和 L1M6 被聚为第 2 个亚类。当 D^2=9.5 时，将 22 个雌无性系聚为 3 类（图 3.7）。L1F19 和 L1F20 被聚为 1 类，L1F17、L1F21 和 L1F14 被聚为 1 类，其余 17 个无性系被聚为 1 类。其中 L1F4、L1F16、L1F15、L1F18、L1F9、L1F6、L1F12 和 L1F11 被聚为 1 个亚类，L1F5、L1F7、L1F13、L1F3、L1F22、L1F1、L1F10、L1F2 和 L1F8 聚为第 2 个亚类。

临江种源 2 内，当 D^2=15 时，将 10 个雄无性系聚为 3 类（图 3.8）。L2M1、L2M4 和 L2M7 被聚为 1 类，L2M3、L2M10 和 L2M5 被聚为 1 类，L2M2、L2M8、L2M9 和 L2M6 被聚为 1 类。当 D^2=10 时，将 18 个雌无性系聚为 4 类（图 3.9）。

L2F14 自成一类，L2F3、L2F13 和 L2F6 被聚为 1 类，L2F1、L2F10、L2F2、L2F15、L2F18 和 L2F4 被聚为 1 类，其余 8 个无性系聚为 1 类。其中 L2F7 自成 1 个亚类，L2F9、L2F12 和 L2F5 被聚为第 2 个亚类，L2F16、L2F17、L2F8 和 L2F11 被聚为第 3 个亚类。

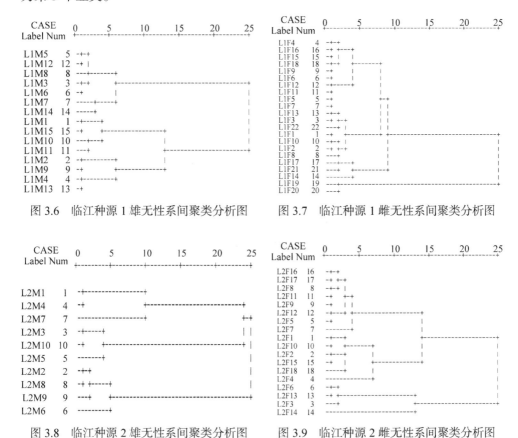

图 3.6　临江种源 1 雄无性系间聚类分析图　　图 3.7　临江种源 1 雌无性系间聚类分析图

图 3.8　临江种源 2 雄无性系间聚类分析图　　图 3.9　临江种源 2 雌无性系间聚类分析图

　　临江种源 3 内，当 D^2=12.5 时，将 5 个雄无性系聚为 2 类（图 3.10）。L3M2 和 L3M4 被聚为 1 类，其余 3 个无性系聚为 1 类，其中 L3M5 自成 1 个亚类，L3M1 和 L3M3 被聚为第 2 个亚类。当 D^2=15 时，将 24 个雌无性系聚为 2 类（图 3.11）。L3F14、L3F19、L3F15、L3F20 和 L3F12 被聚为第 1 类的第 1 个亚类，L3F5、L3F8、L3F21 和 L3F24 被聚为第 2 个亚类，L3F13 和 L3F23 聚为第 3 个亚类；L3F10 自成第 2 类的第 1 个亚类，L3F2、L3F11、L3F22、L3F1 和 L3F18 聚为第 2 个亚类，L3F6、L3F9、L3F16、L3F7、L3F3、L3F4 和 L3F17 聚为第 3 个亚类。

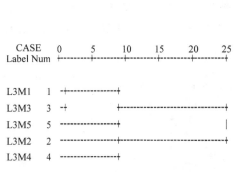

图 3.10　临江种源 3 雄无性系间聚类分析图

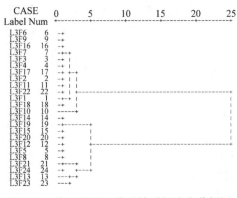

图 3.11　临江种源 3 雌无性系间聚类分析图

3.7　黄檗优良家系选择

对黑龙江种源和临江种源 1 子代苗高和地径生长量进行方差分析（表 3.19）。结果发现子代苗高和地径的生长量在种源间、家系间和时间尺度上均达极显著水平，说明苗高和地径变异分别来自种源间和种源内个体间。不同生长时间苗高和地径生长量差异较大；在时间与种源的交互作用下苗高未达显著水平，地径达显著水平，而在时间与家系的交互作用下苗高达极显著水平，地径差异不显著。

表 3.19　子代生长量方差分析

变异来源	苗高			地径		
	自由度	方差均方	F 值	自由度	方差均方	F 值
种源	1	1 539.59	10.99**	1	3.57	9.85**
家系	14	1 224.07	174.68**	14	3.13	8.63**
时间	6	10 697.70	332.50**	6	95.00	262.14**
时间×种源	6	12.84	1.83	6	0.87	2.40*
时间×家系	84	82.35	11.75**	84	0.36	0.98
误差	224	32.17		224	0.36	

进一步对 2 个种源不同家系的苗高和地径进行多重比较（表 3.20、表 3.21）。H1F4 苗高最高（40.78cm），地径最大（3.82mm），且两性状与其他同种源的 7 个家系差异均达显著水平；L1F2 苗高最高（36.64cm），与同种源其他 7 个家系差异均达显著水平，地径也为 L1F2 最大（4.01mm），与 L1F5 和 L1F8 差异不显著，与其他 5 个家系差异达显著水平。

表 3.20 种源内家系间苗高多重比较

家系号	苗高/cm	显著性		家系号	苗高/cm	显著性	
		0.05	0.01			0.05	0.01
H1F4	40.78	a	A	L1F2	36.64	a	A
H1F1	30.73	b	B	L1F5	32.67	b	AB
H1F3	26.77	bc	BC	L1F8	26.52	c	BC
H1F5	26.13	bc	BCD	L1F3	26.27	c	BC
H1F6	23.55	bcd	BCD	L1F7	22.79	d	CD
H1F8	21.80	cd	CD	L1F4	19.13	e	D
H1F7	19.94	d	DE	L1F6	18.00	e	D
H1F2	14.78	e	E	L1F1	14.27	f	D

注：表中不同小写字母为 0.05 水平差异显著，不同大写字母为 0.01 水平差异显著。下同。

表 3.21 种源内家系间地径多重比较

家系号	地径/mm	显著性		家系号	地径/mm	显著性	
		0.05	0.01			0.05	0.01
H1F4	3.82	a	A	L1F2	4.01	a	A
H1F3	3.39	b	AB	L1F5	3.81	ab	AB
H1F1	3.30	bc	AB	L1F8	3.66	abc	AB
H1F6	3.15	bcd	BC	L1F3	3.57	bcd	AB
H1F5	3.13	bcd	BC	L1F4	3.40	cd	AB
H1F8	3.09	cd	BC	L1F7	3.26	de	BC
H1F7	2.97	d	BC	L1F6	3.01	ef	BC
H1F2	2.67	e	C	L1F1	2.74	f	C

3.8 黄檗种子性状变异

种子是子代的最初存在形态。从临江林业局黄檗种子园 2 个种源、66 个无性系、199 个雌株采集种子。分析种源间和无性系间遗传变异。

3.8.1 黄檗种子性状种源间变异

黄檗单株种子产量变异系数最大（表 3.22），说明结实性状个体间差异显著。树木开花结实需要有充足的营养物质积累来保证。单株结实量一方面受遗传因素影响，即个体间存在基因的差异；另一方面也受非遗传因素影响，如砧木、嫁接技术、树体大小及水肥条件等。

表 3.22　无性系单株种子产量统计参数

无性系号	平均值/（kg/株）	标准差	变异系数/%	最大值/（kg/株）	最小值/（kg/株）
黑 1	0.5000	0.2734	54.68	1.20	0.10
黑 2	0.8954	0.4816	53.79	2.20	0.30
黑 3	0.5500	0.2121	38.57	0.70	0.40
黑 4	0.6375	0.3292	51.64	1.00	0.20
黑 5	0.7588	0.4001	52.73	1.80	0.30
黑 6	0.5000	—	—	0.50	0.50
黑 7	0.8222	0.4522	54.99	1.90	0.40
黑 8	0.5333	0.2722	51.05	1.10	0.20
黑 9	0.6273	0.2102	33.51	1.00	0.30
黑 10	0.5167	0.2858	55.31	1.00	0.20
黑 11	0.5667	0.2733	48.22	0.90	0.10
黑 12	0.5818	0.1722	29.59	0.80	0.30
黑 13	0.6143	0.4451	72.45	1.50	0.20
黑 14	0.8571	0.3756	43.82	1.60	0.20
黑 15	0.6500	0.0577	8.88	0.70	0.60
黑 16	0.5375	0.4565	84.93	1.20	0.10
黑 17	0.6077	0.4856	79.90	1.90	0.20
黑 18	0.7654	0.4506	58.88	1.60	0.20
黑 19	0.5333	0.2944	55.20	1.10	0.30
黑 20	0.6000	—	—	0.60	0.60
临 2	0.6000	—	—	0.60	0.60
临 3	0.9000	0.2828	31.43	1.10	0.70
临 4	0.6000	0.5657	94.28	1.00	0.20
临 5	0.5500	0.0707	12.86	0.60	0.50
临 6	0.5250	0.2500	47.62	0.80	0.20
临 7	0.2833	0.0753	26.57	0.40	0.20
临 8	0.1500	0.0707	47.14	0.20	0.10
临 9	0.3000	—	—	0.30	0.30
临 10	0.6000	—	—	0.60	0.60

注：黑 1、黑 2 分别代表黑龙江种源 1 号无性系和 2 号无性系，临 5 代表临江种源 5 号无性系。

方差分析结果表明，无性系间结实量差异显著（表 3.23），说明除环境影响外，无性系间控制结实的遗传因子不同。黑龙江种源各无性系结实量高于临江种源（表 3.24），结实量较高的无性系是黑龙江种源 2、14、7、18、5、15、4、9 和 13 号无性系，临江种源 7 号无性系结实量最低。

表 3.23 无性系间种子产量方差分析

变异来源	自由度	平方和	均方	F 值
无性系间	18	3.9971	0.2221	1.74*
误差	175	22.3456	0.1277	
总计	193	26.3427		

*表示差异达到 0.05 水平显著，下同。

表 3.24 无性系间平均种子产量多重比较

无性系号	均值/（kg/株）	显著性	无性系号	均值/（kg/株）	显著性
黑 2	0.90	a	黑 12	0.58	bcde
黑 14	0.86	ab	黑 11	0.57	bcde
黑 7	0.82	abc	黑 16	0.54	cde
黑 18	0.77	abcd	黑 19	0.53	cde
黑 5	0.76	abcd	黑 8	0.53	de
黑 15	0.65	abcde	临 6	0.53	de
黑 4	0.64	abcde	黑 10	0.52	de
黑 9	0.63	abcde	黑 1	0.50	e
黑 13	0.61	abcde	临 7	0.28	e
黑 17	0.61	bcde			

黄檗不同种源间种子性状差异显著，种子长度、宽度、厚度和千粒重种源间差异均达到极显著水平（F 值分别为 7.92、222.93、178.11 和 7.02），见表 3.25。表明来自黑龙江的黄檗种子形态和千粒重与临江黄檗种子差别较大。黑龙江种源黄檗种子长度在 4.38～6.08mm，平均为 5.86mm；临江种源种子长度在 4.16～5.03mm，平均为 4.61mm。

表 3.25 不同种源间种子性状方差分析

变异来源	自由度	平方和	均方	F 值
种子长度	1	2 086.449 0	2 086.449 0	7.92**
误差	7 257	1 911 944.971 0	263.462 0	
种子宽度	1	19.553 7	19.553 7	222.93**

续表

变异来源	自由度	平方和	均方	F 值
误差	7 257	636.618 9	0.087 7	
种子厚度	1	19.562 5	19.562 5	178.11**
误差	7 257	797.156 8	0.109 8	
种子千粒重	1	50.413 0	50.413 0	7.02**
误差	655	4 705.459 5	7.183 9	

**表示差异达到 0.01 水平显著。下同。

黑龙江种源黄檗种子宽度在 2.57～3.58mm，平均为 3.08mm；临江种源种子宽度在 2.80～3.20mm，平均为 3.05mm。黑龙江种源黄檗种子厚度在 1.68～2.26mm，平均为 2.01mm；临江种源种子厚度在 1.70～2.16mm，平均为 1.86mm。黑龙江种源黄檗种子千粒重在 11.49～22.71g，平均为 15.44g；临江种源种子千粒重在 9.75～20.38g，平均为 14.65mm。黑龙江种源黄檗种子体积较大、千粒重较重。

3.8.2　黄檗种子性状无性系间变异

1）黑龙江种源无性系间种子性状变异

黄檗黑龙江种源无性系间种子长度、宽度、厚度和千粒重差异均极显著（F 值分别为 23.24、16.03、15.60 和 6.98），见表 3.26。

表 3.26　黑龙江种源无性系间种子性状方差分析

变异来源	自由度	平方和	均方	F 值
种子长度	175	848 142.34	4 283.547 0	23.24**
误差	5 770	1 063 603.4	184.333 0	
种子宽度	175	204.486 3	1.032 7	16.03**
误差	5 770	371.703 7	0.064 4	
种子厚度	175	257.435 9	1.300 2	15.60**
误差	5 770	481.012 7	0.083 3	
千粒重	175	2 905.496 9	16.602 8	6.98**
误差	5 770	836.861 8	2.377 4	

2）临江种源无性系间种子性状变异

黄檗临江种源无性系间种子长度、宽度、厚度和千粒重差异均极显著（F 值分别为 5.9、8.39、8.11 和 11.52)，见表 3.27。

表 3.27 临江种源无性系间种子性状方差分析

变异来源	自由度	平方和	均方	F 值
种子长度	42	33.0482	0.7868	5.9**
误差	1247	166.2082	0.1332	
种子宽度	42	13.3158	0.3170	8.39**
误差	1247	47.1131	0.0377	
种子厚度	42	12.5896	0.2997	8.11**
误差	1247	46.1185	0.0369	
千粒重	42	817.7484	19.4702	11.52**
误差	1247	145.3523	1.6901	

两个黄檗种源无性系数量较多，许多无性系种子形态性状测定值非常接近，在进行多重比较时，我们采用分组的方式，即将测量数值接近的归为一组，共划分为 12 组，算出每组平均值，以各组平均值进行组间多重比较。种子长度、宽度和厚度按组多重比较结果见表 3.28。种子长度各组之间差异显著，第 10 组最高，第 11 组最低；10、8、9、7、6 组的种子宽度较高，4、1、11 组较低；第 2 组的种子厚度最大，与第 3、11、12 组之间有显著差异。

表 3.28 无性系间种子形态性状多重比较

种子长度/mm			种子宽度/mm			种子厚度/mm		
组别	平均值	显著性	组别	平均值	显著性	组别	平均值	显著性
10	5.6940	a	10	3.2973	a	2	2.0709	a
9	5.5175	b	8	3.2583	ab	10	2.0319	ab
8	5.4369	c	9	3.2466	ab	6	2.0277	ab
7	5.3554	d	7	3.2291	ab	8	2.0201	ab
6	5.2765	e	6	3.2111	abc	7	2.0091	ab
5	5.1947	f	5	3.1604	bcd	5	2.0000	ab
4	5.0958	g	3	3.1233	cde	4	1.9954	ab
3	4.9968	h	2	3.1015	de	9	1.9903	ab
2	4.8576	i	12	3.0712	de	1	1.9620	abc
12	4.7230	j	4	3.0603	e	3	1.9130	bc
1	4.6250	k	1	3.0537	e	11	1.8622	c
11	4.5024	l	11	3.0284	e	12	1.8539	c

3）黄檗种子性状相关性分析

黄檗种子长度、宽度、厚度、千粒重之间相关性不显著，见表 3.29。

表 3.29　黄檗种子性状相关分析

性状	千粒重	种子长度	种子宽度	种子厚度
千粒重	1			
种子长度	−0.0876	1		
种子宽度	0.1787	0.0667	1	
种子厚度	0.0445	−0.0118	0.1743	1

张骁等（2016）研究了黄檗开花结实规律。黄檗常用的繁殖方法为种子繁殖，果实在 8 月下旬至 9 月成熟。果由绿色变黄色最后达黑色则完全成熟，即可采收。种子分干藏和层积沙藏，干藏的种子需在播种前 1 个月用湿沙层积催芽，沙藏种子发芽率相对较高，可用湿沙与种子充分混匀后装入容器中。播种分为春播和秋播 2 种方式，春播一般在 3 月进行，秋播在 11 月进行。

3.9　黄檗优良无性系选择与繁育

3.9.1　黄檗优良无性系选择

同一黄檗种源树高、地径和冠幅雌、雄株之间差异较小。方差分析表明，黄檗树高、地径和冠幅生长量种源间差异均达到极显著水平，雄株树皮厚度种源间差异极显著，雄株枝条 3 和雌株枝条 1 连年生长量种源间差异极显著。黑龙江种源株高、地径和冠幅均显著高于其他种源。在优良群体中选择优良个体，可以获得更大的遗传增益。利用无性系对比试验和子代测定试验，通过对黄檗生长量变异分析，选择树高和地径最大的优良个体为黑龙江种源第 4 号雌性单株（H1F4），采取无性繁殖方法形成无性系。

2015 年开始进行区域试验，共设 3 个试验点，试验面积 15 亩（1 亩 ≈ 667m^2）。具体情况如表 3.30 所示。

表 3.30　黄菠罗 1 号优良无性系区域试验

序号	区域试验地点	区试面积/亩	起止时间
1	永吉县北大壶镇	8 亩	2016～2019 年
2	集安市林业局	2 亩	2015～2019 年
3	吉林市丰满区	5 亩	2016～2019 年

在 3 个区域试验点，H1F2 无性系（黄菠罗 1 号）树高和地径生长量均表现为最好。

黄檗优良无性系（黄菠罗 1 号）的主要优点：速生性好。

黄檗优良无性系（黄菠罗 1 号）的主要缺点：不耐涝。

3.9.2 黄檗优良无性系繁育

1）嫁接繁殖

在春季，利用随心形成层对接方法进行嫁接繁殖。

接穗从树冠中部选取，长 8～10cm，具有完整顶芽的一年生枝条，先将接穗基部用刀片削一短切面，在另一面从保留叶片下部逐渐切到髓心，然后顺着髓心削去半边接穗，使接穗末端呈扁楔状，砧木常用 1～2 年生的实生苗，于主干上选较接穗稍粗壮的 1～2 年生段，除去接区全部枝叶，然后从韧皮部和木质部间切开。将接穗基部楔形部分对准砧木贴面上，使形成层对正，用塑料捆扎。嫁接步骤如下所述。①接穗：在休眠期剪取接穗，通常在 1～3 月，剪取 1 年生健康枝条，放于冷库内冰冻保存。②砧木：选择 1～2 年生实生苗为嫁接砧木。③嫁接：在树液流动前进行嫁接。嫁接过程如图 3.12 所示。

(a)   (b)   (c)   (d)

图 3.12　黄檗随心形成层对接法嫁接（彩图请扫封底二维码）

(a) 接穗切削；(b) 砧木切削；(c) 绑扎；(d) 嫁接成活

2）绿枝扦插

扦插步骤如下所述。①扦插基质：以腐殖土为扦插基质，插穗生根能力高于河沙或珍珠岩，且根系发达。②插床温度：较高的插床温度有利于插穗生根。插床温度在 20～23℃时，插穗生根率显著高于 10～15℃的插床。③插穗类型：剪断主干的 1 年生黄檗萌条，插穗长度 15～20cm，带 0.5～1.0 个复叶，绿枝扦插。④外源激素：扦插前用激素处理，插穗生根效果好于对照，且激素之间生根效果不同，以生根粉 ABT1# 和吲哚丁酸（IBA）促进插穗生根的效果较好。⑤湿度管理：采用遮光喷雾保持空气相对湿度较高。

黄檗种子数量少、发芽率低，且含有抑制胚芽萌发物质，其天然更新能力极差，而组织培养快繁技术能快速获得大量优质整齐的组培苗，短期内能够缓解种苗短缺问题。曲伟娣和张玉红（2010）以黄檗无菌苗叶片为外植体诱导胚性愈伤组织和不定芽。顾地周等（2010）对试管苗保存进行了研究。

3.10　结论与讨论

3.10.1　结论

1）黄檗生长性状种源间变异

黄檗树高、地径和冠幅生长量种源间差异均达到极显著水平，雄性树皮厚度、雄性枝条 3 和雌性枝条 1 连年生长量种源间差异极显著。黑龙江种源株高、地径和冠幅等生长性状表现最好，显著高于其他种源。

2）黄檗生长性状无性系间变异

黑龙江种源内雌性树高无性系间差异显著，雄性无性系间树高差异极显著，无性系间地径和冠幅差异不显著。临江种源 1 内雌性树高和冠幅无性系间差异极显著，雌性地径无性系间差异不显著，雄性树高、地径和冠幅无性系间差异均不显著。

3）黄檗生长性状主成分分析

对黄檗无性系种子园内无性系树高、地径等 7 个生长性状进行主成分分析。临江种源 1 雌无性系内保留前两个特征根值大于 1 的主成分（Y_1，Y_2），二者共计保留了 69.5% 的原始数据中的信息。由各主成分的特征向量列出的主成分模型分别为

$$Y_1 = 0.51X_1 + 0.562X_2 + 0.493X_3 + 0.312X_4 - 0.088X_5 - 0.224X_6 + 0.165X_7$$

$$Y_2 = -0.120X_1 - 0.07X_2 + 0.212X_3 + 0.291X_4 + 0.552X_5 + 0.559X_6 + 0.484X_7$$

黑龙江种源雌无性系内保留前两个特征根值大于 1 的主成分（Y_1，Y_2），二者共计保留了 70.9% 的原始数据中的信息。根据特征向量列出主成分模型分别为

$$Y_1 = 0.27X_1 + 0.55X_2 + 0.463X_3 + 0.459X_4 - 0.142X_5 + 0.347X_6 - 0.242X_7$$

$$Y_2 = 0.478X_1 + 0.038X_2 + 0.105X_3 - 0.325X_4 + 0.553X_5 + 0.391X_6 + 0.441X_7$$

临江种源 2 雄无性系内前两个主成分（Y_1，Y_2）的累计贡献率达到 64%。由各主成分的特征向量列出的主成分模型分别为

$$Y_1 = 0.451X_1 + 0.174X_2 + 0.252X_3 + 0.595X_4 - 0.235X_5 - 0.253X_6 + 0.478X_7$$

$$Y_2 = 0.243X_1 + 0.42X_2 + 0.421X_3 - 0.086X_4 + 0.547X_5 + 0.528X_6 + 0.052X_7$$

4）黄檗生长性状变异来源

黄檗树高、地径、冠幅、树皮厚度和 3 个年份枝条连年生长量的表型分化系

数均值分别为 90.45%、72.02%、98.45%、95.92%、95.52%、52.41% 和 57.96%。黄檗生长性状种源间表型变异大于种源内无性系间的表型变异，种源间平均表型方差分量占总变异的 31%，种源内无性系间平均表型方差分量占总变异的 1.53%，机误的方差分量占总变异的 67.47%；黄檗无性系测定林各生长性状种源间变异对总变异的贡献为 80.44%，种源内无性系间的贡献为 19.56%。

5）黄檗优良无性系选择

在 3 个区域的试验点，H1F2 无性系（黄菠萝 1 号）树高和地径生长量均表现为最好。黄檗优良无性系的主要优点是速生性好，黄檗优良无性系的主要缺点是不耐涝。

6）黄檗生长性状家系间变异

黄檗子代苗高和地径生长量种源间、家系间均达极显著水平。H1F4 苗高最高（40.78cm），地径最大（3.82mm），说明苗高和地径变异分别来自种源间和种源内个体间。

7）黄檗种子性状变异

黄檗不同种源间种子性状差异显著，种子长度、宽度、厚度和千粒重种源间差异均达到极显著水平（F 值分别为 7.92、222.93、178.11 和 7.02），表明来自黑龙江的黄檗种子形态和千粒重与临江黄檗种子差别较大。

黄檗黑龙江种源无性系间种子长度、宽度、厚度和千粒重差异均极显著（F 值分别为 23.24、16.03、15.60 和 6.98），黄檗临江种源无性系间种子长度、宽度、厚度和千粒重差异均极显著（F 值分别为 5.9、8.39、8.11 和 11.52）。黑龙江种源各无性系结实量高于临江种源，黑龙江种源第 2、14、7、18 和 5 号无性系结实量较高，结实量最低的无性系是临江种源第 7 号无性系。

3.10.2 讨论

树木为多年生植物，每个生长周期分为萌动、展叶、新梢生长、停止生长、木质化。生长过程又分为初期、速生期和缓慢生长期。了解树木生长节律有助于适时适量施肥，建立高效抚育技术体系。黄檗生长同样存在周期性，不同生长阶段伸长生长和径向生长差异较大，不同阶段之间生长量达到显著水平。掌握生长节律，可以准确把握施肥、灌溉时机，有效促进生长，同时提高水肥利用率。

种源试验是将不同来源的林木种子或其他繁殖材料放在相同立地进行栽培对比试验。种源试验是选择育种的主要方法之一，通过种源试验可以了解种内地理变异规律，为不同地区选择优良的造林种源，同时，为种源区划提供依据，实现良种合理调拨。种源选择是树种改良初期的有效方法，目前，许多树种完成了种源试验和选择，并取得了显著的效益。黄檗地理分布广泛，不同地理位置之间，温度、降雨、光照等不同，长期生长在生态条件明显不同的地区，导致黄檗种源间产生异常分化。种源变异是植物种内遗传变异的第一个层次，也是群体间变异。通过种源试验可以揭示种源间遗传变异规律，选择优良种源，并且，为黄檗种子科学调拨提供依据。

由一个单株经过扦插、嫁接或者组培等无性繁殖方法产生的群体为无性系。无性繁殖保存了原来植株的全部特性，没有遗传分化现象。利用无性系造林即无性系林业，无性系林业始于19世纪初，经过一个多世纪的发展，随着林木育种和无性繁殖技术的进步，无性系林业已经在世界人工林培育中发挥越来越重要的作用，成为当今世界各国林业界广泛接受的营林方式。无性系林业有如下优势：遗传增益较高、无性系性状整齐一致、便于集约化栽培和管理、经营周期短、经济效益高、缩短了无性系选育的改良周期。根据育种目标选择性状优良单株，通过无性繁殖技术形成无性系，将无性系在相同立地条件下进行栽培对比试验，对生长性状进行测定，性状优良无性系用于造林。黄檗不仅存在群体间的变异，还存在群体内个体间的变异，依据种源试验可以选择优良种源。在完成种源试验的基础上选择优良个体（即优树），利用无性繁殖技术培育无性系，在黄檗无性系对比试验的基础上，选择优良无性系用于造林，或者作为杂交亲本。这样就利用了群体间和个体间两个层次的变异，可以获得更大的遗传增益。

4 黄檗生物碱含量变异

黄檗韧皮部即关黄柏，经炮制后入药，味苦，性寒，归肾、膀胱经，清热解毒，泻火燥湿，是临床应用广泛的药物。

由于黄檗具有广泛的应用价值，近年来对其化学成分的研究已成为热点。最早由日本学者从黄檗中分离出了多种化学成分，其中有生物碱（小檗碱、掌叶防己碱、药根碱、木兰碱、黄柏碱、白栝楼碱、蝙蝠葛任碱等）、柠檬苦素类化合物（黄柏酮、黄柏内酯和、诺米林等）、酚类衍生物（松柏苷、芥子醛 4-O-β-D-吡喃葡萄糖苷、香草苷等）、甾醇（7-去氢豆甾醇、菜油甾醇、β-谷甾醇等），但这些化学成分都从日本产黄檗中分离。周海燕（2001）研究辽宁道地药材关黄柏的化学成分，并分离得到 18 个化合物，确定了 14 个化合物的化学结构，分别是黄柏酮、黄柏内酯、kihadanin B、小檗碱、胡萝卜苷、β-谷甾醇、巴马亭、丁香苷、3-氧-阿魏酰奎尼酸甲酯、关黄柏内酯、药根碱、三棱酸、关黄柏内酯 B、关黄柏酰胺 A。研究表明，全光照、短期轻度干旱处理有利于茎外皮生物碱类的积累，同时氮素形态也对黄檗主要生物碱含量产生影响。

黄檗药理作用研究表明其有以下作用。①降血糖作用。邱昆成通过建立 2 型糖尿病大鼠模型对药对知母-黄柏的降血糖作用进行验证，结果表明，药对知母-黄柏能够抑制糖尿病大鼠血糖的升高，调控糖尿病大鼠血浆中胆固醇和甘油三酯水平，通过多靶点作用发挥中药治疗糖尿病的功能。②降血压作用。王德全、李峰等的研究表明，黄檗中小檗碱降压效果较好。③抗菌作用。黄檗中小檗碱具有抗菌作用。郭志坚等（2002）发现，黄檗中的黄酮醇苷化合物对枯草杆菌的抑菌作用最强。有实验研究发现，汉方方剂中如果含有黄连、黄柏，并且其他生药数量少，则对痤疮丙酸杆菌的抗菌作用更强。④抗炎作用。赵鲁青等（1995）对复方黄柏冷敷剂进行了抑菌、抗炎、化腐生肌等实验，结果表明复方黄柏冷敷剂对二甲苯所致小白鼠的急性炎症具有非常显著的抗炎作用，对组胺引起的大鼠皮内毛细血管通透性增加具有显著的抗渗出作用，而且对由于金黄色葡萄球菌所致的局部炎症具有非常显著的疗效。⑤抗癌作用。廖静（1999）等研究发现黄柏对BGC823 人胃癌细胞的确具有光敏抑制效应。黄檗提取物能有效抑制转基因老鼠的前列腺癌细胞增殖。⑥其他作用。黄檗的化学成分黄柏酮使家兔的肠管张力及振幅均增强、柠檬苦素使肠管松弛增强、小檗碱使肠管收缩增强，黄柏还能提高机体的非特异性免疫能力。另外，黄柏还具有抗溃疡、抗氧化等药理作用。这些研究对充分发挥黄檗药效资源的经济效益尤为重要。

黄檗具有较高的药用价值，现存黄檗资源急剧下降，难以满足生物制药的需求。因此，营建黄檗药用原料林势在必行。缺乏黄檗药用良种是制约原料林建设的瓶颈，揭示黄檗群体间、无性系间生物碱含量遗传变异规律是良种选育的基础。

4.1　试 验 材 料

试验材料来源于北华大学黄檗试验林，试验地点位于吉林省吉林市郊区，地处长白山区向松嫩平原过渡地带，东南部为山地，西北部为冲积平原，间有部分丘陵。位于吉林市城区南部，地理坐标为：43° 26′ 34″N，126°21′38″E。属寒温带季风型大陆性气候，春季干燥，夏季温热、降水集中，秋季来霜早，冬季漫长、寒冷干燥。年均气温 3.9℃，年均降水量 674mm，无霜期平均为 134 天，全年日照时数 2300～2500h。

在北华大学试验林采取黄檗树干不同高度（树干基部、胸径处和 2m 高处）韧皮部，取样时间为每月 1 次，为了克服生物碱含量的年龄效应，取样时选取胸径和树高相同的单株。样品装袋后做好标记取回，分开烘干（80℃）粉碎，编号后放到密封袋内避光保存，用于检测黄檗各部位生物碱含量及其季节变化。

在吉林省临江林业局黄檗无性系对比林中不同种源分别选择雌、雄无性系，于黄檗树干基部韧皮部进行取样，每个无性系选择 3 个重复。检测黄檗生物碱含量，分析黄檗雌、雄植株间生物碱含量差异。

4.2　黄檗生物碱含量检测方法

仪器：日本岛津 20A 高效液相色谱仪（自动进样器、二极管矩阵检测器）进行样品检测。

标准品：药根碱、掌叶防己碱和小檗碱标准品均购于中国药品生物制品检定所。

色谱条件：采用日本 KYA HHQ sil C18 柱（250mm×4.6mm，5μm）；柱温 40℃；流动相为乙腈/水溶液（1000ml 水溶液中含磷酸二氢钾 3.4g 及十二烷基硫酸钠 1.7g）1∶1；流速 0.7ml/min；检测波长 345nm；进样体积 10μl。标准品分离见图 4.1，从左至右依次为药根碱、掌叶防己碱和小檗碱。

标准曲线：精密称取药根碱标准品 1.3mg、掌叶防己碱标准品 4.8mg、小檗碱标准品 5mg，用上述流动相溶液分别定容至 10ml，质量浓度分别为 0.13mg/ml、0.48mg/ml、0.5mg/ml。以流动相为溶剂精密配制质量浓度为 10ng/μl 的药根碱标准溶液、50ng/μl 的掌叶防己碱标准溶液和 50ng/μl 的小檗碱标准溶液各 2ml。按照上述色谱条件，分别对不同浓度的标准溶液进样分析，每样重复测定 3 次。分

别以质量浓度 x（mg/ml，药根碱 x_1、掌叶防己碱 x_2、小檗碱 x_3）为横坐标，峰面积值 y 为纵坐标进行回归计算，得药根碱 y_1、掌叶防己碱 y_2、小檗碱 y_3 的回归方程和相关系数分别为：药根碱 $y_1=5160.5x_1-11\,360$，$R^2=0.9867$；掌叶防己碱 $y_2=5505.4\,x_2-31\,683$，$R^2=0.991$；小檗碱：$y_3=5403.9x_3-30\,571$，$R^2=0.9911$。

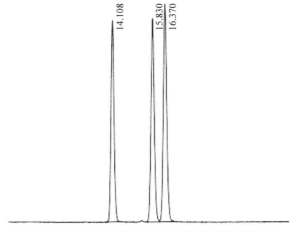

图 4.1　生物碱标准品高效液相层析图谱

样品制备：取干燥到恒重的样品，称取韧皮部粉末 0.1g、木质部粉末 2g 分别置于三角瓶中并加入适量 63% 乙醇溶液，超声波辅助提取（温度 40℃，功率 100W）64min，冷却到室温后在容量瓶中用 63% 乙醇溶液定容到 50ml，摇匀，待用。取2ml 样品提取液经微孔过滤膜（0.45μm）过滤放入待测样品瓶中，利用高效液相色谱仪测其峰面积。

4.3　黄檗生物碱含量季节变化

4.3.1　树干基部生物碱含量季节变化

对不同季节黄檗树干基部三种生物碱含量（韧皮部）进行方差分析（表 4.1）。结果表明，药根碱、掌叶防己碱和小檗碱含量在不同季节存在差异，未达到显著水平。F 值小檗碱最大，药根碱次之，掌叶防己碱最小。

表 4.1　树干基部生物碱含量季节变化

生物碱类型	变异来源	自由度	均方	F 值
药根碱	季节	3	0.1315	1.79
	误差	23	0.0737	
掌叶防己碱	季节	3	21.0543	1.25

续表

生物碱类型	变异来源	自由度	均方	F 值
掌叶防己碱	误差	23	16.7786	
小檗碱	季节	3	16.0343	1.92
	误差	23	8.3598	

由图 4.2 可知,树干基部三种生物碱含量由大到小顺序均为冬季>秋季>春季>夏季;冬季、秋季和春季药根碱含量分别是夏季含量的 1.75 倍、1.58 倍和 1.24 倍;冬季、秋季和春季掌叶防己碱含量分别是夏季含量的 1.51 倍、1.15 倍和 1.04 倍;小檗碱含量冬季高于夏季 47.72%。

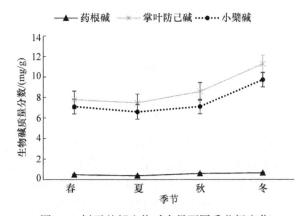

图 4.2 树干基部生物碱含量不同季节间变化

4.3.2 树干胸径处生物碱含量季节变化

对不同季节黄檗树干胸径处三种生物碱含量进行方差分析（表 4.2）。与黄檗树干基部相同,树干胸径处的药根碱、掌叶防己碱和小檗碱含量季节间差异均未达显著水平。F 值由大到小顺序为小檗碱（F=0.56）>药根碱（F=0.43）>掌叶防己碱（F=0.15）。

表 4.2 树干胸径处生物碱含量季节变化

生物碱类型	变异来源	自由度	均方	F 值
药根碱	季节	3	0.0095	0.43
	误差	23	0.0219	
掌叶防己碱	季节	3	1.8096	0.15
	误差	23	11.6778	

续表

生物碱类型	变异来源	自由度	均方	F 值
小檗碱	季节	3	2.3096	0.56
	误差	23	4.1111	

由图 4.3 可知, 胸径处药根碱含量由大到小顺序为冬季（0.42mg/g）>春季（0.34mg/g）>秋季（0.33mg/g）>夏季（0.31mg/g）; 掌叶防己碱含量秋季最高（8.09mg/g）, 冬季次之（7.76mg/g）, 春季高于夏季 5.9%; 小檗碱含量冬季最高（6.0mg/g）, 秋季较高（5.61mg/g）, 春季含量是夏季含量的 1.26 倍。生物碱是次生代谢产物, 在生长旺盛的季节, 黄檗植株通过光合作用首先合成初生有机物, 进入生长季节后期, 植物体内的初生有机物在酶的作用下进一步进行化学反应, 结构变得越来越复杂, 分子量越来越大, 转化为具有特定功能的次生代谢产物, 生物碱就是黄檗体内众多次生代谢产物之一。

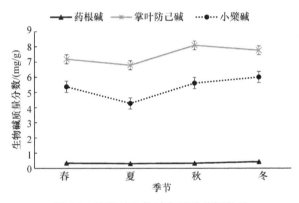

图 4.3 胸径处生物碱含量季节间差异

4.3.3 树干 2m 高处生物碱含量季节变化

对不同季节黄檗树干 2m 高处 3 种生物碱含量进行方差分析（表 4.3）。结果表明, 树干 2m 高处的药根碱、掌叶防己碱和小檗碱含量季节间差异均未达显著水平。F 值由大到小的顺序为小檗碱（F=1.15）>药根碱（F=1.05）>掌叶防己碱（F=0.39）。

表 4.3 树干 2m 高处生物碱含量季节变化

生物碱类型	变异来源	自由度	均方	F 值
药根碱	季节	3	0.0136	1.05
	误差	23	0.0129	
掌叶防己碱	季节	3	3.9943	0.39

续表

生物碱类型	变异来源	自由度	均方	F 值
掌叶防己碱	误差	23	10.1559	
小檗碱	季节	3	2.8925	1.15
	误差	23	2.5210	

由图 4.4 可知，树干 2m 高处 3 种生物碱含量均表现为冬季最高，夏季最低。药根碱含量冬季最高，夏季最低，冬季高于夏季含量 1.56 倍；掌叶防己碱含量冬季、秋季和春季分别高于夏季 29.35%、18.13% 和 9.2%；冬季、秋季和春季小檗碱含量分别高于夏季 43.87%、32.03% 和 13.62%。

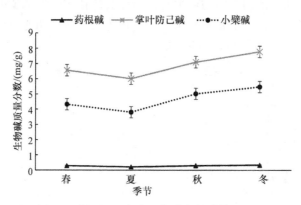

图 4.4　树干 2m 高处生物碱含量季节间差异

4.4　黄檗生物碱含量部位间差异

对黄檗枝条不同部位 3 种生物碱含量方差分析见表 4.4。不同枝龄韧皮部掌叶防己碱含量差异显著（$F=4.30$），药根碱和小檗碱含量差异极显著，说明枝条不同年龄之间生物碱含量差异较大。不同枝龄木质部药根碱含量差异极显著（$F=15.42$），掌叶防己碱和小檗碱含量差异不显著。

表 4.4　黄檗枝条不同部位生物碱含量方差分析

生物碱类型	变异来源	自由度	韧皮部		木质部	
			均方	F	均方	F
药根碱	枝龄	4	0.0304	10.40**	0.0008	15.42**
	个体	2	0.0174	5.95*	0.0001	1.60
	误差	8	0.0029		0.0001	

续表

生物碱类型	变异来源	自由度	韧皮部		木质部	
			均方	F	均方	F
掌叶防己碱	枝龄	4	2.7031	4.30*	0.0010	0.68
	个体	2	108.5096	172.58**	0.0187	12.46**
	误差	8	0.6287		0.0015	
小檗碱	枝龄	4	5.8868	10.13**	0.0007	1.30
	个体	2	25.8899	44.54**	0.0006	1.05
	误差	8	0.5813		0.0005	

*表示 0.05 水平差异显著，**表示 0.01 水平差异显著，下同。

进一步对黄檗不同枝龄药根碱含量进行多重比较。由图 4.5 可知，木质部药根碱质量分数 1 年生枝条最低（0.012mg/g），与 2 年生枝条间差异不显著，5 年生枝条最高（0.051mg/g），除与 4 年生枝条差异不显著外其余均显著。韧皮部药根碱质量分数 1 年生枝条最低（0.271mg/g），与其他枝龄差异均显著，3 年生最高（0.549mg/g），与 4 年生枝条没有显著差异；掌叶防己碱质量分数 1 年生枝条最低（8.96mg/g），与其他枝龄差异均显著；小檗碱质量分数 1 年生枝条最低（4.178mg/g），3 年生最高（8.065 mg/g），与其他枝龄间均表现为显著差异。

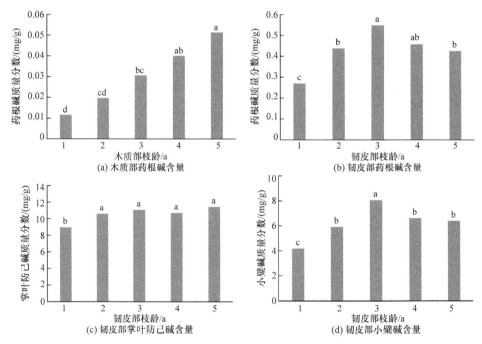

图 4.5 不同枝龄生物碱含量多重比较

图中不同小写字母表示 0.05 水平差异显著，下同

4.5　黄檗生物碱含量雌、雄无性系间差异

4.5.1　雌、雄无性系间 3 种生物碱含量变异分析

对临江林业局黄檗无性系对比林内 3 个种源的雌、雄无性系进行方差分析（表 4.5）。结果表明，药根碱含量、掌叶防己碱含量和小檗碱含量雌、雄无性系间差异均不显著，小檗碱 F 值最大（$F=3.37$），其次是药根碱（$F=1.53$），掌叶防己碱 F 值最小（$F=0.10$）。黄檗雌、雄植株之间生物碱含量无显著差异，说明生物碱含量与性别之间没有连锁遗传现象。

表 4.5　生物碱含量雌、雄无性系间方差分析

生物碱	变异来源	自由度	均方	F 值
药根碱	雌雄无性系	1	0.0081	1.53
	误差	249	0.0053	
掌叶防己碱	雌雄无性系	1	0.0982	0.10
	误差	249	0.9670	
小檗碱	雌雄无性系	1	3.4047	3.37
	误差	249	1.0110	

4.5.2　雌、雄无性系间药根碱含量差异

对临江黄檗无性系对比林内 3 个种源的药根碱质量分数进行统计分析（表 4.6）。雌无性系中，黑龙江种源 1、临江种源 1 和临江种源 2 内药根碱质量分数平均值依次为 0.1905mg/g、0.2241mg/g 和 0.3128mg/g，其中临江种源 1 内药根碱质量分数变异系数最大（25.16%），变幅为 0.1398～0.3838mg/g；雄无性系中，3 个种源内药根碱质量分数平均值依次为 0.2221mg/g、0.2186mg/g 和 0.3033mg/g，其中临江种源 2 内药根碱质量分数变异系数最大（28.57%），变幅为 0.2126～0.5340mg/g。

表 4.6　药根碱统计参数

性别	种源	平均值/（mg/g）	标准差	变异系数/%	最大值/（mg/g）	最小值/（mg/g）
雌性	H1	0.1905	0.0350	18.36	0.3328	0.1393
	L1	0.2241	0.0564	25.16	0.3838	0.1398
	L2	0.3128	0.0692	22.11	0.4957	0.1636
雄性	H1	0.2221	0.0619	27.86	0.3787	0.1237
	L1	0.2186	0.0501	22.93	0.3401	0.1460
	L2	0.3033	0.0867	28.57	0.5340	0.2126

注：H1、L1 和 L2 分别代表黑龙江种源、临江种源 1 和临江种源 2，下同。

4.5.3 雌、雄无性系间掌叶防己碱含量差异

对黄檗无性系对比林 3 个种源的掌叶防己碱质量分数进行统计分析(表 4.7)。雌无性系中，黑龙江种源 1、临江种源 1 和临江种源 2 内掌叶防己碱质量分数平均值依次为 2.8363mg/g、3.5309mg/g 和 3.5826mg/g，其中黑龙江种源 1 内掌叶防己碱质量分数变异系数最大(29.45%)，变幅为 1.4200～5.2812mg/g；雄无性系中，3 个种源内掌叶防己碱质量分数平均值依次为 2.8028mg/g、3.4780mg/g 和 4.2341mg/g，其中黑龙江种源 1 内掌叶防己碱质量分数变异系数最大 (27.85%)，变幅为 1.0743～3.9595mg/g。

表 4.7 掌叶防己碱统计参数

性别	种源	平均值/ (mg/g)	标准差	变异系数/%	最大值/ (mg/g)	最小值/ (mg/g)
雌性	H1	2.8363	0.8353	29.45	5.2812	1.4200
	L1	3.5309	0.8631	24.44	5.9414	2.2013
	L2	3.5826	0.9799	27.35	5.4744	2.0649
雄性	H1	2.8028	0.7805	27.85	3.9595	1.0743
	L1	3.4780	0.9323	26.81	5.1355	1.9211
	L2	4.2341	1.1473	27.10	5.7771	2.2068

4.5.4 雌、雄无性系间小檗碱含量差异

对黄檗无性系对比林 3 个种源的小檗碱质量分数进行统计分析（表 4.8 ）。雌无性系中，黑龙江种源 1、临江种源 1 和临江种源 2 内小檗碱质量分数平均值依次为 2.2370mg/g、3.3528mg/g 和 3.6379mg/g，其中黑龙江种源 1 内小檗碱质量分数变异系数最大（28.47%），变幅为 1.3508～3.8934mg/g；雄无性系中，3 个种源内小檗碱质量分数平均值依次为 3.2189mg/g、3.1495mg/g 和 4.1401mg/g，其中黑龙江种源 1 内小檗碱质量分数变异系数最大（27.94%），变幅为 2.0113～5.6447mg/g。

表 4.8 小檗碱统计参数

性别	种源	平均值/（mg/g）	标准差	变异系数/%	最大值/（mg/g）	最小值/（mg/g）
雌性	H1	2.2370	0.6368	28.47	3.8934	1.3508
	L1	3.3528	0.9367	27.94	5.4392	1.3913
	L2	3.6379	0.9444	25.96	6.1719	1.8587
雄性	H1	3.2189	0.8993	27.94	5.6447	2.0113
	L1	3.1495	0.8254	26.21	4.9564	1.3338
	L2	4.1401	1.0815	26.12	6.8068	2.7727

4.5.5　雌、雄无性系间 3 种生物碱总含量差异

对黄檗无性系对比林中 3 个种源的 3 种生物碱总含量进行统计分析（表 4.9）。雌无性系中，黑龙江种源 1、临江种源 1 和临江种源 2 的 3 种生物碱总含量平均值依次为 5.4721mg/g、7.2328mg/g 和 7.8469mg/g，其中临江种源 2 的 3 种生物碱总含量变异系数最大（31.66%），变幅为 3.2836～16.5215mg/g；3 种生物碱总含量平均值和变异系数雌、雄无性系之间相当。

表 4.9　3 种生物碱总含量统计参数

性别	种源	平均值/（mg/g）	标准差	变异系数/%	最大值/（mg/g）	最小值/（mg/g）
雌性	H1	5.4721	1.5334	28.02	8.5004	3.1091
	L1	7.2328	1.9300	26.68	11.7062	3.0048
	L2	7.8469	2.4847	31.66	16.5215	3.2836
雄性	H1	6.5416	1.9172	29.31	11.0618	2.4380
	L1	6.9414	2.1776	31.37	12.9837	3.8916
	L2	7.8109	1.9203	24.58	10.9703	4.5848

4.6　黄檗生物碱含量种源间变异

4.6.1　种源间药根碱含量变异

临江林业局无性系对比林建于 1999 年，总面积 56.3hm²，位于 41° 48′ N、126° 54′ E，海拔 793m，年均气温 2～4℃，全年降水量 750～1000mm，属中温带大陆性季风气候。根据黄檗无性系来源不同，将其划分为 3 个种源，即黑龙江种源 1、临江种源 1、临江种源 2，本书中简写为 H1、L1 和 L2。2016 年 3 月分别在临江林业局无性系对比林内选择黑龙江种源中雌、雄无性系各 16 个，临江种源 1 中雌无性系 16 个、雄无性系 14 个，临江种源 2 内雌无性系 17 个、雄无性系 5 个，每个无性系选择 3 个重复。

对不同种源的药根碱含量差异进行分析（表 4.10）。不同种源间药根碱含量差异极显著，F 值为 67.94，表明不同种源控制药根碱合成的遗传物质差异较大。

表 4.10　不同种源间药根碱含量方差分析

变异来源	自由度	均方	F 值
种源	2	0.2344	67.94**
误差	248	0.0035	

不同种源之间药根碱含量变异幅度较大，3 个种源药根碱含量由高到低的顺序是，临江种源 2（0.3106mg/g）>临江种源 1（0.2216mg/g）>黑龙江种源 1

（0.2061mg/g）。如图 4.6 所示，不同种源之间，药根碱最高含量是最低含量的 1.51 倍。

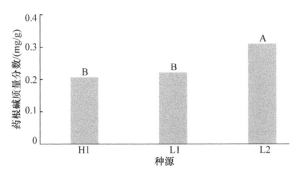

图 4.6 不同种源间药根碱含量变异

H1 代表黑龙江种源 1，L1 代表临江种源 1，L2 代表临江种源 2。图中不同大写字母表示 0.01 水平差异显著，下同

4.6.2 种源间掌叶防己碱含量变异

对不同种源间掌叶防己碱含量进行分析（表 4.11）。不同种源间掌叶防己碱含量差异极显著，F 值为 4.87。

表 4.11 不同种源间掌叶防己碱含量方差分析

变异来源	自由度	均方	F 值
种源	2	9.1004	4.87**
误差	248	1.8693	

不同种源之间掌叶防己碱含量变异幅度较大，3 个种源的掌叶防己碱含量：临江种源 2 最高，达 3.7155mg/g；临江种源 1 次之（3.6284mg/g）；黑龙江种源 1 最低，为 3.1145mg/g。如图 4.7 所示，不同种源之间，掌叶防己碱最高含量是最低含量的 1.19 倍。

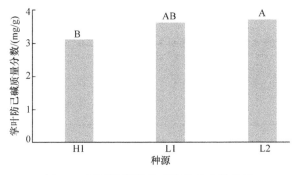

图 4.7 不同种源间掌叶防己碱含量变异

4.6.3　种源间小檗碱含量变异

对不同种源之间小檗碱含量进行分析（表 4.12）。小檗碱含量种源间差异极显著，F 值为 16.44。

表 4.12　不同种源间小檗碱含量方差分析

变异来源	自由度	均方	F 值
种源	2	25.2501	16.44**
误差	248	1.5362	

3 个种源小檗碱含量：临江种源 2 最高，达 3.8126mg/g；临江种源 1 次之（3.2468mg/g）；黑龙江种源最低，为 2.6807mg/g。如图 4.8 所示，不同种源之间，小檗碱最高含量是最低含量的 1.42 倍。

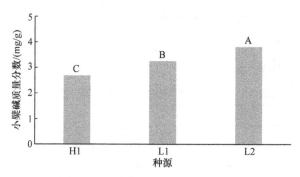

图 4.8　不同种源间小檗碱含量变异

4.6.4　种源间 3 种生物碱总含量变异

对不同种源之间 3 种生物碱总含量进行分析（表 4.13）。不同种源间 3 种生物碱总含量差异极显著，F 值为 16.51，表明不同种源之间 3 种生物碱总含量差异较大。

表 4.13　不同种源间 3 种生物碱总含量方差分析

变异来源	自由度	均方	F 值
种源	2	69.1271	16.51**
误差	248	4.1873	

不同种源之间 3 种生物碱总含量变异幅度较大，3 个种源 3 种生物碱总含量，临江种源 2 最高，达 7.8387mg/g，临江种源 1 次之（7.0986mg/g），黑龙江种源最低（6.0012mg/g）。如图 4.9 所示，不同种源之间，3 种生物碱总含量最大值是最

小值的 1.31 倍。

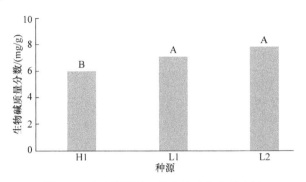

图 4.9 不同种源间 3 种生物碱总含量变异

4.7 黄檗无性系间生物碱含量变异

4.7.1 无性系间药根碱含量变异

对同一种源内不同无性系之间药根碱质量分数进行分析（表 4.14）。可以看出黑龙江种源内无性系间和临江种源 1 内无性系间药根碱含量差异均不显著（F 值分别为 1.17 和 1.20），而临江种源 2 内无性系间药根碱含量差异达到极显著水平（F 值为 3.67）。

表 4.14 药根碱含量无性系间方差分析

种源	变异来源	自由度	均方	F 值
H1	无性系	31	0.0030	1.17
	误差	63	0.0026	
L1	无性系	29	0.0032	1.20
	误差	60	0.0027	
L2	无性系	21	0.0105	3.67**
	误差	44	0.0029	

进一步对临江种源 2 内无性系间药根碱质量分数进行多重比较（表 4.15）。结果表明药根碱质量分数 L2F12 最高（0.4344mg/g），L2M5、L2F7 和 L2F15 相对较高，与同种源内其他无性系间差异均显著，L2M3、L2F8、L2M2 和 L2M4 较低，L2F3 最低（0.2097mg/g），与 L2F12、L2M5、L2F7 和 L2F15 间存在极显著性差异。无性系间药根碱最高含量是最低含量的 2.07 倍，表明在临江种源 2 内以高药根碱含量为标准选择 L2F12、L2M5、L2F7 和 L2F15 将会获得更大的遗传增益。

表 4.15　临江种源 2 药根碱含量无性系间多重比较

无性系	均值/（mg/g）	显著性	
		0.05	0.01
L2F12	0.4344±0.0724	a	A
L2M5	0.4311±0.0950	ab	A
L2F7	0.3999±0.0186	abc	AB
L2F15	0.3646±0.0897	abcd	ABC
L2F14	0.3498±0.0228	abcde	ABCD
L2M1	0.3370±0.0455	abcdef	ABCD
L2F16	0.3334±0.0747	bcdef	ABCD
L2F10	0.3304±0.0310	bcdef	ABCD
L2F1	0.3148±0.0826	cdefg	ABCD
L2F9	0.3091±0.0600	cdefg	ABCD
L2F6	0.3049±0.0222	cdefg	ABCD
L2F2	0.3006±0.0382	cdefg	ABCD
L2F17	0.2971±0.0198	cdefg	ABCD
L2F11	0.2834±0.0218	defg	BCD
L2F4	0.2832±0.0954	defg	BCD
L2F5	0.2782±0.0137	defg	BCD
L2F13	0.2748±0.0545	defg	BCD
L2M3	0.2581±0.0066	efg	CD
L2F8	0.2494±0.0345	efg	CD
L2M2	0.2480±0.0344	efg	CD
L2M4	0.2423±0.0281	fg	CD
L2F3	0.2097±0.0471	g	D

注：小写字母表示显著水平 a=0.05，大写字母表示显著水平 a=0.01，不同字母表示差异显著。无性系中字母 L 代表临江，其后数字代表林分；F 代表雌无性系，M 代表雄无性系，其后数字代表无性系代号；如 L2F12 为临江林分 2 内第 12 号雌无性系，下同。

4.7.2　无性系间掌叶防己碱含量变异

对同一种源内不同无性系之间掌叶防己碱含量进行分析（表 4.16）。可以看出黑龙江种源内无性系间和临江种源 1 内无性系间掌叶防己碱含量差异均不显著（F 值分别为 1.04 和 0.63），而临江种源 2 内无性系之间掌叶防己碱含量差异达极显著水平（F=2.58）。

表 4.16 掌叶防己碱含量无性系间方差分析

种源	变异来源	自由度	均方	F 值
H1	无性系	31	1.5890	1.04
	误差	63	1.5233	
L1	无性系	29	1.3711	0.63
	误差	60	2.1809	
L2	无性系	21	3.8802	2.58**
	误差	44	1.5060	

进一步对临江种源 2 内无性系间掌叶防己碱质量分数进行多重比较（表 4.17）。结果表明掌叶防己碱质量分数 L2F12 最高（5.7562mg/g），L2F16、L2F7 和 L2F14 较高，与 L2F15、L2M2、L2F8、L2F2、L2F5 和 L2M4 间差异显著，L2F8、L2F2、L2F5 和 L2M4 掌叶防己碱含量较低，L2M4 最低（1.5380mg/g），与 L2F12、L2F16、L2F7 和 L2F14 存在极显著性差异。掌叶防己碱最高含量是最低含量的 3.74 倍。

表 4.17 临江种源 2 掌叶防己碱含量无性系间多重比较

无性系	均值/（mg/g）	显著性	
		0.05	0.01
L2F12	5.7562±0.4890	a	A
L2F16	5.4650±0.4610	ab	AB
L2F7	5.2402±0.5499	abc	ABC
L2F14	5.0755±0.6556	abcd	ABC
L2F10	4.6060±0.4883	abcde	ABCD
L2F1	4.4251±0.6158	abcdef	ABCD
L2M1	4.3620±0.8367	abcdef	ABCD
L2M3	4.3330±2.3785	abcdef	ABCD
L2F4	4.1172±0.3420	abcdef	ABCD
L2M5	3.9030±1.3262	abcdefg	ABCD
L2F11	3.8356±0.8813	abcdefg	ABCD
L2F6	3.7928±0.1416	abcdefg	ABCD
L2F9	3.4708±1.0558	abcdefg	ABCD
L2F3	3.2628±0.8199	bcdefg	ABCD
L2F17	3.0771±0.5574	bcdefg	ABCD
L2F13	2.8282±0.6994	cdefg	ABCD
L2F15	2.7757±0.4338	defg	ABCD

续表

无性系	均值/（mg/g）	显著性	
		0.05	0.01
L2M2	2.7010±0.4332	defg	ABCD
L2F8	2.5140±0.2790	efg	BCD
L2F2	2.4984±0.3227	efg	BCD
L2F5	2.1630±0.0986	fg	CD
L2M4	1.5380±0.3441	g	D

4.7.3　无性系间小檗碱含量变异

对同一种源内不同无性系之间小檗碱含量进行分析（表 4.18）。临江种源 1 内无性系间小檗碱含量差异不显著（F=1.34），黑龙江种源内无性系间和临江种源 2 内无性系间小檗碱含量差异均达极显著水平（F 值分别为 2.01 和 2.93）。

表 4.18　小檗碱含量无性系间方差分析

种源	变异来源	自由度	均方	F 值
H1	无性系	31	1.8247	2.01**
	误差	63	0.9087	
L1	无性系	29	1.9724	1.34
	误差	60	1.4738	
L2	无性系	21	3.3764	2.93**
	误差	44	1.1506	

进一步对不同种源无性系间小檗碱质量分数进行多重比较（表 4.19）。结果表明黑龙江种源内小檗碱质量分数 H1M14 最高，达 4.5174mg/g，与 H1F8、H1F2、H1F5、H1F11 和 H1F3 间差异极显著；H1M13 和 H1F6 较高；H1F2、H1F5 和 H1F11 较低；H1F3 最低（1.3838mg/g），与 H1M14、H1M13 和 H1F6 间差异达极显著水平。最大值是最小值的 3.26 倍。

表 4.19　黑龙江种源小檗碱含量无性系间多重比较

无性系	均值/（mg/g）	显著性	
		0.05	0.01
H1M14	4.5174±1.5757	a	A
H1M13	4.2219±1.2629	ab	AB
H1F6	4.0873±0.8291	abc	AB

无性系	均值/（mg/g）	显著性	
		0.05	0.01
H1M11	3.7710±0.7812	abcd	ABC
H1M16	3.7529±0.9086	abcd	ABC
H1M7	3.4150±1.5494	abcde	ABC
H1F12	3.1448±1.5072	abcdef	ABC
H1F16	3.0851±1.1931	abcdef	ABC
H1M9	3.0809±1.4511	abcdef	ABC
H1M5	3.0221±1.1114	abcdef	ABC
H1M1	2.9992±0.6395	abcdef	ABC
H1M2	2.9127±1.1780	abcdef	ABC
H1M4	2.7582±1.2691	abcdef	ABC
H1M8	2.7528±0.4859	abcdef	ABC
H1F15	2.6084±0.4431	bcdef	ABC
H1M10	2.5932±1.1955	bcdef	ABC
H1M12	2.5378±0.9412	bcdef	ABC
H1F9	2.4832±1.6229	bcdef	ABC
H1F14	2.4605±1.0507	bcdef	ABC
H1F1	2.3344±0.5165	bcdef	ABC
H1F7	2.2742±0.3461	cdef	ABC
H1M3	2.2248±0.5061	def	ABC
H1F10	2.1565±0.3374	def	ABC
H1M6	2.1325±0.6401	def	ABC
H1M15	2.0705±1.0391	def	ABC
H1F13	2.0207±0.4962	def	ABC
H1F4	1.9729±0.6305	def	ABC
H1F8	1.8933±0.3828	def	ABC
H1F2	1.7934±0.1280	ef	BC
H1F5	1.7487±0.3402	ef	BC
H1F11	1.6780±0.3550	ef	BC
H1F3	1.3838±0.1679	f	C

临江种源2内（表4.20），L2F12小檗碱质量分数最高，为6.6410mg/g；L2F15、L2M5和L2F10较高；L2F4、L2F2、L2F16、L2F7、L2F14和L2F8含量较低；L2F3最低，为1.8282mg/g，与L2F12、L2F15、L2M5和L2F10间差异达极显著

水平。小檗碱最高含量是最低含量的 3.63 倍，表明以高质量分数小檗碱为标准在临江种源 2 内选择 L2F12、L2F15、L2M5 和 L2F10 将获得较大的遗传增益。

表 4.20　临江种源 2 小檗碱含量无性系间多重比较

无性系	均值/（mg/g）	显著性	
		0.05	0.01
L2F12	6.6410±1.8725	a	A
L2F15	5.5095±1.7026	ab	AB
L2M5	4.8593±0.4274	abc	ABC
L2F10	4.6688±1.3019	bc	ABC
L2M1	4.5916±0.5281	bcd	ABCD
L2M3	4.2426±2.2286	bcd	ABCD
L2F9	4.2257±1.4837	bcd	ABCD
L2F6	4.1550±0.5263	bcd	ABCD
L2F13	4.0102±1.2459	bcd	ABCD
L2F17	3.8451±0.3690	bcde	BCD
L2F11	3.8312±0.3200	bcde	BCD
L2F5	3.7752±0.5604	bcde	BCD
L2M4	3.5794±0.3906	bcde	BCD
L2M2	3.4279±0.5268	bcde	BCD
L2F1	3.4137±1.4908	bcde	BCD
L2F4	3.1875±1.4416	cde	BCD
L2F2	3.0487±0.6127	cde	BCD
L2F16	2.9278±0.9322	cde	BCD
L2F7	2.8286±0.3588	cde	BCD
L2F14	2.7670±0.5625	cde	BCD
L2F8	2.5138±0.5862	de	CD
L2F3	1.8282±0.6609	e	D

4.7.4　无性系间生物碱总含量变异

对同一种源内不同无性系之间 3 种生物碱总含量进行分析（表 4.21）。黑龙江种源内无性系间和临江种源 1 内无性系间 3 种生物碱总含量差异均不显著（F 值分别为 1.32 和 0.71），而临江种源 2 内无性系间 3 种生物碱总含量差异极显著（F=2.40），表明临江种源 2 内无性系控制 3 种生物碱合成的遗传物质差异较大。

表 4.21 3 种生物碱总含量无性系间方差分析

种源	变异来源	自由度	均方	F 值
H1	无性系	31	3.8984	1.32
	误差	63	2.9507	
L1	无性系	29	3.2636	0.71
	误差	60	4.6125	
L2	无性系	21	9.1593	2.40**
	误差	44	3.8176	

进一步对临江种源 2 内 3 种生物碱总含量进行多重比较（表 4.22），其中，L2F12 的 3 种生物碱总含量最高，为 12.8320mg/g，与同种源内其他无性系间均呈显著性差异，与 L2F4、L2F17、L2F13、L2M2、L2F5、L2F2、L2M4、L2F3 和 L2F8 间差异达极显著水平；L2F10、L2M1 和 L2M5 含量较高；L2M4 和 L2F3 含量较低；L2F8 含量最低，为 5.2770mg/g，与 L2F12、L2F10、L2M1 和 L2M5 间差异达显著水平。3 种生物碱总含量最大值是最小值的 2.43 倍，表明以 3 种生物碱总含量为标准在临江种源 2 内选择 L2F12、L2F10、L2M1 和 L2M5 将获得较大的遗传增益。

表 4.22 临江种源 2 内 3 种生物碱总含量无性系间多重比较

无性系	均值/（mg/g）	显著性	
		0.05	0.01
L2F12	12.8320±3.6180	a	A
L2F10	9.6050±1.7521	b	AB
L2M1	9.2910±1.4103	b	AB
L2M5	9.1930±1.5397	bc	AB
L2M3	8.8340±0.3026	bcd	AB
L2F16	8.7260±1.9163	bcd	AB
L2F15	8.6500±2.2052	bcd	AB
L2F7	8.4690±1.5839	bcd	AB
L2F6	8.2530±0.6759	bcd	AB
L2F14	8.1920±1.1862	bcd	AB
L2F1	8.1540±2.7992	bcd	AB
L2F9	8.0060±2.4940	bcd	AB
L2F11	7.9501±1.1831	bcd	AB
L2F4	7.5880±4.8786	bcd	B

无性系	均值/（mg/g）	显著性	
		0.05	0.01
L2F17	7.2190±0.2081	bcd	B
L2F13	7.1130±1.9652	bcd	B
L2M2	6.3770±0.9879	bcd	B
L2F5	6.2160±0.4762	bcd	B
L2F2	5.8480±0.9461	bcd	B
L2M4	5.3600±0.7533	cd	B
L2F3	5.3010±1.9731	cd	B
L2F8	5.2770±0.8646	d	B

续表

4.8 黄檗无性系间生物碱含量聚类分析

通过整合生物碱含量数据，利用离差平方和法对不同种源内的生物碱含量进行系统聚类分析。

4.8.1 无性系间药根碱含量聚类分析

由图 4.10 可知，黑龙江种源内，H1M14 和 H1M8 聚为高药根碱含量类群，H1F6、H1M2、H1M3、H1M4、H1M5、H1M11 和 H1M13 聚为中间类群，H1F1、H1F2、H1F3、H1F4、H1F5、H1F7、H1F8、H1F9、H1F10、H1F11、H1F12、H1F13、H1F14、H1F15、H1F16、H1M1、H1M6、H1M7、H1M9、H1M10、H1M12、H1M15和 H1M16 聚为低药根碱类群。

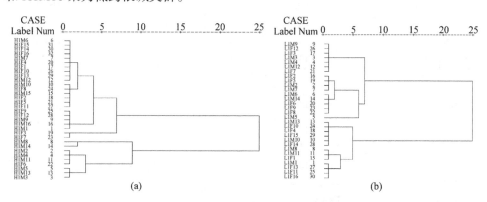

图 4.10　3 个种源药根碱含量聚类分析图

（a）黑龙江种源；（b）临江种源 1；（c）临江种源 2

图中字母 L 代表临江,其后数字代表种源；F 代表雌无性系，M 代表雄无性系，其后数字代表无性系代号；如 L2F12 为临江种源 2 内第 12 号雌无性系，下同

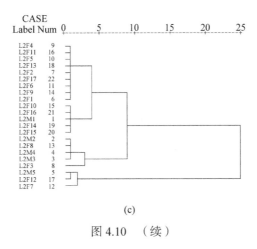

(c)

图 4.10 （续）

　　临江种源 1 内，L1F1、L1F4、L1F10、L1F11、L1F13、L1F14、L1F15、L1F16、L1M1、L1M8、L1M10、L1M11 和 L1M13 聚为高药根碱类群，L1F3、L1F7、L1F12、L1M3、L1M4、L1M9 和 L1M12 聚为中间类群，L1F2、L1F5、L1F6、L1F8、L1F9、L1M2、L1M5、L1M6、L1M7 和 L1M14 聚为低药根碱类群。

　　临江种源 2 内，L2M5、L2F7 和 L2F12 聚为高药根碱类群，L2F1、L2F2、L2F4、L2F5、L2F6、L2F9、L2F10、L2F11、L2F13、L2F14、L2F15、L2F16、L2F17 和 L2M1 聚为中间类群，L2F3、L2F8、L2M2、L2M3 和 L2M4 聚为低药根碱类群。

4.8.2　无性系间掌叶防己碱含量聚类分析

　　由图 4.11 可知，黑龙江种源内，H1F2 和 H1F15 聚为高掌叶防己碱类群，H1F1、H1F4、H1F5、H1F6、H1F8、H1F10、H1F11、H1F12、H1F13、H1F14、H1F16、H1M1、H1M2、H1M3、H1M4、H1M6、H1M7、H1M8、H1M9、H1M11、H1M15 和 H1M16 聚为中间类群，H1F3、H1F7、H1F9、H1M5、H1M10、H1M12、H1M13 和 H1M14 聚为低掌叶防己碱类群。

　　临江种源 1 内，L1F5、L1F6、L1F9、L1F10、L1F12、L1F16、L1M1、L1M3、L1M6、L1M8、L1M9、L1M11 和 L1M14 聚为高掌叶防己碱类群，L1F3、L1F4、L1F7、L1F8、L1F11、L1F13、L1F14、L1F15、L1M2、L1M5、L1M10、L1M12 和 L1M13 聚为中间类群，L1F1、L1F2、L1M4 和 L1M7 聚为低掌叶防己碱类群。

　　临江种源 2 内，L2F7、L2F12、L2F14 和 L2F16 聚为高掌叶防己碱类群，L2F1、L2F4、L2F6、L2F10、L2F11、L2M1、L2M3 和 L2M5 聚为中间类群，L2F2、L2F3、L2F5、L2F8、L2F9、L2F13、L2F15、L2F17、L2M2 和 L2M4 聚为低掌叶防己碱类群。

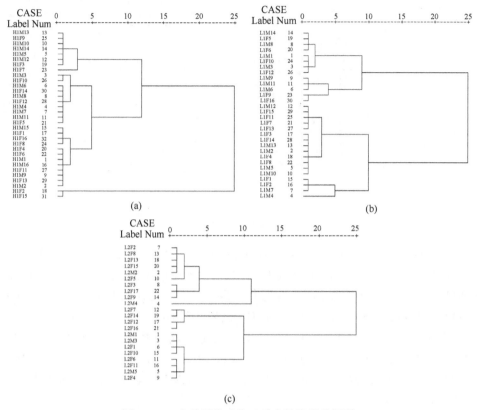

图 4.11　3 个种源掌叶防己碱含量聚类分析图
（a）黑龙江种源；（b）临江种源 1；（c）临江种源 2

4.8.3　无性系间小檗碱含量聚类分析

由图 4.12 可知，黑龙江种源内，H1F6、H1M7、H1M11、H1M13、H1M14 和 H1M16 聚为高小檗碱类群，H1F12、H1F16、H1M1、H1M2、H1M4、H1M5、H1M8 和 H1M9 聚为中间类群，H1F1、H1F2、H1F3、H1F4、H1F5、H1F7、H1F8、H1F9、H1F10、H1F11、H1F13、H1F14、H1F15、H1M3、H1M6、H1M10、H1M12 和 H1M15 聚为低小檗碱类群。

临江种源 1 内，L1F1、L1F6、L1F8、L1F10、L1F11、L1F13、L1F15、L1M1、L1M3、L1M8、L1M10、L1M11 和 L1M13 聚为高小檗碱类群，L1F2、L1F3、L1F4、L1F7、L1F12、L1F14、L1F16、L1M2、L1M4、L1M6、L1M7、L1M9 和 L1M12 聚为中间类群，L1F9、L1F5、L1M14 和 L1M5 聚为低小檗碱类群。

临江种源 2 内，L2F12 和 L2F15 聚为高小檗碱类群，L2F5、L2F6、L2F9、L2F10、L2F11、L2F13、L2F17、L2M1、L2M3 和 L2M5 聚为中间类群，L2F1、L2F2、L2F3、L2F4、L2F7、L2F8、L2F14、L2F16、L2M2 和 L2M4 聚为低小檗碱类群。

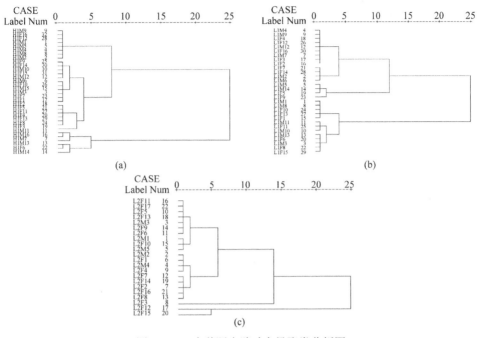

图 4.12　3 个种源小檗碱含量聚类分析图

（a）黑龙江种源；（b）临江种源 1；（c）临江种源 2

4.8.4　无性系间 3 种生物碱总含量聚类分析

由图 4.13 可知, 黑龙江种源内, H1F2、H1F6、H1F10、H1F12、H1F14、H1F15、H1F16、H1M1、H1M2、H1M3、H1M4、H1M6、H1M7、H1M8、H1M9、H1M11、H1M13、H1M14 和 H1M16 聚为高生物碱类群, H1F1、H1F4、H1F5、H1F8、H1F9、H1F11、H1F13、H1M5、H1M10、H1M12 和 H1M15 聚为中间类群, H1F7 和 H1F3 聚为低生物碱类群。

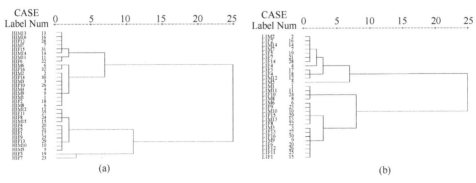

图 4.13　3 个种源总生物碱含量聚类分析图

（a）黑龙江种源；（b）临江种源 1；（c）临江种源 2

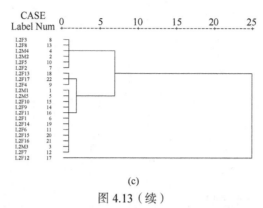

图 4.13（续）

临江种源 1 内，L1F10、L1M1、L1M8 和 L1M11 聚为高生物碱类群，L1F1、L1F6、L1F8、L1F9、L1F11、L1F13、L1F15、L1F16、L1F12、L1M6、L1M3、L1M9、L1M10 和 L1M13 聚为中间类群，L1F2、L1F3、L1F4、L1F5、L1F7、L1F14、L1M2、L1M4、L1M5、L1M7、L1M12 和 L1M14 聚为低生物碱类群。

临江种源 2 内，L2F12 聚为高生物碱类群，L2F1、L2F4、L2F6、L2F7、L2F9、L2F10、L2F11、L2F13、L2F14、L2F15、L2F16、L2F17、L2M1、L2M3 和 L2M5 聚为中间类群，L2F2、L2F3、L2F5、L2F8、L2M2 和 L2M4 聚为低生物碱类群。

4.9　黄檗生物碱含量相关分析

3 种生物碱含量相关性、生物碱含量与生长性状间相关性的材料均取自临江林业局无性系对比林。2016 年 3 月在临江林业局无性系对比林内选择黑龙江种源中雌、雄无性系各 16 个，临江种源 1 中雌无性系 16 个、雄无性系 14 个，临江种源 2 内雌无性系 17 个、雄无性系 5 个，每个无性系选择 3 个重复。

4.9.1　生物碱含量与季节相关性

对不同季节 3 种生物碱含量进行相关分析。药根碱含量在不同季节间呈正相关，但未达显著水平（表 4.23）。

表 4.23　不同季节药根碱含量相关分析

季节	春	夏	秋	冬
春	1			
夏	0.3653	1		
秋	0.4561	0.5142	1	
冬	0.2276	0.3331	0.1671	1

不同季节间掌叶防己碱含量呈正相关但不显著。其中春季与冬季相关系数最

大，达 0.5655（表 4.24）。

表 4.24 不同季节掌叶防己碱含量相关分析

季节	春	夏	秋	冬
春	1			
夏	0.4620	1		
秋	0.4155	0.1166	1	
冬	0.5655	0.3838	0.3112	1

小檗碱含量在春季与冬季间呈弱负相关（$R = -0.0630$），夏季含量与秋季含量间相关系数最大（$R = 0.4667$）（表 4.25）。

表 4.25 不同季节小檗碱含量相关分析

季节	春	夏	秋	冬
春	1			
夏	0.1702	1		
秋	0.2584	0.4667	1	
冬	−0.0630	0.3218	0.3699	1

4.9.2 生物碱含量与时空相关性

3 种生物碱含量与根龄间均呈极显著正相关（表 4.26），说明树根年龄越大生物碱含量越高。药根碱含量木质部与韧皮部间呈极显著正相关（$R=0.9366$），掌叶防己碱和小檗碱含量木质部与韧皮部间均呈显著正相关。

表 4.26 生物碱含量与黄檗根部相关分析

根	药根碱			掌叶防己碱			小檗碱		
	年龄	木质部	韧皮部	年龄	木质部	韧皮部	年龄	木质部	韧皮部
年龄	1			1			1		
木质部	0.9507**	1		0.7763**	1		0.8124**	1	
韧皮部	0.8909**	0.9366**	1	0.8415**	0.7493*	1	0.8649**	0.6841*	1

3 种生物碱含量枝龄间均呈极显著正相关（表 4.27），即枝条年龄越大生物碱含量越高；药根碱含量木质部与韧皮部间呈极显著正相关（$R=0.9742$），掌叶防己碱和小檗碱含量木质部与韧皮部间显著正相关。

表 4.27　生物碱含量与黄檗枝条相关分析

枝条	药根碱			掌叶防己碱			小檗碱		
	年龄	木质部	韧皮部	年龄	木质部	韧皮部	年龄	木质部	韧皮部
年龄	1			1			1		
木质部	0.9721**	1		0.7284**	1		0.9212**	1	
韧皮部	0.9612**	0.9742**	1	0.8296**	0.6089*	1	0.9495**	0.8705*	1

　　对黄檗树干不同高度韧皮部 3 种生物碱含量进行相关分析。结果表明，药根碱含量树干基部与胸径处和 2m 高处均呈显著正相关（表 4.28），胸径和 2m 高处也呈显著正相关（$R=0.7439$）；掌叶防己碱含量树干基部与胸径处和 2m 高处均呈显著正相关，胸径处与 2m 高处呈显著正相关（$R=0.6432$）；小檗碱含量树干基部与胸径处和 2m 高处均呈显著正相关，胸径处与 2m 高处呈显著正相关（$R=0.7066$）。

表 4.28　生物碱含量与树干不同高度相关分析

部位	药根碱			掌叶防己碱			小檗碱		
	基部	胸径	2m	基部	胸径	2m	基部	胸径	2m
基部	1			1			1		
胸径	0.6191*	1		0.7146*	1		0.6215*	1	
2m	0.8439*	0.7439*	1	0.6179*	0.6432*	1	0.6698*	0.7066*	1

4.9.3　3 种生物碱含量相关性

　　对黄檗树干韧皮部 3 种生物碱进行相关分析（表 4.29）。结果表明，药根碱含量与掌叶防己碱和小檗碱含量均呈极显著正相关，相关系数分别为 0.4690 和 0.6924；掌叶防己碱含量与小檗碱含量呈极显著正相关（$R=0.2218$）。

表 4.29　黄檗树干韧皮部 3 种生物碱含量相关分析

生物碱	药根碱	掌叶防己碱	小檗碱
药根碱	1		
掌叶防己碱	0.4690**	1	
小檗碱	0.6924**	0.2218**	1

　　对黄檗根与枝条木质部内 3 种生物碱含量进行相关分析（表 4.30）。根部，掌叶防己碱含量与药根碱含量呈显著正相关（$R=0.7237$），与小檗碱含量呈显著正相

关（R=0.7554），药根碱含量与小檗碱含量间呈显著正相关（R=0.6538）；枝条部，掌叶防己碱含量与药根碱呈显著正相关（R=0.7484），与小檗碱含量呈显著正相关（R=0.6928），药根碱含量与小檗碱含量呈极显著正相关（R=0.9126）。

表 4.30　黄檗木质部生物碱含量相关分析

生物碱	根			枝条		
	药根碱	掌叶防己碱	小檗碱	药根碱	掌叶防己碱	小檗碱
药根碱	1			1		
掌叶防己碱	0.7237*	1		0.7484*	1	
小檗碱	0.6538*	0.7554*	1	0.9126**	0.6928*	1

对黄檗根与枝条韧皮部内 3 种生物碱含量进行相关分析（表 4.31）。根部，掌叶防己碱含量与药根碱含量呈显著正相关（R=0.7317），与小檗碱含量呈显著正相关（R=0.7068），药根碱含量与小檗碱含量呈显著正相关（R=0.7439）；枝条部，掌叶防己碱含量与药根碱含量呈极显著正相关（R=0.8030），与小檗碱呈显著正相关（R=0.7657*），药根碱含量与小檗碱含量呈极显著正相关（R=0.9538）。

表 4.31　黄檗枝条韧皮部生物碱含量相关分析

生物碱	根			枝条		
	药根碱	掌叶防己碱	小檗碱	药根碱	掌叶防己碱	小檗碱
药根碱	1			1		
掌叶防己碱	0.7317*	1		0.8030**	1	
小檗碱	0.7439*	0.7068*	1	0.9538**	0.7657*	1

4.9.4　生物碱含量与生长性状相关性

对临江林业局黄檗无性系对比林各种源生物碱含量和生长性状进行相关分析。黑龙江种源内（表 4.32），3 种生物碱含量与树高、冠幅和侧枝 1~3 年生长量间相关性均不显著；药根碱与地径间呈显著正相关（R=0.2511），与树皮厚度间呈极显著正相关（R=0.3876）；小檗碱与基径间呈显著正相关（R=0.2289），与树皮厚度间呈极显著正相关（R=0.3771）。以上说明黄檗树皮越厚，药根碱和小檗碱含量越高。

表 4.32　生物碱含量与生长性状间相关分析

生物碱	树高	地径	冠幅	树皮厚度	枝条 1 年	枝条 2 年	枝条 3 年
药根碱	−0.0149	0.2511*	0.1691	0.3876**	−0.0493	−0.0640	−0.0116
掌叶防己碱	0.0453	0.2066	0.0022	0.1877	−0.1433	−0.0652	−0.0602
小檗碱	−0.1730	0.2289*	0.2205	0.3771**	−0.0100	0.0841	0.0966

4.10　药用优良无性系选择

不同种源间药根碱、掌叶防己碱、小檗碱含量及 3 种生物碱总含量差异极显著，药根碱、掌叶防己碱、小檗碱含量及 3 种生物碱总含量均为临江种源 2 最高、临江种源 1 次之、黑龙江种源 1 最低。

药根碱含量无性系间差异极显著，L2F12 为药根碱含量较高无性系。掌叶防己碱含量无性系间差异极显著，L2F12 为掌叶防己碱含量较高无性系。小檗碱含量无性系间差异极显著，H1M4 为小檗碱含量较高无性系。3 种生物碱总含量无性系间差异极显著，L2F12 为小檗碱含量较高无性系。

在优良群体中选择优良个体，可以获得更大的遗传增益。通过对黄檗种源间和个体间生物碱含量变异分析，选择总生物碱含量最高的优良个体为临江种源 2 第 12 号雌性单株（L2F12），采取无性繁殖方法形成无性系。

2010～2018 年将黄檗 20 个无性系进行区域试验，共设 5 个试验点，随机区组设计，3 次重复。试验面积共 34 亩，其中临江林业局 7 亩、集安市文利珍稀苗木繁育基地 5 亩、永吉县林木种子站 8 亩、吉林市丰满区瑞鑫林场 5 亩、延边华锐苗木种植有限公司 9 亩。调查生长量，检测生物碱含量。在 5 个区域试验点，L2F12 号无性系（黄檗 1 号）生物碱含量均表现为最高。各试验地点生物碱含量测定结果见表 4.33。

表 4.33　无性系 L2F12 号区域试验结果

序号	地点	面积/亩	生物碱含量增加/%
1	临江林业局	7	16.8
2	集安市文利珍稀苗木繁育基地	5	15.6
3	永吉县林木种子站	8	18.3
4	吉林市丰满区瑞鑫林场	5	19.8
5	延边华锐苗木种植有限公司	9	15.3
平均			17.2

黄檗 1 号优良无性系主要优点：生物碱含量高。

黄檗 1 号优良无性系主要缺点：不耐涝。

黄檗 1 号无性系繁殖方法同黄波罗 1 号（见 3.9.2 节）。

4.11 结论与讨论

1）黄檗生物碱含量季节变化

生物碱含量季节间差异不显著。3 种生物碱含量通常表现为冬季最高，夏季最低。基部和 2m 高处韧皮部 3 种生物碱均表现为冬季>秋季>春季>夏季；胸径处韧皮部掌叶防己碱含量为秋季最高（8.09mg/g），夏季最低（6.79mg/g），冬季高于春季含量 8.1%。这表明不同生物碱含量的季节变化趋势类似。

刘彤等（2013）对不同季节天然黄檗的根皮、茎皮、多年生与当年生枝皮、叶片的小檗碱、药根碱和掌叶防己碱进行了提取和测定，结果表明小檗碱在各器官中季节差异性显著，除了叶片均表现出夏季最低外，春、秋两季差异较小，叶片含量从春到秋依次升高；掌叶防己碱除了中龄和成熟龄多年生枝皮季节差异不显著外，其他器官季节差异均显著或极显著，除叶片以外，各器官秋季含量最高，叶片表现出春季含量最高；药根碱在幼龄和中龄阶段各器官及成熟阶段根皮中含量季节差异显著，其中叶片含量在春季最高，其他器官均表现出夏季含量最低。

2）黄檗生物碱含量部位间差异

3 种生物碱含量韧皮部均显著高于木质部。不同枝龄韧皮部药根碱和小檗碱含量差异极显著，F 值分别为 10.40 和 10.13；不同枝龄韧皮部掌叶防己碱含量差异显著（F=4.3）。不同枝龄木质部药根碱含量差异极显著（F=15.42）。

徐丽娇等（2014）对北纬 40°～50°东北林区的 10 年以下、10～20 年和 20 年以上 3 个龄级组的黄檗样本，测定了其根皮、茎皮、枝皮和叶片的小檗碱、药根碱和掌叶防己碱含量。结果表明，随着年龄的增加，各器官中 3 种生物碱含量均表现出增加的趋势；不同纬度间，各器官小檗碱和药根碱含量均达到显著水平（$P<0.05$），从低纬度到高纬度，大部分器官 2 种生物碱变化表现出先降低后升高的趋势，只有夏季和秋季的茎皮与多年生枝皮药根碱的变化表现出先升高后降低的趋势。

李霞等（2006）对一年生黄檗幼苗不同器官 3 种生物碱分布进行了研究。结果表明，3 种生物碱含量由高到低依次是茎外皮、根和茎木质部，其中茎外皮和茎木质部 3 种生物碱含量在生长过程表现出上升趋势，根中则表现出先升高，到达生长后期又降低的趋势。王洋（2005）对两年生黄檗幼树茎干中 3 种生物碱含量进行了测定，结果表明，小檗碱在韧皮部含量最高，其次是周皮，木质部最低，从树干基部到顶部，韧皮部和周皮小檗碱含量逐渐降低，呈线形相关，木质部始终较低。秦彦杰等（2005）研究表明，两年生黄檗幼树中，小檗碱和药根碱含量均表现出根韧皮部最高，叶片最低，掌叶防己碱表现出茎韧皮部最高，茎周皮最低；黄檗成树中，小檗碱和药根碱的含量均表现出根韧皮部最高、树干韧皮部次之、侧枝韧皮部最低，掌叶防己碱含量表现出树干韧皮部最高、侧枝韧皮部次之、根韧皮部最低。

黄檗体内生物碱在合成、运输和积累等方面既存在相关性也存在独立性。刘彤等（2013）利用反相高效液相色谱法对天然黄檗（10～65 年）多器官中生物碱含量的季节差异进行研究，发现小檗碱含量在根皮、多年生枝、当年生枝和叶中的季节差异显著。徐丽娇等（2014）研究表明，黄檗（20～30 年）不同季节各部位的小檗碱、药根碱含量均表现为根皮>茎皮>多年生枝皮>1 年生枝>叶片，同时发现根皮、茎皮两处的药根碱含量随着季节的推移逐渐升高，且不同地域（纬度）间黄檗各部位的生物碱差异显著。王洋等（2005）研究发现黄檗幼树（2 年）的茎干中，小檗碱含量韧皮部>周皮部>木质部。

3）黄檗生物碱含量性别间差异

3 种生物碱含量雌、雄无性系间差异不显著，说明雌、雄无性系控制这 3 种生物碱的遗传物质差异较小。3 种生物碱含量平均值雌、雄无性系均为临江种源 2 最高。药根碱和小檗碱最高含量均出现在临江种源 2 中；掌叶防己碱最高含量雌无性系出现在临江种源 1 内，雄无性系出现在临江种源 2 内。药根碱和掌叶防己碱最低含量雌、雄无性系均出现在黑龙江种源内；小檗碱最低含量雌无性系出现在黑龙江林分内，雄无性系出现在临江种源 1 内。药根碱最大变异系数雌无性系出现在临江种源 1 内，雄无性系出现在临江种源 2 内；掌叶防己碱和小檗碱最大变异系数均出现在黑龙江种源内。

4）黄檗生物碱含量种源间变异

不同种源间药根碱、掌叶防己碱、小檗碱含量和 3 种生物碱总含量差异极显著，药根碱、3 种生物碱总含量、小檗碱、掌叶防己碱 F 值分别为 67.94、16.51、16.44、4.87。药根碱、掌叶防己碱、小檗碱含量及 3 种生物碱总含量均为临江种源 2 最高，临江种源 1 次之，黑龙江种源最低。

5）黄檗生物碱含量无性系间变异

药根碱含量无性系间差异极显著（$F=3.67$），L2F12、L2F7、L2F15 和 L2M5 为药根碱含量较高无性系。掌叶防己碱含量无性系间差异极显著（$F=2.58$），L2F12、L2F16、L2F7 和 L2F14 为掌叶防己碱含量较高无性系。小檗碱含量无性系间差异极显著，F 值分别为 2.01 和 2.93，H1M4、H1M13、H1F6、L2F12、L2F15、L2M5 和 L2F10 为小檗碱含量较高无性系。3 种生物碱总含量无性系间差异极显著（$F=2.40$），L2F12、L2F10、L2M1 和 L2M5 为小檗碱含量较高无性系。

根据生物碱含量高低进行聚类，将 H1M14、H1M8、L1F1、L1F4、L1F10、

L1F11、L1F13、L1F14、L1F15、L1F16、L1M1、L1M8、L1M10、L1M11、L1M13、L2M5、L2F7 和 L2F12 聚为高药根碱含量类群。H1F2、H1F15、L1F5、L1F6、L1F9、L1F10、L1F12、L1F16、L1M1、L1M3、L1M6、L1M8、L1M9、L1M11、L1M14、L2F7、L2F12、L2F14 和 L2F16 聚为高掌叶防己碱类群。H1F6、H1M7、H1M11、H1M13、H1M14 和 H1M16、L1F1、L1F6、L1F8、L1F10、L1F11、L1F13、L1F15、L1M1、L1M3、L1M8、L1M10、L1M11、L1M13、L2F12 和 L2F15 聚为高小檗碱类群。H1F2、H1F6、H1F10、H1F12、H1F14、H1F15、H1F16、H1M1、H1M2、H1M3、H1M4、H1M6、H1M7、H1M8、H1M9、H1M11、H1M13、H1M14、H1M16、L1F10、L1M1、L1M8 和 L1M11、L2F12 聚为高生物碱类群。

6）黄檗生物碱含量相关性

不同季节黄檗生物碱含量相关性不显著。3 种生物碱含量与年龄间均呈极显著正相关；木质部药根碱含量与韧皮部间呈极显著正相关（$R=0.9366$）；木质部掌叶防己碱和小檗碱含量与韧皮部间均呈显著正相关（$R=0.7493$ 和 $R=0.6841$）。树干韧皮部药根碱含量与掌叶防己碱和小檗碱含量均呈极显著正相关（$R=0.4690$ 和 $R=0.6924$），掌叶防己碱含量与小檗碱含量呈极显著正相关（$R=0.2218$）。根部掌叶防己碱与药根碱和小檗碱含量间均呈显著正相关，药根碱与小檗碱含量间呈显著正相关；枝条木质部掌叶防己碱含量与药根碱和小檗碱含量间均呈显著正相关，药根碱含量与小檗碱含量间呈极显著正相关（$R=0.9126$）。枝条韧皮部，掌叶防己碱含量与药根碱和小檗碱含量极显著正相关（$R=0.803$，$R=0.7657$），药根碱含量与小檗碱含量间呈极显著正相关（$R=0.9538$）。药根碱含量与树干基径和树皮厚度呈显著正相关（$R=0.2511$ 和 $R=0.3876$），小檗碱含量与树干基径和树皮厚度呈显著正相关（$R=0.2289$ 和 $R=0.3771$）。

5　黄檗开花结实规律

黄檗为阔叶乔木，高 10～15m。树皮灰色或灰褐色，有深沟裂，木栓层发达，柔软，内皮鲜黄色。叶对生，羽状复叶，小叶 5～13 片，具短柄，卵状披针形或卵形，长 5～11cm，宽 2～4cm，基部广楔形，先端长渐尖，边缘微波状或具不明显锯齿，疏生缘毛，齿缝间有黄色腺点，表面绿色，背面灰绿色，幼时两面有毛，后无毛，背面主脉基部有白色软毛或无毛。聚伞状花序顶生；花小，单性，雌雄异株；萼片 5 片，花瓣 5，黄绿色，雄花有雄蕊 5 个，比花瓣长 1 倍；雌花子房倒卵形，有柄，5 室，每室有 1 胚珠，花柱短而粗，柱头 5 裂。果实为浆果状核果，球形，成熟时黑色。

吉林省临江林业局金山阔叶树种子园始建于 1999 年，建园优树主要来源于小兴安岭和长白山，园区位于 41°48′N、126°54′E，海拔 793m，年平均气温 1.4℃，年平均降水量 830mm，年平均风速 1.9m/s，无霜期 109 天，属温带大陆性季风气候。园区内土壤为暗棕色森林土，腐殖层厚度>15cm，pH 为 5.5～6.0，呈微酸性。园区内土壤为暗棕色森林土，腐殖层厚度>15cm，pH 为 5.5～6.0，呈微酸性。黄檗种子园面积为 16hm²。

该地区植被属长白山植物区系，地带性植被是以红松为主的针阔混交林。主要乔木树种有红松、红皮云杉、水曲柳、黄檗、胡桃楸、紫椴、蒙古栎、白桦、械树等；主要灌木树种有忍冬、鼠李、青楷械、花械、暴马丁香、榛子、胡枝子等；主要草本植物有薹草、蕨类、木贼等。

种子园总面积为 56.3hm²，共 17 个小区，分别定植黄檗、水曲柳、胡桃楸、蒙古栎和紫椴。种子园内定植黄檗 4 个种源，分别为黑黄Ⅰ、黑黄Ⅱ、临黄Ⅰ和临黄Ⅱ。其中黑黄Ⅰ和黑黄Ⅱ优树来源于黑龙江带岭，黑黄Ⅰ有 16 个雌无性系、15 个雄无性系，黑黄Ⅱ有 15 个雌无性系、12 个雄无性系；临黄Ⅰ优树来源于临江林业局金山林场和大西林场等地，有 16 个雌无性系、14 个雄无性系；临黄Ⅱ优树来源于闹枝林场和西小山林场等地，有 17 个雌无性系、5 个雄无性系。以上4 个种源内的雌、雄无性系分株均大于 20 个。

5.1　黄檗开花特性

无性系花量嵌套设计模型为

$$y_{ijk} = u + a_i + b_{j(i)} + e_{ijk} \qquad (5.1)$$

式中，y_{ijk} 为第 i 个种源内第 j 个无性系的第 k 个分株的花量；u 为一个固定常数，影响模型截距；a_i 为第 i 个种源效应；$b_{j(i)}$ 为第 i 个种源内第 j 个无性系效应，下标 $j(i)$ 为嵌套于第 i 个种源内的第 j 个无性系；e_{ijk} 为误差效应。

嵌套设计中，总方差分量（S_t）分解为种源间方差分量（S_i）、无性系间方差分量（S_j）和个体间方差分量（S_k）。

5.1.1 雌、雄花数量

通过对黄檗种子园内无性系单株花量、单株标准枝数、单枝花序数和单序小花数等调查分析发现，在黑黄 I 内（表 5.1），雌无性系单株花量、单株标准枝数、单枝花序数、单序小花数的平均值分别为 10 006 个、64.54 个、7 个和 22.36 个，其中单株标准枝数变异系数最大（35.7%）；单株花量变幅为 5838～17 715 个。雄无性系各花量性状平均值分别为 37 041 个、69.96 个、7.32 个和 72.28 个，其中单株花量变异系数最大（33.4%），变幅为 21 873～67 574 个。

表 5.1 黑黄 I 雌、雄花数量统计参数

统计参数	雌株				雄株			
	单株花量	单株标准枝数	单枝花序数	单序小花数	单株花量	单株标准枝数	单枝花序数	单序小花数
平均值/个	10 006	64.54	7	22.36	37 041	69.96	7.32	72.28
标准差	3 506	23.02	0.48	2.23	12 401	22.11	0.44	4.69
变异系数/%	35.0	35.7	6.9	9.9	33.4	31.6	6.0	6.5
最大值/个	17 715	117	8	26.33	67 574	113	8.33	81.67
最小值/个	5 838	37	6.33	19	21 873	40	6.67	64

在黑黄 II 内（表 5.2），雌无性系单株花量、单株标准枝数、单枝花序数、单序小花数的平均值分别为 4088 个、29.67 个、6.63 个和 20.76 个，其中单株花量变异系数最大，单株雌花量最大值为 6542 个，最小值为 2578 个，平均值为 4088 个，变幅为 2578～6542 个。雄无性系花量性状平均值分别为 17 852 个、37.29 个、6.88 个和 69.13 个，单株花量变异系数最大，单株雄花量最大值与最小值变幅为 30.4%。

表 5.2　黑黄Ⅱ雌、雄花数量统计参数

统计参数	雌株				雄株			
	单株花量	单株标准枝数	单枝花序数	单序小花数	单株花量	单株标准枝数	单枝花序数	单序小花数
平均值/个	4 088	29.67	6.63	20.76	17 852	37.29	6.88	69.13
标准差	1 111	7.59	0.32	1.08	5 768	11.34	0.49	3.51
变异系数/%	27.2	25.6	4.8	5.2	32.3	30.4	7.1	5.1
最大值/个	6 542	46	7.33	24	28 602	61	8.33	79.33
最小值/个	2 578	20	6	19	8 064	20	6.33	63.67

在临黄Ⅰ内（表 5.3），雌无性系单株花量、单株标准枝数、单枝花序数、单序小花数的平均值分别为 4450 个、31.71 个、6.79 个和 20.61 个，其中单株花量变异系数最大，为 27.3%，变幅为 2407～6720 个。雄无性系各性状平均值分别为 21 469 个、43.25 个、7.14 个和 70.61 个，其中单株标准枝数变异系数最大（28.1%）；单株花量变异系数仅次于单株标准枝数（26.1%），单株花量变幅为13 532～33 288 个。

表 5.3　临黄Ⅰ雌、雄花数量统计参数

统计参数	雌株				雄株			
	单株花量	单株标准枝数	单枝花序数	单序小花数	单株花量	单株标准枝数	单枝花序数	单序小花数
平均值/个	4 450	31.71	6.79	20.61	21 469	43.25	7.14	70.61
标准差	1 217	7.83	0.55	1.15	5 607	12.14	0.82	4.52
变异系数/%	27.3	24.7	8.1	5.6	26.1	28.1	11.5	6.4
最大值/个	6 720	48	7.67	23.33	33 288	63	9.67	77.67
最小值/个	2407	19	6	18.67	13 532	21	6	62

在临黄Ⅱ内（表 5.4），雌无性系单株花量、单株标准枝数、单枝花序数、单序小花数的平均值分别为 2802 个、19.67 个、7.03 个和 20.19 个，其中单株雌花量变异系数最大（36%），单株雌花量变幅为 1180～5300 个。雄无性系各花量性状平均值分别为 8371 个、19 个、6.87 个和 63.89 个，其中单株雄花量变异系数最大（53%），变幅为 3111～15 311 个。4 个种源内，无性系单株雄花量均远大于单株雌花量，可以为雌花提供充足的花粉，提高雌花授粉率，促进种子园结实。

表 5.4 临黄Ⅱ雌、雄花数量统计参数

统计参数	雌株				雄株			
	单株花量	单株标准枝数	单枝花序数	单序小花数	单株花量	单株标准枝数	单枝花序数	单序小花数
平均值/个	2 802	19.67	7.03	20.19	8 371	19	6.87	63.89
标准差	1 010	6.77	0.53	0.97	4 438	9.61	0.5	3.84
变异系数/%	36	34.4	7.5	4.8	53	50.6	7.3	6.0
最大值/个	5 300	34	8.33	22.33	15 311	35	7.67	72.33
最小值/个	1 180	9	6.33	18	3 111	7	6	56

5.1.2 种源间雌、雄花数量变异

通过对不同种源以及嵌套在群组内的不同无性系单株花量、单株标准枝数、单枝花序数和单序小花数分别进行方差分析和方差分量计算（表 5.5）。结果表明，无性系单株花量和单株标准枝数种源间差异均达到极显著水平，说明不同种源决定单株花量及单株标准枝数的遗传物质差异较大；而单枝花序数和单序小花数种源间均差异不显著，说明种源间控制这两个性状的遗传物质差异较小。

表 5.5 雌、雄花数量种源间方差分析

性状	变异来源	雌株			雄株		
		自由度	均方	F 值	自由度	均方	F 值
单株花量	种源	3	244 608 789	394.33**	3	2 870 967 485	230.87**
	无性系	28	11 749 905.3	18.94**	28	183 183 543	14.73**
	误差	64	620 307		64	12 435 688	
单株标准枝数	种源	3	8 353.485 82	140.64**	3	8 861.9	428.09**
	无性系	28	514.962 8	8.67**	28	707.11	34.16**
	误差	64	59.394 87		64	20.701 15	
单枝花序数	种源	3	1.898 148 15	0.9	3	2.67	1.08
	无性系	28	0.669 642 86	0.32	28	0.97	0.39
	误差	256	2.109 375		256	2.47	
单序小花数	种源	3	22.244 213	2.36	3	109.25	1.05
	无性系	28	6.236 607 1	0.66	28	46.29	0.44
	误差	256	9.443 578		256	104.35	

进一步对不同种源单株花量进行多重比较（图 5.1）。可以看出，黑黄Ⅰ雌无性系单株花量最大，为 10 006 个，且与其他种源间单株花量差异均达到显著水平；除临黄Ⅰ与黑黄Ⅱ差异不显著外，其余种源间差异均达到显著水平。黑黄Ⅰ雄无性系单株花量最大，为 37 041 个，且与其他种源单株花量差异均达到显著水平；其余种源间单株花量差异也均达到显著水平。

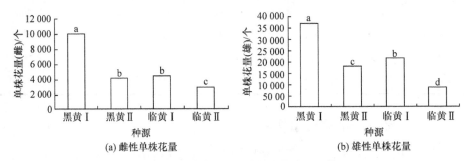

图 5.1　种源间无性系单株花量多重比较

黑黄Ⅰ代表黄檗黑龙江种源 1，其他类同；图中 a、b、c 字母表示差异显著性，字母相同的表明差异不显著，字母不同表明差异显著。下同

对不同种源单株标准枝数进行多重比较（图 5.2）。可以看出，黑黄Ⅰ雌无性系单株标准枝数最大（64.5 个），且与其他种源间差异均达到了显著水平；除黑黄Ⅱ和临黄Ⅰ雌无性系单株标准枝数差异不显著外，其余种源间差异均达到显著水平。黑黄Ⅰ雄无性系单株标准枝数最大（70 个），种源间雄无性系单株标准枝数差异也均达到显著水平，表明种源间控制该性状的遗传物质差异较大。

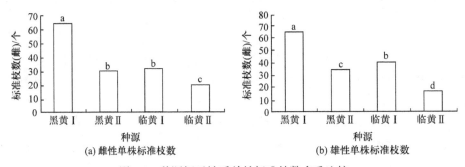

图 5.2　种源间无性系单株标准枝数多重比较

5.1.3　无性系间雌、雄花数量特征差异

通过对 4 个种源内不同无性系单株花量、单株标准枝数、单枝花序数和单序小花数分别进行方差分析。可以看出，黑黄Ⅰ内（表 5.6），雌、雄株单株花量、单株标准枝数无性系间差异性均达到极显著水平；雌、雄株单枝花序数和单序小花数无性系间均差异不显著。

表 5.6 黑黄 I 雌、雄花数量无性系间方差分析

性状	变异来源	自由度	雌株		雄株	
			均方	F 值	均方	F 值
单株花量	无性系	7	37 193 223.3	26.57**	450 227 641	18.7**
	误差	16	1 399 993.3		24 078 691	
单株标准枝数	无性系	7	1 690.9	76.86**	1 538.8	52.68**
	误差	16	22		29.2	
单枝花序数	无性系	7	1.01	0.47	0.39	0.17
	误差	64	2.14		2.38	
单序小花数	无性系	7	18.5	1.62	34.6	0.35
	误差	64	11.4		98.2	

黑黄 II 内（表 5.7），雌、雄株单株花量无性系间差异性均达到极显著水平；雄株单株标准枝数无性系间差异性均达到极显著水平；其余性状无性系间均差异不显著。

表 5.7 黑黄 II 雌、雄花数量无性系间方差分析

性状	变异来源	自由度	雌株		雄株	
			均方	F 值	均方	F 值
单株花量	无性系	7	3 410 337.2	12.03**	91 190 862.9	11.5**
	误差	16	283 411.7		7 927 821.7	
单株标准枝数	无性系	7	37.8	0.57	381.3	21.04**
	误差	16	66.4		18.1	
单枝花序数	无性系	7	0.6	0.35	0.3	0.15
	误差	64	1.7		1.9	
单序小花数	无性系	7	5.6	0.56	46.4	0.43
	误差	64	10.1		107.6	

临黄 I 内（表 5.8），雌、雄株单株花量无性系间差异性均达到极显著水平；雄株单株标准枝数无性系间差异性均达到极显著水平；其余性状无性系间均差异不显著。

表 5.8　临黄 I 雌、雄花数量无性系间方差分析

性状	变异来源	自由度	雌株		雄株	
			均方	F 值	均方	F 值
单株花量	无性系	7	3 723 505	7.42**	79 342 827.5	7.57**
	误差	16	501 585		10 479 568.4	
单株标准枝数	无性系	7	40.9	0.59	447.5	27.97**
	误差	16	69.4		16	
单枝花序数	无性系	7	0.6	0.22	0.5	0.29
	误差	64	2.7		1.7	
单序小花数	无性系	7	5.1	0.7	72.1	0.94
	误差	64	7.2		77.1	

临黄 II 内（表 5.9），雌、雄株单株花量、单株标准枝数无性系间差异性均达到极显著水平；雌、雄株单枝花序数和单序小花数无性系间均差异不显著。不同无性系单株花量和单株标准枝数差异极显著，说明单株花量主要受无性系的遗传控制；而单枝花序数和单序小花数无性系间差异不显著，说明不同无性系控制这两个性状的基因型差异不大。此外，气温、降雨等气候因素也会对种子园内母树开花产生影响。

表 5.9　临黄 II 雌、雄花数量无性系间方差分析

性状	变异来源	自由度	雌株		雄株	
			均方	F 值	均方	F 值
单株花量	无性系	7（4）	2 672 555.8	9.02**	58 564 810.5	14.11**
	误差	16（10）	296 239.1		4 149 261.4	
单株标准枝数	无性系	7（4）	127.6	12.6**	276.1	14.74**
	误差	16（10）	10.1		18.7	
单枝花序数	无性系	7（4）	0.6	0.22	0.9	0.27
	误差	64（40）	2.9		3.4	
单序小花数	无性系	7（4）	3.7	0.6	56.3	0.54
	误差	64（40）	6.3		104.8	

注：括号内为临黄 II 内雄无性系各性状自由度。

进一步对 4 个种源内不同无性系雌株单株花量分别进行多重比较（图 5.3）。可以看出，黑黄 I 内，有 3 个雌无性系花量大于平均值，其中 H1F8 号无性系花量最多，并与其他无性系花量均差异显著；黑黄Ⅱ内，有 4 个无性系花量大于平均值，其中 H2F3 号无性系花量最多；临黄Ⅰ内，有 4 雌个无性系花量大于平均值，其中 L1F1 号无性系花量最多；临黄Ⅱ内，有 4 个雌无性系花量大于平均值，其中 L2F1 号无性系花量最多，且与其他无性系（L2F2 号除外）差异显著。

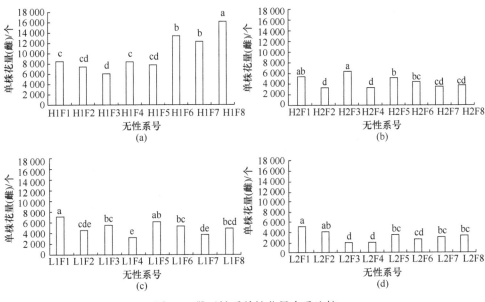

图 5.3 雌无性系单株花量多重比较

（a）黑黄Ⅰ；（b）黑黄Ⅱ；（c）临黄Ⅰ；（d）临黄Ⅱ

黄檗种源内不同无性系单株雄花量平均值分别为 21 469.3 个、8371.4 个、37 041.2 个和 17 852.3 个（图 5.4）。黑黄Ⅰ内，有 3 个雄无性系花量大于平均值，其中 H1M2 号雄无性系花量最多，且与其他无性系花量差异均达到显著水平；黑黄Ⅱ内，有 5 个雄无性系花量大于平均值，其中 H2M5 号雄无性系花量最多，除与 H2M1 和 H2M4 号雄无性系花量差异不显著外，与其他无性系花量差异均达到显著水平；临黄Ⅰ内，有 4 个雄无性系花量大于平均值，其中 L1M5 号雄无性系花量最多，除与 L1M8、L1M4 和 L1M2 号无性系花量差异不显著外，与其他无性系花量差异均显著；临黄Ⅱ内，有 2 个雄无性系花量大于平均值，其中 L2M1 号雄无性系花量最多，除与 L2M2 号雄无性系花量差异不显著外，与其他无性系花量差异均达到显著水平。种子园内无性系单株花量均未高于所在区组平均值的 2 倍，其中仅有 H1F8、L2F1、H1M2 和 L2M1 号无性系单株花量大于其所在区组平均值的 1.5 倍，说明种子园内单株花量虽因无性系间遗传因素而有所差异，但并没有构成个别无性系花量的垄断现象，即没有出现"霸王树"的传粉现象。

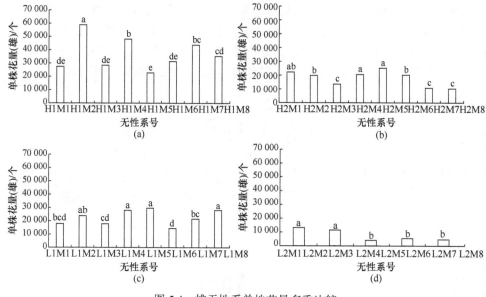

图 5.4 雄无性系单株花量多重比较

（a）黑黄Ⅰ；（b）黑黄Ⅱ；（c）临黄Ⅰ；（d）临黄Ⅱ

5.1.4 雌、雄花数量方差分量分析

根据嵌套设计，将种子园内雌、雄花各数量特征的表型变异进行分解（表 5.10）。结果发现，种子园内雌、雄花各数量特征中，种源间平均表型方差变量占总变异的 42.36%，无性系间方差分量占总变异的 19.38%。无性系单株花量和单株标准枝数种源间方差分量百分比均大于 60%，无性系单枝花序数和单序小花数个体间方差分量百分比均大于 60%。除雄无性系单枝花序数种源间方差分量小于无性系间外，其余花量性状种源间方差分量均大于无性系间。无性系花量性状方差分量结果表明，导致无性系单株花量和单株标准枝数差异的主要来源是种源项，种源和无性系对单枝花序数和单序小花数影响较小。

表 5.10 无性系花量性状方差分量

花量性状	方差分量			方差分量百分比/%		
	S_i	S_j	S_k	S_i	S_j	S_k
单株花量（♀）	9 702 453	3 709 866	620 307	69.14	26.44	4.42
单株标准枝数（♀）	357.54	172.42	16.24	65.46	31.57	2.97
单枝花序数（♀）	0.026 9	−0.006	0.232 6	10.38	0	89.62
单序小花数（♀）	0.79	0.27	1.86	27.14	9.2	63.66
单株花量（♂）	124 913 036	56 915 951	12 435 688	64.3	29.3	6.4

续表

花量性状	方差分量			方差分量百分比/%		
	S_i	S_j	S_k	S_i	S_j	S_k
单株标准枝数（♂）	378.99	228.8	20.7	60.3	36.4	3.3
单枝花序数（♂）	0.025 2	0.073	0.284 8	6.59	19.06	74.35
单序小花数（♂）	9.793 6	0.845 2	16.885	35.58	3.07	61.35
均值				42.36	19.38	38.26

5.1.5 雌、雄花在树冠上的分布

对黄檗种源黑黄Ⅰ内不同冠层和不同方位的花量差异进行分析（表5.11）。结果发现，冠层间和不同方位之间花量差异均达到显著水平，说明冠层和方位对雌、雄花在树冠上的分布影响较大。

表 5.11 雌、雄花在树冠上的分布方差分析

变异来源	自由度	雌株		雄株	
		均方	F 值	均方	F 值
冠层间	1	15 553 903.5	25.04**	163 544 133.7	65.51**
方位间	3	2 335 104.34	3.76*	12 455 740.3	4.99**
误差	59	621 107.77		2 496 477.2	

为了解种子园内雌、雄花在树冠上的分布特征，对种子园黑黄Ⅰ内不同无性系树冠上、下两层，东、南、西、北4个方向的花量分布进行分析（图5.5）。可以看出，两性花量在树冠上的分布均表现出，树冠上层明显多于树冠下层，不同方向花量由多到少依次为南、西、东、北。其中，雌花分布在树冠上层和下层的花量平均值分别为1931.1个和945.1个，冠层内花量 C（上）：C（下）=1：0.49；在东、南、西、北4个方向上花量的平均值分别为1182.4个、1953.3个、1500.4个和1116.5个，不同方向上的花量 D（东）：D（南）：D（西）：D（北）=1：1.65：1.26：0.94。

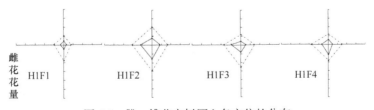

图 5.5 雌、雄花在树冠上各方位的分布

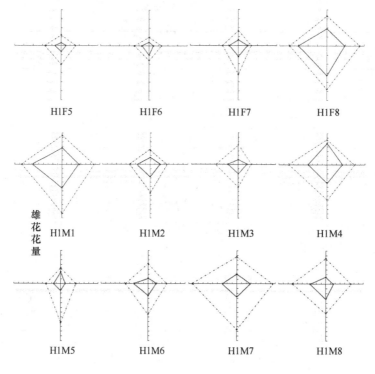

树冠下部 ——；树冠上部 ·····；1000个 —┼—

图 5.5　（续）

　　雄花分布在树冠上层和下层的花量平均值分别为 5869.7 个和 2672.6 个,冠层内花量 C（上）：C（下）=1：0.46;在东、南、西、北 4 个方向上花量的平均值分别为 3556.9 个、5297.4 个、4716.8 个和 3513.8 个,不同方向上的花量 D（东）：D（南）：D（西）：D（北）=1：1.49：1.33：0.99。黄檗雌、雄花在树冠上的这种分布,主要受光照条件与自身营养条件的影响,是长期自然选择的结果。根据种子园内雌、雄花在树冠上的分布特征,可对树体进行相应的疏枝,增强冠层内的通风透光性,进一步提高种子园内种子的产量。

　　进一步对不同方向花量进行多重比较（图 5.6）。结果发现,在树冠上南侧雌

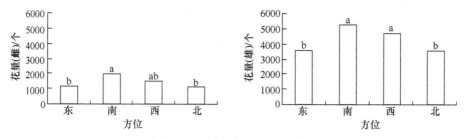

图 5.6　不同方位花量多重比较

花花量最多，且除与西侧花量差异不显著外，与其他方向差异均达到显著水平；东侧、西侧和北侧方位间差异均不显著。树冠上南侧雄花花量最多，其中除南侧和西侧，以及东侧和北侧花量差异不显著外，其余方位间花量均达到显著水平。

5.1.6　小结

1）花量变异

黄檗单株花量和单株标准枝数的变异系数较大，单枝花序数和单序小花数变异系数较小；无性系单株雄花量大于单株雌花量。单株花量和单株标准枝数种源间差异均达到极显著水平。黑黄Ⅰ单株雌花量最多，显著高于其他种源单株花量；黑黄Ⅰ单株雄花量最多，与其他种源单株花量均达到显著水平。黑黄Ⅰ雌、雄单株标准枝数最多，与其他种源间差异均达到了显著水平。

单株花量无性系间差异均达到显著水平，说明控制单株花量的遗传物质差异较大。单株花量和单株标准枝数种源间方差分量百分比均大于无性系间和个体间，说明单株花量和单株标准枝数变异主要来源于种源。

2）空间分布

种子园内雌、雄花花量在树冠上的分布差异均达到显著水平，说明光照条件对单株花量的影响较大。雌、雄花在树冠上层的分布大于树冠下层，4 个方向花量由多到少分别为南、西、东和北。

5.2　黄檗花期同步性分析

在种源黑黄Ⅰ和临黄Ⅰ内分别选择雌、雄各 10 个无性系，每个无性系选 3 个分株，按东、南、西、北 4 个方向，在树冠上、下两层各标记 1 个花序，观察并记录每日的开花频率；在开花期间，随机选择并标记尚未开花的雌、雄花各 30 朵，观察并记录其开花状态。

从 2014 年 5 月 24 日开始，每天测量花序长度，直到花序停止伸长生长。从花序上小花刚形成时到开花结束，测量小花中间直径。雌花以萼片裂开、柱头露出为开始开花，萼片干枯掉落、柱头萎缩为开花结束；雄花以萼片裂开，花药露出为开始开花，花药干褐或花朵脱落为开花结束。单株水平以每株的第一朵花开的日期为开花始期，开花数大于 30% 为开花盛期，开花数小于 30% 为开花末期。群体水平以 25% 的个体开花时视为开花始期，50% 的个体开花时视为群体开花盛期，95% 的植株开花结束时视为群体开花末期。

无性系间花期同步指数为

$$\mathrm{PO}_{ij} = \sum_{k=1}^{n} \min(M_{ki}, P_{kj}) \bigg/ \sum_{k=1}^{n} \max(M_{ki}, P_{kj}) \qquad （5.2）$$

式中，PO_{ij} 为第 i 个雄无性系与第 j 个雌无性系间的花期同步指数；M_{ki} 为第 i 个雄无性系在第 k 天的开花频率；P_{kj} 为第 j 个雌无性系在第 k 天的开花频率；n 为 i 和 j 无性系最早开花至最晚结束的天数。当雌、雄两个亲本的花期完全重叠时，$PO_{ij} = 1$，完全不重叠时 $PO_{ij} = 0$，部分重叠时 $0 < PO_{ij} < 1$。

　　开花日期统计参考 Pickering 的方法，在本研究中，以 2014 年 6 月 1 日为第 1 天（计为 1），6 月 2 日为第 2 天（计为 2），依此类推。

5.2.1　花序形成

　　通过对黄檗花序伸长生长的调查发现，花序的伸长生长过程呈逐渐上升趋势，于 6 月 9 日前后伸长生长结束（图 5.7）。其中黄檗种源黑黄 I 内，雌花序平均伸长生长速率为 0.40cm/d，单日最大生长量为 0.59cm，花序平均长度和着生小花数分别为 9.41cm 和 21.8 个；雄花序平均伸长生长速率为 0.37cm/d，单日最大生长量为 0.61cm，花序平均长度和着生小花数分别为 9.83cm 和 74.4 个。临黄 I 内，雌花序平均伸长生长速率为 0.37cm/d，单日最大生长量为 0.63cm，花序平均长度和着生小花数分别为 8.15cm 和 20.5 个；雄花序平均伸长生长速率为 0.39cm/d，单日最大生长量为 0.72cm，花序平均长度和着生小花数分别为 9.39cm 和 69.9 个。花序伸长生长的同时在花轴上逐渐形成分支，分支上形成聚伞花序，整个花序为聚伞状圆锥花序。

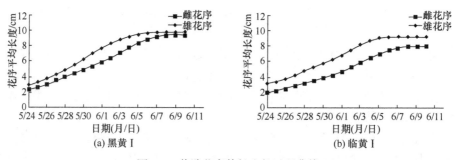

图 5.7　黄檗花序伸长生长过程曲线

5.2.2　开花过程

　　在单花、花序、单株和无性系群体水平上，对种子园内母树开花过程进行了调查。单花水平（图 5.8），雌花刚形成时顶端较尖，中间直径 0.86～1.24mm；开花前雌花顶端萼片裂开，中间直径 2.02～2.48mm；1 天后，柱头从裂开的萼片中露出，露出后开始授粉；2～3 天后，萼片枯黄掉落，柱头萎缩，进入果期，中间直径为 3.16～4.24mm。雄花刚形成时中间直径为 1.04～1.68mm；开花前雄花顶端萼片裂开，中间直径为 3.46～5.12mm；1h 内花丝伸长，花药完全裸露，之后花药表皮开裂，开裂方式为纵裂；4～5h 内散粉结束，花药干枯萎缩。

图 5.8 黄檗开花进程图（彩图请扫封底二维码）

（a）雌花开花前；（b）雌花开花时；（c）雌花开花后（果期）；（d）雄花开花前；（e）雄花开花时；
（f）雄花开花后

花序水平上，雌花序可授粉时间为 3～5 天，雄花序散粉时间为 2～3 天。单株水平上，雌株可授粉时间为 10～14 天，雄株散粉时间为 10～15 天。无性系群体水平上（图 5.9），黑黄Ⅰ内，雌无性系可授粉时间为 17 天，于 6 月 10 日达到无性系群体最大开花频率，持续 4 天后开始下降；雄无性系散粉时间为 20 天，于 6 月 12 日达到无性系群体最大开花频率，持续 3 天后开始下降。临黄Ⅰ内，雌无性系可授粉时间和雄无性系散粉时间分别为 16 天和 18 天，分别于 6 月 11 日和 6 月 10 达到无性系群体最大开花频率，并于 6 月 15 日同时开始下降。种子园两个种源内，雌、雄无性系最大开花频率持续时间均较短，表现出集中的开花模式，一般雄无性系开花时间比雌无性系早。

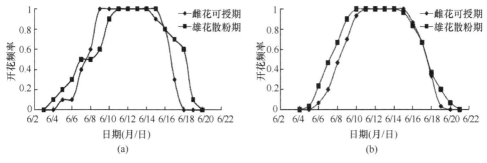

图 5.9 黄檗雌花可授期和雄花散粉期

（a）黑黄Ⅰ；（b）临黄Ⅰ

5.2.3 无性系花期分类

　　通过对各无性系花期的变化规律进行分析（图5.10）。可以看出，黄檗种源黑黄Ⅰ内，雌无性系开花始期、开花盛期和开花末期平均持续时间分别为3.4天、5.8天和2.4天，其中H1F1号雌无性系开花最早，并且最早达到开花盛期和开花末期；H1F6号雌无性系开花最晚，并且最晚达到开花盛期和开花末期；雄无性系开花始期、开花盛期和开花末期平均持续时间分别为3.4天、6.9天和2.4天，其中H1M10号雄无性系开花最早，并且最早达到开花盛期和开花末期；H1M2号雄无性系开花最晚，并且最晚达到开花盛期；H1M3号雄无性系最晚进入开花末期。临黄Ⅰ内，雌无性系开花始期、开花盛期和开花末期平均持续时间分别为3.4天、5.8天和2.9天，其中L1F7号雌无性系开花最早，并且最早达到开花盛期，且同时与L1F5号无性系最早进入开花末期；L1F6号雌无性系开花最晚，并且最晚达到开花盛期和开花末期；雄无性系开花始期、开花盛期和开花末期平均持续时间分别为3.7天、6.6天和2.8天，其中L1M1号无性系开花最早，并且最早达到开花盛期和开花末期；L1M10号无性系开花最晚，并且与L1M7和L1M3号无性系同时最晚达到开花盛期，与L1M7号无性系同时最晚进入开花末期。

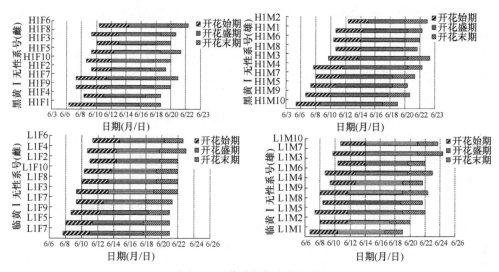

图5.10　黄檗花期变化规律

　　在此基础上，对种子园无性系开花始期、开花盛期和开花末期进行方差分析（表5.12、表5.13）。结果表明，黑黄Ⅰ内各花期不同无性系异性均达到极显著水平，临黄Ⅰ内各花期无性系间差异也均达到极显著水平。黄檗各花期无性系间差异显著，说明不同无性系决定各花期的遗传物质差异较大，通过选择可减少无性系间授粉障碍，提高种子园母树的产量。

表5.12 黑黄Ⅰ无性系间各花期方差分析

性状	变异来源	自由度	雌株		雄株	
			均方	F值	均方	F值
开花始期	无性系	9	4.9963	8.33**	9.9296	12.41**
	误差	20	0.6		0.8	
开花盛期	无性系	9	4.6929	5.13**	12.9481	27.75**
	误差	20	0.9667		0.4667	
开花末期	无性系	9	3.7185	5.58**	4.6815	8.78**
	误差	20	0.6667		0.5333	

表5.13 临黄Ⅰ无性系间各花期方差分析

性状	变异来源	自由度	雌株		雄株	
			均方	F值	均方	F值
开花始期	无性系	9	4.7	8.81**	4.9963	8.82**
	误差	20	0.5333		0.5667	
开花盛期	无性系	9	4.7444	6.78**	4.7444	8.9**
	误差	20	0.7		0.5333	
开花末期	无性系	9	2.5963	4.58**	5.7074	6.59**
	误差	20	0.5667		0.8667	

进一步对黑黄Ⅰ和临黄Ⅰ内无性系开花始期和开花盛期进行多重比较（表5.14、表5.15）。结果表明，在开花始期时，黑黄Ⅰ内雌无性系中，最早开花的H1F1号无性系，除了与H1F7号和H1F9号无性系差异不显著外，与其他雌无性系差异均显著；黑黄Ⅰ雄无性系中最早开花的H1M10号无性系，与其他雄无性系（除H1M9号以外）均差异显著。在开花盛期时，黑黄Ⅰ雌无性系中，最早达到开花盛期的H1F1号无性系，与H1F4号、H1F7号和H1F9号无性系开花盛期差异不显著，H1F1号无性系与其他雌无性系开花盛期均差异显著；黑黄Ⅰ雄无性系中，最早达到开花盛期的H1M10号无性系与其他雄无性系开花盛期均差异显著。

表5.14 黑黄Ⅰ内无性系开花始期和开花盛期多重比较

无性系号（♀）	开花始期	开花盛期	无性系号（♂）	开花始期	开花盛期
H1F1	6a	10a	H1M1	10a	14a
H1F2	9cd	12bc	H1M2	11a	15a
H1F3	10d	13cd	H1M3	10a	14a

续表

无性系号（♀）	开花始期	开花盛期	无性系号（♂）	开花始期	开花盛期
H1F4	8bc	11ab	H1M4	8b	12b
H1F5	9cd	12bc	H1M5	7b	11bc
H1F6	10d	14d	H1M6	10a	14a
H1F7	7ab	11abc	H1M7	8b	11b
H1F8	9cd	13cd	H1M8	10a	14a
H1F9	7ab	11abc	H1M9	7bc	10c
H1F10	9c	12bc	H1M10	5c	9d

表5.15　临黄Ⅰ内无性系开花始期和开花盛期多重比较

无性系号（♀）	始期	盛期	无性系号（♂）	始期	盛期
L1F1	8.3cd	11.7bc	L1M1	5.7a	9.3a
L1F2	10.0ab	13.3a	L1M2	7.0bc	10.7b
L1F3	8.3cd	12.3ab	L1M3	9.3fg	13.0c
L1F4	9.7ab	13.3a	L1M4	8.3def	11.7b
L1F5	7.0e	10.3cd	L1M5	6.3ab	11.7b
L1F6	10.3a	13.7a	L1M6	7.7cde	11.7b
L1F7	6.7e	10.0d	L1M7	8.7efg	13.0c
L1F8	9.0bc	12.3ab	L1M8	7.3bcd	10.7b
L1F9	7.7de	11.3bcd	L1M9	7.0bc	10.7b
L1F10	9.3abc	12.7ab	L1M10	9.7g	13.0c

在临黄Ⅰ内，雌无性系中，最早开花的 L1F7 号无性系与其他雌无性系均差异显著，与 L1F5 和 L1F9 号无性系差异不显著；临黄Ⅰ雄无性系中，开花最早的 L1M1 号无性系与其他雄无性系（L1M5 号除外）均差异显著。临黄Ⅰ雌无性系中，最早达到开花盛期的 L1F7 号无性系与 L1F5 号和 L1F9 号无性系开花盛期差异不显著，与其他雌无性系开花盛期均差异显著；临黄Ⅰ雄无性系中，L1M1 号无性系与其他雄无性系均差异不显著。无性系之间花期差异不显著，表明花期同步性好，意味着两者控制花期的遗传物质接近；花期差异显著，花期同步性不好，说明两者控制花期的基因型差异较大。

分别以开花始期、开花盛期对无性系进行聚类分析（图5.11），将雌、雄无性系分别聚为早花类群、中花类群和晚花类群，有利于对无性系进行管理。结果表明，分别以两个花期为依据，聚类分析结果相似。其中在黑黄Ⅰ内，以开花始期为依据时，H1F4 和 H1F8 号雌无性系及 H1M9 号雄无性系被聚成中花类群；以开花盛期为依据时，H1F4 号雌无性系和 H1M9 号雄无性系被聚成早花类群，H1F8

号雌无性系被聚成晚花类群；其余无性系聚类结果相同。在临黄Ⅰ内，以开花始期为依据时，L1F8 号和 L1F10 号雌无性系均被聚为晚花类群，L1M4 号和 L1M5 号雄无性系分别被聚为晚花类群和早花类群；以开花盛期为依据时，L1F8 号和 L1F10 号雌无性系均被聚为中花类群，L1M4 号和 L1M5 号雄无性系均被聚为中花类群。

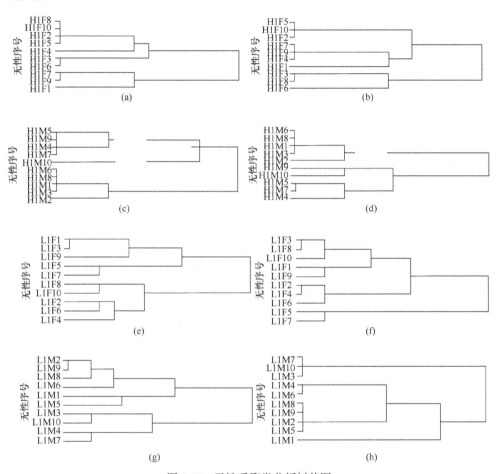

图 5.11　无性系聚类分析树状图

（a）黑黄Ⅰ雌无性系开花始期；（b）黑黄Ⅰ雌无性系开花盛期；（c）黑黄Ⅰ雄无性系开花始期；（d）黑黄Ⅰ雄无性系开花盛期；（e）临黄Ⅰ雌无性系开花始期；（f）临黄Ⅰ雌无性系开花盛期；（g）临黄Ⅰ雄无性系开花始期；（h）临黄Ⅰ雄无性系开花盛期

以开花盛期为依据，将黑黄Ⅰ内的 H1F1、H1F4、H1F9 和 H1F7 号雌无性系聚为早花类群，H1F10、H1F2 和 H1F5 号雌无性系聚为中花类群，H1F3、H1F6 和 H1F8 号雌无性系聚为晚花类群；将 H1M10 和 H1M9 号雄无性系聚为早花类群，H1M5、H1M7 和 H1M4 号雄无性系聚为中花类群，H1M1、H1M2、H1M3、

H1M6 和 H1M8 号雄无性系聚为晚花类群。将临黄Ⅰ内的 L1F5 号 L1F7 号雌无性系聚为早花类群，L1F3、L1F8、L1F10、L1F1 和 L1F9 号雌无性系聚为中花类群，L1F2、L1F4 和 L1F6 号雌无性系聚为晚花类群；将 L1M1 号雄无性系聚为早花类群，L1M2、L1M5、L1M8、L1M9、L1M4 和 L1M6 号雄无性系聚为中花类群，L1M3、L1M7 和 L1M10 号雄无性系聚为晚花类群。

5.2.4　雌、雄株花期同步指数分析

通过对无性系间花期同步指数计算（表 5.16、表 5.17），掌握无性系组合间花期同步情况。在黑黄Ⅰ内 100 对无性系组合中，花期同步指数平均值为 0.525，其中 H1F1 号雌无性系与 H1M9 号雄无性系的花期同步指数最大，为 0.89；H1F1 号雌无性系与 H1M2 号雄无性系花期同步指数最小，为 0.17。在临黄Ⅰ内的 100 对无性系组合中，花期同步指数平均值为 0.64，其中 L1F2 号雌无性系和 L1M3 号雄无性系的开花同步指数最大为 0.93；L1F6 号雌无性系和 L1M1 号雄无性系最小，为 0.28。

表 5.16　黑黄Ⅰ无性系开花同步指数

♀		早花类群		中花类群			晚花类群					均值
		H1M10	H1M9	H1M5	H1M7	H1M4	H1M3	H1M6	H1M8	H1M1	H1M2	
早花类群	H1F1	0.78	0.89	0.63	0.41	0.36	0.20	0.21	0.23	0.21	0.17	0.41
	H1F4	0.64	0.61	0.68	0.6	0.55	0.29	0.31	0.34	0.31	0.25	0.46
	H1F9	0.42	0.43	0.66	0.85	0.87	0.52	0.58	0.61	0.57	0.45	0.60
	H1F7	0.49	0.5	0.74	0.77	0.71	0.4	0.43	0.47	0.43	0.34	0.53
中花类群	H1F10	0.48	0.49	0.75	0.83	0.77	0.43	0.47	0.51	0.46	0.38	0.56
	H1F2	0.37	0.38	0.62	0.77	0.65	0.45	0.51	0.51	0.49	0.4	0.52
	H1F5	0.45	0.46	0.71	0.79	0.79	0.43	0.47	0.51	0.46	0.35	0.54
晚花类群	H1F8	0.28	0.31	0.4	0.61	0.64	0.67	0.78	0.77	0.81	0.61	0.59
	H1F3	0.4	0.41	0.6	0.62	0.62	0.43	0.48	0.52	0.4	0.37	0.49
	H1F6	0.29	0.32	0.44	0.58	0.62	0.67	0.77	0.76	0.79	0.56	0.58
均值		0.46	0.47	0.62	0.68	0.65	0.45	0.50	0.52	0.49	0.38	0.525

表 5.17　临黄Ⅰ无性系间开花同步指数

♀		早花类群	中花类群						晚花类群			均值
		L1M1	L1M2	L1M5	L1M8	L1M9	L1M4	L1M6	L1M3	L1M7	L1M10	
早花类群	L1F5	0.67	0.84	0.77	0.86	0.74	0.61	0.68	0.47	0.37	0.36	0.64
	L1F7	0.63	0.90	0.83	0.92	0.79	0.65	0.73	0.48	0.38	0.37	0.67
	L1F3	0.38	0.52	0.65	0.63	0.69	0.80	0.76	0.82	0.68	0.63	0.66

续表

♀		早花类群	中花类群						晚花类群			均值
		L1M1	L1M2	L1M5	L1M8	L1M9	L1M4	L1M6	L1M3	L1M7	L1M10	
中花类群	L1F8	0.37	0.51	0.64	0.62	0.68	0.79	0.75	0.83	0.67	0.63	0.66
	L1F10	0.38	0.56	0.69	0.64	0.68	0.79	0.74	0.82	0.63	0.59	0.65
	L1F1	0.47	0.74	0.8	0.97	0.81	0.82	0.85	0.64	0.49	0.48	0.71
	L1F9	0.49	0.7	0.74	0.8	0.75	0.81	0.83	0.64	0.51	0.47	0.68
晚花类群	L1F2	0.3	0.41	0.56	0.52	0.62	0.68	0.68	0.93	0.72	0.72	0.61
	L1F4	0.31	0.42	0.57	0.53	0.63	0.75	0.69	0.88	0.73	0.7	0.62
	L1F6	0.28	0.38	0.52	0.48	0.57	0.63	0.62	0.83	0.76	0.81	0.59
	均值	0.43	0.68	0.6	0.7	0.7	0.73	0.73	0.73	0.59	0.58	0.64

从无性系类群上分析，黑黄 I 内雌无性系早花类群与雄无性系早花类群、中花类群和晚花类群的开花同步指数分别为0.595、0.652和0.366；雌无性系中花类群与雄无性系三个开花类群的开花同步指数分别为0.438、0.742和0.455；雌无性系晚花类群与雄无性系三个开花类群的开花同步指数分别为0.335、0.57和0.626。临黄 I 内雌无性系早花类群与雄无性系早花类群、中花类群和晚花类群的开花同步指数分别为0.65、0.776和0.405；雌无性系中花类群与雄无性系三个开花类群的开花同步指数分别为0.418、0.726和0.635；雌无性系晚花类群与雄无性系三个开花类群的开花同步指数分别为0.294、0.57和0.787。

两个种源内，仅少数相同开花类群无性系组合的开花同步指数小于相异的开花类群组合，主要由于两个相同开花类群的无性系开花盛期相互错过，而与相异开花类群的部分无性系开花盛期相遇；大多数相同开花类群无性系组合的开花同步指数大于相异的开花类群组合，说明同一开花类群的雌、雄无性系开花盛期基本相遇，这也验证了上述以开花盛期为依据，对无性系进行聚类的可靠性。无性系组合间花期同步指数大，开花同步性高，雌花充分授粉，相互之间随机交配，必然提高种子园种子产量，拓宽种子遗传基础，对无性系间进行开花同步指数的筛选和优化具有较大潜力。

5.2.5　小结

1）花序与小花

在种源黑黄 I 内，雌花序平均长度和着生小花数分别为9.41cm和21.8个；雄花序平均长度和着生小花数分别为9.83cm和74.4个。临黄 I 内，雌花序平均长度和着生小花数分别为8.15cm和20.5个；雄花序平均长度为9.39cm，每个雄花序平均着生小花数 69.9 个。

2）开花与散粉

黄檗雌花开放时间最短为 2 天，最长可达 3 天，而雄花一般在 5h 内开花结束。两个种源内雌无性系最大开花频率持续时间分别为 4 天和 5 天，雄无性系分别为 3 天和 6 天，这种集中的开花模式更有利于种子园内花粉的传播。

3）花期

种子园两个种源内不同无性系开花始期、开花盛期和开花末期差异均达到显著水平。根据无性系开花盛期进行聚类，将两个种源内雌、雄无性系分别聚成早花类群、中花类群和晚花类群。

种子园两个种源内无性系组合的花期同步指数平均值分别为 0.525 和 0.647。其中，黑黄Ⅰ内 3 个开花类群组合的花期同步指数分别为 0.595、0.652 和 0.366，临黄Ⅰ内各开花类群组合的花期同步指数分别为 0.65、0.776 和 0.405。除少数无性系组合外，两个种源内相同开花类群组合的花期同步指数均大于相异开花类群组合。

5.3　黄檗结实特性分析

在黄檗种源黑黄Ⅰ和临黄Ⅰ内分别选择 8 个雌无性系，每个无性系选 3 个分株。采集果实，将果皮、果肉搓掉后晾晒，获得风干种子，统计产量；测量并记录每个无性系分株的冠幅和树高。

测定种子千粒重：每个无性系分株随机选取自然风干种子 1000 粒，用电子天平称其质量，精确到 0.01g，重复 3 次。

测定种子大小：每个无性系分株随机选取自然风干种子 30 粒，用游标卡尺测量种子的长、宽、厚，精确到 0.01cm，3 次重复。

测定种子出苗率：将黄檗种子混拌湿润河沙进行低温（0～5℃）层积处理 2 个月后，每个无性系分株随机选取 1000 粒露芽种子，在准备好的苗床上播种。播种后注意保温保湿，完全出苗后，测定出苗率。

利用 Excel 和 SAS 软件对数据进行整理和统计分析。利用方差膨胀因子法（VIF）进行检验，并逐步剔除自变量，以选择最佳多元线性回归方程。

5.3.1　无性系结实量分析

对黄檗种源黑黄Ⅰ和临黄Ⅰ内不同无性系结实量、结实率及各无性系种子性状进行调查和测量（表 5.18）。在黑黄Ⅰ内无性系结实量和结实率平均值分别为 157.79g 和 1.58%；种子的出苗率、千粒重、种子长、种子宽和种子厚的平均值分别为 22.3%、13.73g、53.92mm、31.33mm、21.43mm。其中结实量的变异系数最大（35.67%），变幅为 66.85～304.12g；种子宽的变异系数最小（4.4%），种子出苗率的变异系数为 28.03%，变幅为 12.9%～36.4%。在临黄 I 内无性系结实量和结实率平均值分别为 106.38g 和 2.29%；种子的出苗率、千粒重、种子长、种子宽和种子厚平均值分别为 15.7%、11.75g、51.08mm、30.72mm、和 20.96mm。其中结实量变异系数最大（55.63%），变幅为 42.92～293.08g；种子长变异系数最小（4.21%），种子出苗率变异系数为 44.85%，变幅为 0.36%～35.4%。黑黄 I 种子性状平均值大于临黄 I（除结实率）。

表 5.18　无性系结实及种子性状统计结果

性状	黑黄 I				临黄 I			
	均值	变异系数	最大	最小	均值	变异系数	最大	最小
结实量/g	157.79	35.67	304.12	66.85	106.38	55.63	293.08	42.92
结实率/%	1.58	14.11	2.01	1.14	2.29	36.29	4.74	1.16
出苗率/%	22.3	28.03	36.4	12.9	15.7	44.85	35.4	0.36
千粒重/g	13.73	13.07	16.07	8.47	11.75	14.55	15.62	8.18
种子长/mm	53.92	5.91	58.64	44.9	51.08	4.21	55.57	47.58
种子宽/mm	31.33	4.4	32.96	26.38	30.72	4.87	33.4	27.2
种子厚/mm	21.43	15.29	35.78	19.06	20.96	17.82	37.84	17.54

对种子园内无性系间结实量、结实率和出苗率、种子长、种子宽、种子厚和千粒重分别进行方差分析（表 5.19）。结果表明，黑黄 I 内结实量、结实率、出苗率和种子千粒重无性系之间差异极显著；临黄 I 内结实量、出苗率和千粒重无性系之间差异极显著，结实率和植株宽度无性系之间差异显著。说明上述性状无性系间遗传变异较大，通过选择可获得较大遗传增益。两个种源出苗率、结实量和种子长度重复力较高，种子厚度和宽度重复力较低。

表 5.19　无性系间结实及种子性状方差分析

性状	变异来源	自由度	黑黄 I			临黄 I		
			均方	F 值	重复力	均方	F 值	重复力
结实量	无性系	7	9491.74	23.6**	0.88	9488.286	10.74**	0.76
	误差	16	402.1796			883.691		
结实率	无性系	7	0.1076	4.37**	0.53	1.2667	2.84*	0.38
	误差	16	0.0246			0.4465		
出苗率	无性系	7	121.517	37.89**	0.92	148.825	21.13**	0.87
	误差	16	0.031			0.3129		

续表

性状	变异来源	自由度	黑黄Ⅰ			临黄Ⅰ		
			均方	F 值	重复力	均方	F 值	重复力
种子长	无性系	7	30.3093	22.82**	0.88	13.7273	21.11**	0.87
	误差	16	1.328			0.6501		
种子宽	无性系	7	2.906	1.92	0.23	4.2042	3.05*	0.41
	误差	16	1.5133			1.3785		
种子厚	无性系	7	11.4307	1.09	0.03	8.89	0.55	—
	误差	16	10.4552			16.1763		
千粒重	无性系	7	8.0059	7.05**	0.67	8.2168	13.4**	0.81
	误差	16	1.1355			0.61312		

进一步对不同无性系结实量进行多重比较（图5.12）。可以看出，在黑黄Ⅰ内，大于结实量平均值的无性系有4个，其中H1F8号无性系结实量最多，为259.18g，且与其他无性系差异均达到显著水平。在临黄Ⅰ内，大于结实量平均值的无性系有4个，其中L1F1号无性系结实量最多，为207.55g，其除与L1F5号无性系差异不显著外，与其他无性系差异均达到显著水平。

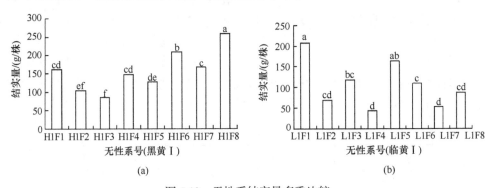

图 5.12　无性系结实量多重比较

(a)黑龙江黄檗种源无性系结实量多重比较；(b)临江种源1无性系结实量多重比较

对不同无性系结实率进行多重比较（图5.13）。可以看出，在黑黄Ⅰ内，有4个无性系结实率大于平均值，其中H1F1号无性系最大，为1.91%，其除与H1F4号无性系差异不显著外，与其他无性系差异均达到显著性水平。在临黄Ⅰ内，有4个无性系结实率大于平均值，其中L1F1号无性系最大，为3.36%，其除与L1F5、L1F3和L1F6号无性系差异不显著外，与其他无性系差异均达到显著水平。

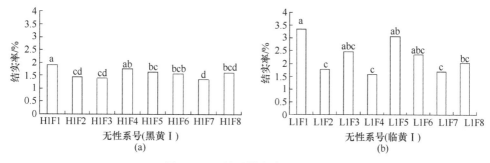

图 5.13　无性系结实率多重比较

对不同无性系种子出苗率进行多重比较（图 5.14）。可以看出，在黑黄Ⅰ内，有 4 个无性系种子出苗率大于平均值，其中 H1F7 号无性系种子出苗率最高，为 32.93%，且与其他无性系差异均达到显著水平。在临黄Ⅰ内，有 3 个无性系种子出苗率大于平均值，其中 L1F7 号无性系种子出苗率最高，为 29.9%，且与其他无性系差异均达到显著水平。

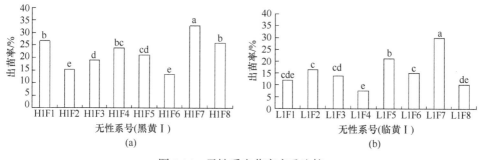

图 5.14　无性系出苗率多重比较

5.3.2　无性系结实与生长性状的关系

通过对两个种源内，不同无性系生长和结实性状进行相关分析（表 5.20），可以看出，两个种源内不同无性系各性状间相关程度不同。在黑黄Ⅰ内，结实量与花量、树高与冠幅的相关性均为显著正相关，相关系数分别为 0.9291、0.4609 和 0.7498；花量与树高和冠幅的相关性均达到显著正相关，相关系数分别为 0.5038 和 0.8347；其他性状间均未达到显著相关性。在临黄Ⅰ内，结实量与花量、结实率与冠幅的相关性均达到显著正相关，相关系数分别为 0.7409、0.9074 和 0.6968；花量与结实率和冠幅的相关性均为显著正相关，相关系数分别为 0.4208 和 0.7354；结实率与冠幅间的相关性为显著正相关，相关系数为 0.5070；其他性状间均未达到显著相关性。

表 5.20　无性系结实和生长性状相关分析

性状	结实量	花量	结实率	树高	冠幅
结实量	1	0.7409**	0.9074**	0.0933	0.6968**
花量	0.9291**	1	0.4208*	0.1778	0.7354**
结实率	0.2604	−0.0985	1	0.0023	0.5070*
树高	0.4609*	0.5038*	−0.1253	1	−0.1394
冠幅	0.7498**	0.8347**	−0.1324	0.1909	1

注：左下角为黑黄Ⅰ内各性状间相关性；右上角为临黄Ⅰ内各性状间相关性。

进一步以无性系结实量（Y）为因变量，花量（X_1）、结实率（X_2）、树高（X_3）和冠幅（X_4）为自变量，自变量经方差膨胀因子检验，不存在多重共线性（VIF<10），可进行多元逐步回归，舍去回归系数不显著的自变量，得到最优的回归方程：

$$Y_{(黑黄Ⅰ)}=0.01548X_1+89.5414X_2-138.94（R^2=0.9882）\tag{5.3}$$

$$Y_{(临黄Ⅰ)}=0.02121X_1+51.3355X_2-106.02（R^2=0.9801）\tag{5.4}$$

多元回归结果表明，两个种源内无性系花量和结实率的回归系数均达到显著水平，对无性系结实量的影响较大；而无性系树高和冠幅的回归系数均不显著，对无性系结实量的影响较小。两个种源内逐步回归方程的回归系数分别为0.9882和0.9801。

5.3.3　无性系种子性状相关分析

通过对不同无性系种子各性状进行相关分析（表5.21），结果发现，在黑黄Ⅰ内，种子出苗率除与种子厚无显著相关性外，与种子长、种子宽和千粒重均呈显著正相关，相关系数分别为0.5034、0.4068和0.8444；种子长与种子宽的相关系数为0.6836，呈显著正相关，与种子厚的相关系数为−0.5291，呈显著负相关；种子宽与种子厚的相关系数为−0.6546，呈显著负相关；其余性状间均无显著相关性。在临黄Ⅰ内，种子出苗率与种子长、种子宽和千粒重的相关性均达到显著正相关，相关系数分别为0.7542、0.6191和0.9124；种子长与种子宽和千粒重的相关系数分别为0.7755和0.8211，均达到显著正相关；种子宽与种子千粒重的相关系数为0.6982，呈显著正相关。

表 5.21　无性系种子性状相关分析

性状	出苗率	种子长	种子宽	种子厚	千粒重
出苗率	1	0.7542**	0.6191**	0.0888	0.9124**
种子长	0.5034*	1	0.7755**	0.1599	0.8211**
种子宽	0.4068*	0.6836**	1	0.2191	0.6982**

性状	出苗率	种子长	种子宽	种子厚	千粒重
种子厚	−0.1866	−0.5291**	−0.6546**	1	0.1793
千粒重	0.8444**	0.2968	0.1184	−0.0381	1

注：左下角为黄檗种源黑黄Ⅰ内各性状间相关性；右上角为黄檗种源临黄Ⅰ内各性状间相关性。

进一步以无性系种子出苗率（Y）为因变量，种子长（X_1）、种子宽（X_2）、种子厚（X_3）和千粒重（X_4）为自变量，自变量经方差膨胀因子检验，不存在多重共线性（VIF<10），可进行多元逐步回归，舍去回归系数不显著的自变量，得到最优的回归方程：

$$Y_{（黑黄Ⅰ）}=140X_2+2.8151X_4-60.19 （R^2=0.9882）\tag{5.5}$$

$$Y_{（临黄Ⅰ）}=3.7779X_4-28.61 （R^2=0.9801）\tag{5.6}$$

多元回归结果表明，黑黄Ⅰ内，无性系种子宽和千粒重的回归系数均达到显著水平，对种子出苗率的影响较大；种子长和种子厚的回归系数不显著，对种子出苗率影响较小，逐步回归方程的回归系数为 0.9882。临黄Ⅰ内，仅种子千粒重的回归系数达到显著水平，说明种子千粒重对种子出苗率的影响较大；其他性状的回归系数均未达到显著水平，对种子出苗率影响较小，逐步回归方程的回归系数为 0.9801。

5.3.4 无性系种子性状主成分分析

选择种子长（X_1）、种子宽（X_2）、种子厚（X_3）、千粒重（X_4）、出苗率（X_5）及无性系结实量（X_6）、花量（X_7）、结实率（X_8）、树高（X_9）和冠幅（X_{10}）10个性状进行主成分分析。结果发现，在黑黄Ⅰ内（表 5.22），10 个性状可分成 4个主成分。其中第一主成分贡献率为 33.993%，第二主成分贡献率为 25.937%，第三主成分贡献率为 16.064%，第四主成分贡献率为 10.779%，累计贡献率为 86.773%。根据各主成分的特征向量，拟合的主成分模型分别为

$$F_1 = 0.4X_1 + 0.338X_2 - 0.193X_3 + 0.175X_4 + 0.321X_5 + 0.457X_6 + 0.447X_7 \\ + 0.093X_8 + 0.127X_9 + 0.349X_{10}\tag{5.7}$$

$$F_2 = -0.23X_1 - 0.255X_2 + 0.312X_3 - 0.386X_4 - 0.359X_5 + 0.272X_6 \\ + 0.334X_7 - 0.185X_8 + 0.433X_9 + 0.315X_{10}\tag{5.8}$$

$$F_3 = -0.255X_1 - 0.353X_2 + 0.504X_3 + 0.488X_4 + 0.382X_5 + 0.039X_6 \\ + 0.073X_7 - 0.065X_8 - 0.277X_9 + 0.292X_{10}\tag{5.9}$$

$$F_4 = 0.035X_1 - 0.32X_2 + 0.059X_3 + 0.056X_4 - 0.123X_5 + 0.252X_6 \\ - 0.076X_7 + 0.884X_8 + 0.098X_9 - 0.116X_{10}\tag{5.10}$$

以每个主成分对应的特征值占所提取主成分特征值之和的比例为权重得出主成分综合模型为

$$F = 0.045X_1 - 0.049X_2 + 0.118X_3 + 0.050X_4 + 0.074X_5 + 0.299X_6$$
$$+ 0.279X_7 + 0.079X_8 + 0.140X_9 + 0.271X_{10}$$

（5.11）

根据主成分综合模型，对黑黄Ⅰ内8个无性系进行排序，得分由多到少分别为H1F8、H1F6、H1F7、H1F1、H1F4、H1F5、H1F2和H1F3。

表 5.22　黑黄Ⅰ种子性状主成分分析

性状	F_1		F_2		F_3		F_4	
	载荷量	特征向量	载荷量	特征向量	载荷量	特征向量	载荷量	特征向量
种子长	0.738	0.400	−0.371	−0.230	−0.323	−0.255	0.036	0.035
种子宽	0.623	0.338	−0.411	−0.255	−0.447	−0.353	−0.332	−0.320
种子厚	−0.356	−0.193	0.503	0.312	0.639	0.504	0.061	0.059
种子千粒重	0.322	0.175	−0.621	−0.386	0.618	0.488	0.058	0.056
种子出苗率	0.591	0.321	−0.578	−0.359	0.484	0.382	−0.128	−0.123
无性系结实量	0.842	0.457	0.438	0.272	0.049	0.039	0.262	0.252
无性系花量	0.824	0.447	0.538	0.334	0.093	0.073	−0.079	−0.076
无性系结实率	0.171	0.093	−0.298	−0.185	−0.082	−0.065	0.918	0.884
无性系树高	0.234	0.127	0.698	0.433	−0.351	−0.277	0.102	0.098
无性系冠幅	0.644	0.349	0.507	0.315	0.370	0.292	−0.120	−0.116
特征值	3.399		2.594		1.606		1.078	
方差贡献率	33.993		25.937		16.064		10.779	
累计贡献率	33.993		59.93		75.994		86.773	

在临黄Ⅰ内（表5.23），10个性状可分成3个主成分。其中第一主成分贡献率为39.081%，第二主成分贡献率为25.444%，第三主成分贡献率为13.34%，累计贡献率为77.864%。根据各主成分的特征向量，拟合的主成分模型分别为

$$F_1 = 0.425X_1 + 0.377X_2 + 0.096X_3 + 0.384X_4 + 0.379X_5 - 0.324X_6$$
$$- 0.244X_7 - 0.280X_8 - 0.062X_9 - 0.361X_{10}$$

（5.12）

$$F_2 = 0.243X_1 + 0.241X_2 + 0.125X_3 + 0.361X_4 + 0.322X_5 + 0.459X_6$$
$$+ 0.434X_7 + 0.386X_8 - 0.028X_9 + 0.293X_{10}$$

（5.13）

$$F_3 = -0.051X_1 + 0.075X_2 - 0.612X_3 + 0.087X_4 + 0.126X_5 + 0.023X_6$$
$$+ 0.193X_7 - 0.107X_8 + 0.729X_9 - 0.113X_{10}$$

（5.14）

主成分综合模型为

$$F = 0.538X_1 + 0.515X_2 + 0.039X_3 + 0.586X_4 + 0.569X_5 - 0.078X_6$$
$$+ 0.022X_7 - 0.098X_8 + 0.068X_9 - 0.228X_{10}$$ 　（5.15）

根据主成分综合模型，对临黄Ⅰ内8个无性系进行排序，得分由多到少分别为 L1F1、L1F5、L1F3、L1F6、L1F2、L1F8、L1F7 和 L1F4。

表 5.23　临黄Ⅰ无性系种子性状主成分分析

性状	F_1		F_2		F_3	
	载荷量	特征向量	载荷量	特征向量	载荷量	特征向量
种子长	0.840	0.425	0.387	0.243	−0.059	−0.051
种子宽	0.746	0.377	0.385	0.241	0.087	0.075
种子厚	0.189	0.096	0.200	0.125	−0.707	−0.612
种子千粒重	0.759	0.384	0.575	0.361	0.100	0.087
种子出苗率	0.749	0.379	0.513	0.322	0.146	0.126
无性系结实量	−0.640	−0.324	0.732	0.459	0.026	0.023
无性系花量	−0.483	−0.244	0.692	0.434	0.223	0.193
无性系结实率	−0.553	−0.280	0.615	0.386	−0.124	−0.107
无性系树高	−0.123	−0.062	−0.045	−0.028	0.842	0.729
无性系冠幅	−0.714	−0.361	0.468	0.293	−0.130	−0.113
特征值	3.908		2.544		1.334	
方差贡献率	39.081		25.444		13.34	
累计贡献率	39.081		64.524		77.864	

5.3.5　小结

1）黄檗结实量变异

对种子园黑黄Ⅰ和临黄Ⅰ内无性系结实量、结实率及出苗率、千粒重、种子长、种子宽和种子厚进行分析，其中两个种源内无性系结实量变异系数均最大，分别为 35.67% 和 55.63%。黑黄Ⅰ除无性系结实率平均值小于临黄Ⅰ外，其余性状均大于临黄Ⅰ。

2）黄檗种子形态变异

种子性状不同种源间差异均达到显著水平。种子宽度无性系间重复力较低，出苗率重复力最大。

3）黄檗开花与结实

无性系结实量与花量和冠幅的相关性均呈显著正相关；种子出苗率与种子长、种子宽和千粒重的相关性均呈显著正相关。无性系花量和结实率对结实量的回归系数较高；种子千粒重对出苗率的回归系数较高。

4）黄檗无性系评价

通过建立主成分综合模型，对种子园两个种源内无性系进行评分排序。黑黄 I 内无性系得分由多到少分别为 H1F8>H1F6>H1F7>H1F1>H1F4>H1F5>H1F2>H1F3；临黄 I 内无性系得分由多到少分别为 L1F1>L1F5>L1F3>L1F6>L1F2>L1F8>L1F7>L1F4。

5.4　结论与讨论

5.4.1　结论

1）黄檗花量变异

黄檗单株雄花量大于雌花量。黄檗单株花量和单株标准枝数种源间差异均达到极显著水平。单株雌、雄花量黑黄 I 最大，且与其他种源间差异均达到显著水平。黑黄 I 雌无性系单株标准枝枝数最大，与其他种源间差异均达到了显著水平；黑黄 I 雄无性系单株标准枝枝数最大，与其他种源间差异均达到显著水平。种源内单株花量差异均达到显著水平。单株花量和单株标准枝数种源间表型方差分量百分比均大于无性系间和个体间，说明种源是导致这两个性状差异的主要来源。

2）黄檗花空间分布

种子园内，雌、雄花在树冠上分布均呈显著性差异。垂直方向上，树冠上层花量均大于树冠下层；水平方向上，花量由多到少分别为南、西、东和北。雌、雄花在树冠上的这种分布特征，反映了光照等自然条件对该种子园的影响，可对种子园经营管理提供参考。

3）黄檗花期

黄檗雌花序和雄花序长度平均值差异较小，但雄花序着生小花数大于雌花序。黄檗种源黑黄 I 和临黄 I 内，雌无性系和雄无性系最大开花频率持续时间均较短，这种集中的开花模式更有利于种子园内花粉的传播。开花始期、开花盛期和开花末期无性系间均呈显著性差异。根据开花盛期，将雌、雄无性系分别聚成早花类群、中花类群和晚花类群。

种子园无性系组合间花期同步指数差异较大，其中黑黄 I 内，最大可达 0.89（H1F1×H1M9），最小仅为 0.17（H1F1×H1M2）；临黄 I 内，最大可达 0.93（L1F2×L1M3），最小仅为 0.28（L1F6×L1M1）。两个种源内除少数无性系组合外，相同开花类群组合的花期同步指数均大于相异开花类群组合。因此，在高世代种子园建设中，可根据无性系组合的花期同步指数，对无性系进行选择和配置。

4）黄檗结实量

黄檗无性系结实量变异系数最大，平均可达 45.6%，种子宽变异系数最小，平均值仅为 4.6%。种子性状无性系间差异达到显著水平。不同性状无性系间重复力差异较大，其中黑黄Ⅰ出苗率重复力最大（0.92）。

种子园两个种源内无性系结实量与花量和冠幅相关性均呈显著正相关，无性系花量和结实率对结实量的回归系数均达到显著水平，表明这两个性状对无性系结实量的影响较大。种子出苗率与种子长、种子宽和千粒重的相关性均呈显著正相关，种子千粒重对种子出苗率的回归系数均达到显著水平，说明该性状对种子出苗率的影响较大。

5）黄檗无性系排序

依据主成分综合模型，黑黄Ⅰ无性系得分由多到少分别为H1F8、H1F6、H1F7、H1F1、H1F4、H1F5、H1F2 和 H1F3；临黄Ⅰ无性系得分由多到少分别为L1F1、L1F5、L1F3、L1F6、L1F2、L1F8、L1F7 和 L1F4。

5.4.2　讨论

种子园开花结实习性的研究不仅有利于种子园经营管理，同时对高世代种子园无性系选择和配置，提高种子园种子产量提供理论依据。种子园开花结实习性主要包括开花物候观测、雌雄花产量及空间分布、种子产量、花粉管理等。

1）开花物候观测

植物萌芽和开花是由遗传和环境因素影响的复杂过程，种子园无性系间的开花物候不仅对种子园管理具有重要的实践意义，也是气候变化的重要指标。张华新等（2007）研究发现，油松种子园雌球花可授期早于雄球花散粉期，且持续时间较长，花期同步性较好，年份间始花期相差 2～3 天，花期长短相差约 10 天，无性系间开花物候差异较大，无性系内差异较小，仅为 1～2 天。李悦等（2010）研究表明，辽宁兴城油松种子园无性系间异性花期同步指数差异较大，无性系做母本时的平均花期同步指数在整体上相对做父本时较低，花期同步性指数在株龄间相对稳定，多数无性系内自交率高于异交率。吴强等（1998）研究表明，马尾松雌、雄花期为 13 天，雌球花授粉盛期为 6 天，雄花散粉盛期为 3.3 天，无性系间及无性系内花期同步性较高。杉木无性系种子园开花物候的研究发现，雌花可授期早于雄花散粉期，其持续时间长，两者结束时间基本同步，雌花可授期与≥5℃活动积温有关，雄花散粉期与≥10℃活动积温有关，无性系间雌、雄花期基本相遇，各无性系开花顺序年度间较为稳定。雷军等对青海云杉无性系种子园开花习性进行了研究，结果表明雌、雄球花散粉时间和授粉时间主要集中在 4 月下旬至5 月上旬，无性系间存在一定程度的同步性，种子园自由授粉较好。

2）雌、雄花量与空间分布

种子园内不同无性系花量的变化及其在树冠上的分布特征，对种子园种子产量和品质具有重要的影响。张华新等（1997）研究发现，油松种子园雌、雄球花数量无性系间达极显著水平，两者年份间重复力分别高于 65.12% 和 86.49%，各无性系雌、雄球花数量与年份互作效应差异极显著，不同无性系雌、雄球花数量年份稳定性差异较大。马尾松 2 代种子园无性系花量的研究发现，雌、雄花量无性系间差异达极显著水平，无性系分株间差异不显著，无性系重复力均大于 0.71。何海金等（2014）研究发现，青海云杉种子园雌球花有花冠层占 66.67%，无性系间变异系数为 35.49%，雄球花有花冠层占 68.75%，无性系间变异系数为 9.09%，雌、雄球花数量无性系间差异均显著，雄球花数量明显多于雌球花数量。余莉等（2012）研究表明，日本落叶松种子园雄球花垂直分布上差异极显著，下层和中层花量明显多于上层，占总花量的 83.39%，水平方向多着生在 2、3 枝序上，南面分布较多，雌球花冠层间差异不显著，水平方向多着生在 3、4 枝序上，东、南方向多于西、北方向，雌、雄球花数量家系间差异显著。

3）种子产量

金国庆等（1998）研究表明，马尾松无性系种子园球果产量的变异来源主要是产地和无性系，球果产量年份间差异较大，具有明显的大小年，种子园内无性系对球果总产量的贡献率因组成的无性系不同而有较大差异，年份间也有差异。陈敬德等（1998）研究发现，5 个马尾松种子园无性系年份间产籽能力具有相对稳定性，平均单株产籽量变异系数为 0.6101，结实量无性系间差异极显著，产地间差异极显著，种子园定植密度和坡向对产量影响较大，密度越大单株产量越低。杉木 1.5 代种子园不同无性系结实的研究发现，不同结实性状无性系间存在显著差异。倪荣新等（1999）对杉木无性系种子园种子产量建立了预测模型，结果表明种子园年度单位面积种子产量与年降水量、开花期降水量、7 月和 8 月平均气温及开花期日照时数等因子有关；种子园小区年度种子产量与小区坡向、≥10℃ 年积温、开花期总雨日数、开花期低温指数等因子有关。

6 黄檗控制授粉与杂交育种

杂交育种是根据育种目标选择适宜的亲本进行杂交,产生杂种,再通过鉴定、选择,以获得优良品种的过程。通过杂交可以实现双亲遗传物质重新组合,创造新的基因类型。杂交后代会产生丰富多样的基因型,从中选择综合性状优良的杂种扩繁推广。远源杂交可能产生比任一亲本表现更优良的杂种,这种现象为超亲遗传。通过杂交,把具有抗病虫或抗逆性基因转移到生长势优良的个体中,使抗性与丰产性相结合。在遗传测定中利用各种交配设计,了解一般配合力和特殊配合力,可以为建立种子园时确定无性系间的配置方式提供科学依据。

6.1 杂交育种的意义

周庆源等(1999)研究发现,黄檗花药壁发育为基本型、腺质绒毡层、小孢子母细胞减数分裂同时型、胚珠倒生、双珠被、厚珠心、雌性多孢原细胞、线型或 T 形大孢子四分体、蓼型胚囊、核型胚乳等,符合已知的芸香科植物胚胎学的一般特征(Johri et al.,1992)。但黄檗存在珠孔塞和次生胚乳,在其他芸香科植物未见报道。Starshova 和 Solntzeva(1973)认为,在不良气候条件下,黄檗可由雌性多孢原细胞或珠心细胞产生增补胚囊或副胚囊,并由多配子体产生多胚。Starshova 和 Solntzeva(1976)认为,黄檗的受精过程属于中间类型,并提出中间型所具有的 5 个特征。黄檗受精作用并非中间型,它符合有丝分裂前配子融合类型(胡适宜等,1979)。黄檗存在珠孔塞,从其位置形态上看,可能是花粉管进入珠孔的桥梁;从其表层细胞特征看,对花粉管生长可能又兼有营养或向化性功能(周庆源等,1999)。黄檗的珠孔塞是由珠柄细胞发育而来的。球形胚后期,胚乳外层细胞平周分裂产生另一种形态的胚乳细胞,原胚乳细胞则逐渐解体消失。新产生的胚乳细胞发育为成熟的胚乳组织,成熟的胚乳组织细胞含有大量的颗粒状贮藏物(周庆源等,1999)。

杂交育种包括有性杂交和体细胞杂交两种方式。有性杂交是指不同类型间通过生殖细胞相互融合而达到双亲遗传物质重新组合的过程。体细胞杂交是指由体细胞相互融合达到结合的过程。

根据杂交亲本双方亲缘关系的远近,杂交育种分为远缘杂交和近缘杂交,通常以种为界线。远缘杂交是种间或属间的杂交。近缘杂交是同一种内不同品种、类型间的杂交。

6.1.1　黄檗杂交育种的目的

（1）创造新类型。通过杂交双亲的遗传物质重新组合，形成新的基因类型。有的新类型集中了双亲的优点，比任一亲本表现更优良，如超亲遗传现象。

（2）转移特殊基因。利用种间杂交来组配特殊的性状类型。通过杂交，把具有速生性和抗性基因组合到同一个体中，获得综合性状优良的新品种。

（3）估算配合力。为建立林木种子园提供科学依据，在遗传测定中利用各种交配设计，了解一般配合力和特殊配合力，可以为建立种子园时确定无性系间的配置方式提供科学依据。

（4）作为育种理论研究的手段。通过杂交试验可以了解亲本间的可配性，近而分析其亲缘关系的远近。如果两种植物杂交易成功，说明二者亲缘关系较近，否则亲缘关系较远。可以为选择杂交亲本提供依据。

6.1.2　黄檗控制授粉的主要理由

（1）了解遗传参数。一个育种计划实施之前，了解一般配合力和特殊配合力的分量（比重）十分重要，它是制定策略的依据。

（2）了解双亲谱系。自交的抑制作用在树种和农作物试验中都已得到证实，为控制共祖率，了解子代的双亲谱系是必要的。

（3）利用特殊配合力。要想重复已知优良的特定杂交组合，达到利用特殊配合力的目的，必须做控制授粉。由于控制授粉的双亲都经过了选择，全同胞子代的遗传增益会比自由授粉的高，同时，双亲的谱系清楚，近交的有害作用容易控制。

利用杂交计划改良多基因控制的性状常常取得较大的增益（Miller, 1950; Sluder, 1970; Lafarge and Kraus, 1980）。通过自由授粉交配设计，可以很快测定出一般配合力，控制授粉可以检测出生长量/生物碱含量的杂种优势程度。编制种源间及种间杂交的方案，开展杂交，从杂种后代中选出速生或生物碱含量高的杂种，再利用无性繁殖，将杂种优势保持并迅速推广造林。这是最理想、最有前景的改良途径。进行种内不同种源间杂交不存在杂交障碍，种间杂交需要进行可配性试验。黄檗不同地理种源间、同一种源不同单株间生长量、生物碱含量等差异极显著。因此，可以选择优良种源的优良单株进行有性杂交，产生杂种优势，从中选择速生/生物碱含量高的杂种后代，利用无性繁殖技术大量扩繁、推广，既可以缩短育种周期，又可以获得较高的遗传增益。

为持续有效地对黄檗进行改良，应制订育种计划。黄檗开展遗传改良较晚，在制订育种计划时可参考改良程度较高的其他树种。同时，育种计划要包括多个世代的改良。多世代改良要采用轮回选择，要圆满地实现多世代轮回选择，就必须妥善地解决高世代的选择遗传资源问题和亲缘关系激增的问题。为防止自交和近交的快速发展，应建立不同育种群体，显然在育种工作中要注意选择群体、育种群体、增殖群体的基础及其关系问题。

基本群体：包含该树种全部遗传变异，可以将一个树种全分布区的整体看成是一个基本群体。

选择群体：提供选择的群体。小于基本群体。

育种群体：从选择群体中选出的优树组成的群体，是偏离平均数上线的个体组成的群体。

增殖群体：从上个世代育种群体中经过测定与选择而来的优良亲本建立的群体，如种子园、采穗圃等。

生产群体：利用增殖群体提供的种子或穗条建立起来的人工林。

缩短育种周期是高世代育种中的关键技术问题，普遍受到重视。提早树木开花结实年龄；对研究性状作早期测定，确定最佳评选年龄，缩短评价周期，是缩短育种周期的 2 个重要方面。

使用赤霉素（$GA_{4/7}$）可以促进松类提前开花，特别是促进雌球花提前开花已取得了显著的进展。把火炬松幼龄接穗嫁接到老树树冠上诱导开花，也有一定效果。

性状早期测定，特别是生长性状的早期测定。国内外对不少用材树种进行过早-晚相关等方法研究，已积累了不少资料，多数结果认为，小于 1/3 轮伐期对性状做出评价是完全可能的。

现代生物技术的应用可以加快育种进程。细胞工程是指应用细胞生物学和分子生物学的原理及方法，通过细胞水平或细胞器水平上的操作，按照人们的意愿来改变细胞内的遗传物质或获得细胞产品的一门综合科学技术。植物细胞工程育种主要包括植物组织培养、体细胞杂交和植株再生等环节。其主要理论是细胞全能性（细胞的全能性是指生物体的细胞具有使后代细胞形成完整个体的潜能）。利用细胞工程技术开展黄檗种间或种内不同类型间细胞杂交，培育多倍体。由于多倍体植物染色体倍数增加而产生剂量效应，通常具备产量高、活性成分含量高、抗逆性强等特点。一旦培育出黄檗多倍体，即可同时实现多个育种目标。

以下几个特点影响黄檗杂交育种过程。

（1）性成熟晚。黄檗生长达到性成熟所需要的时间和空间远大于一年生作物。实生苗性成熟需要 25～30 年，嫁接苗开花结实需要 15～20 年。满足黄檗开花结实的株行距为 4m×4m，单株占地面积为 $16m^2$。这就决定着种子来之不易。因此，保证杂种种子优良性至关重要。

（2）世代周期长。黄檗性成熟需要几十年，决定了其世代周期长，且雌雄异株、异交授粉、基因高度杂合，不可能在杂交后建立并维持基因型纯合的遗传品质。

（3）林分稳定性。遗传上的一致性不一定对整个森林有利。因为黄檗生长在复杂的生态环境中，且要受到不同年代气候因子的影响，因此，在人工林培育中不提倡推广单一的纯合基因型，大面积栽植单一基因型，一旦遇到特殊的自然灾害会有全军覆没的风险。常常是推广多种基因类型，牺牲部分丰产性，换取林分的稳定性。

（4）有性与无性相结合。除播种繁殖外，黄檗还可以进行无性繁殖，即嫁接、扦插和组培繁殖。通过杂交或控制授粉获得的优良杂种植株，可以通过无性繁殖形成无性系，利用单个或多个优良无性系造林，将获得更大的遗传增益。同时，可以大大缩短育种周期。

（5）多次选择。黄檗集木材、药用和绿化于一身，根据不同时期的需要，按照不同的育种目标分别进行选择。例如，木材用途，可以选择黄檗速生、材质好等性状；如果是药用，就选择树皮产量高、生物碱含量高的优良个体。

由于上述特点，种间杂交和种源间杂交显得极为重要，并将成为培育具有理想性状组合的新品种的重要方法。

6.2　黄檗杂交方式和亲本选择

6.2.1　杂交方式

杂交方式是指在一个杂交育种方案中参与杂交的亲本数以及各亲本杂交的先后顺序。杂交方式是由育种目标和亲本特点确定的，是影响杂交育种成败的重要因素之一。黄檗杂交育种常用的方式有以下几种。

1）单交

两个个体进行的杂交。一个♀，一个♂，一次杂交。

正交，反交。

由于受粉后的合子在发育过程中受到母本影响较大，因此，有时正、反结果不同。$A \times B$、$B \times A$，F_1 的遗传物质双亲各占 1/2。

2）回交

由单交得到的杂种 F_1 再与其亲本之一杂交。

回交次数视需要而定。

具有优良特性的品种，一般在第一次杂交时用做母本，而在以后各次回交时用做父本。参与回交的亲本称为轮回亲本。

$$A \times B$$
$$\downarrow$$
$$F_1 \times A$$
$$\downarrow$$
$$B_1 \times A$$
$$\downarrow$$
$$B_2$$

经过回交，可把亲本一方的优良特性在杂种后代中加强。

例如，F_1，生长状况优于母本，但是抗寒性不及母本，通过 F_1 与母本回交，B_1 的抗寒性得到了提高。

如果连续多代回交，其后代群体的基因型将趋于纯合，趋于轮回亲本基因型。

轮回亲本的综合性状优良，但抗病或抗寒性差，非轮回亲本又恰好具有较强的抗病或抗寒性。在回交后代中，选择抗病或抗寒的个体与轮回亲本回交，几个世代后，即可培育出综合性状优良且抗病或抗寒的品种。

3）多父本混合授粉杂交

将多个父本的花粉混合后，对一个母本进行授粉，即 A×（B+C+D+…）

目的是：①在一次杂交中就能取得遗传基础更为丰富的变异材料；②克服远缘杂交的不可配性。

各父本的花粉有的与雌配子结合，形成新植株的原始体——种子。有的产生某种刺激有利于其他花粉受精。

多父本受精的理论尚不充分。

6.2.2 杂交亲本选择

亲本选择包括组合的选择和杂交植株的选择。前者指在哪些树种间或类型间杂交，后者指挑选杂交的父、母本植株。

6.2.2.1 确定杂交组合的原则

1）根据育种目标选择亲本

如果育种目标是速生，应选择速生树种或类型为亲本。双亲都具有速生性最好，至少亲本之一应是速生的。否则，就不可能产生具有速生性的后代。

2）性状优良

亲本双方的优、缺点互补，不能有共同的缺点，亲本的优良特性要突出。

例如，一个黄檗个体材质好，另一个黄檗个体速生，二者杂交就有希望获得材质好且速生的优良杂种。

3）杂种优势

亲本的地理起源和生态适应性要有一定的差异，亲本之一最好是当地主推品种之一。

其他树种的育种经验表明，用两个高纬度起源的种杂交，不能育出在中纬度生长期长的速生类型；两个低纬度起源的种杂交，不能育出在中纬度适时封顶木质化的类型；用一个低纬度的种与一个高纬度的种杂交，可能形成在中纬度最适应的速生类型。而同纬度不同经度的种杂交，往往容易得到较好的生态适应型。

4）性状遗传力

根据亲本性状遗传力的大小进行选配。小叶杨的抗旱性和抗寒性遗传力较强，如果选用小叶杨作杂交亲本，其后代将具有一定的抗旱性和抗寒性。

5）杂交可配性

考虑正、反交中杂交可配性和性状遗传表现的差异，远缘杂交一个突出的问题就是可配性，亲缘关系越远，获得杂种优势越强，同时可配性越低。正、反交的可配性也不同，因此，在进行远缘杂交时，要进行正、反交试验，根据试验结果，正确选择父本和母本，可获得较多的杂种种子。

在不影响杂交可配性时，应选择优良性状较多或较明显的树种为母本。

6.2.2.2　杂交亲本植株的选择

杂交组合确定后，要在适宜的地区选择具有优良特性的植株作为亲本。植株选择的好坏对育种效果的影响很大。

不同父本：在刚松和火炬松杂交中由于采用了不同地理起源的火炬松花粉，杂种苗生长差别很大；用美国新泽西州的花粉源授粉，杂种 4 年生苗的高生长比佛罗里达州花粉源授粉的杂种高出 24.4%。

不同母本：用同一种花粉，与 50 个不同母株杂交，子代高生长相差可达 40.3%。

因此，必须选择最优良个体作为亲本。

用材树种亲本植株的选择原则，可参考优树标准，一般应具备以下特点：①生长迅速，材质优良；②树干通直、圆满、尖削度小；③冠形完整、匀称，分枝角度合适；④生长健壮，无病虫害；⑤树龄为壮年，因壮年的树木性状已得到充分发育，生命力强；⑥应选择配合力高的植株。

6.3　花粉技术和杂交技术

6.3.1　黄檗开花习性

为保证杂交成功，获得杂种，必须首先了解：杂交树种的开花结实习性，花粉的采集、贮藏和生活力测定技术，杂交技术。

首先要掌握树木的始花年龄和每年开花时间。始花年龄因树种不同而异，甚至同一树种因不同个体而异。此外，还受树木所在地条件，如土壤、水分、光照、温度等影响。一般来说，孤立木的开花树龄较林木早；贫瘠干旱地段上的比肥沃湿润地段上的早；分布区南部的比北部的早；嫁接植株较实生树早。

吉林省临江地区黄檗开花时间集中在 6 月初至 6 月中旬。

黄檗花的构造是单性花，雌雄异株。

自然授粉方式以虫媒为主。花常具有艳丽的花冠和香气，并分泌蜜汁招引昆虫传播花粉。

黄檗由授粉到种子成熟需要经历3~5个月，秋季种子成熟。

6.3.2 黄檗花粉采集、贮藏和生活力测定

6.3.2.1 黄檗花粉采集

为保证杂交工作顺利进行，必须在雌花开放之前准备足够数量的花粉，为采集大量花粉，应准确掌握开花时间。

树木开花时间除受遗传因素影响外，还受温度、湿度和光等气候因子影响。一般高温、低湿（空气）、强光可使花期提前。切取花枝移入温室内培养，可提前开花。切取花枝时间因树种而异。

采集花粉的方法是在雄花接近成熟散粉时，用透气纸袋（硫酸纸、羊皮纸）套上，花粉即可散落在袋内；或摘取接近散粉的雄（球）花放入纸袋内，置于高温、干燥室内。国外采用密闭的漏斗式收集器。

6.3.2.2 黄檗花粉贮藏

贮藏就涉及生命力问题，影响花粉寿命的因素有以下几个。

1）树种特性

花粉寿命花粉壁的性质以及在贮藏期间花粉的原生质体代谢有关。可溶性糖类和有机酸消耗较少的花粉，保持生命力的时间长。

2）环境因子

低温、干燥、黑暗可延长花粉生命力。贮藏收集的花粉经过筛选去杂后进行干燥。

花粉干燥方法：自然干燥、干燥器干燥。

常采用干燥器法。干燥器内放吸湿剂（P_2O_5）。干燥后的花粉装在器皿中，不宜过满，不宜密闭，以免妨碍气体流通，影响花粉干燥，甚至霉变。

注意：①采用低温贮藏时，花粉放在干燥器内，温度应逐渐升、降，避免在容器壁上形成水滴。②取用花粉时，避免冰冻花粉在室内反复暴露。③在授粉（或生命力测定）前应使花粉重新吸水。

6.3.2.3 黄檗花粉生命力的测定

在授粉前要对花粉，尤其是长期贮藏的花粉的生命力进行测定。测定方法可分为直接和间接两类。

直接测定法：①直接授粉，做好隔离，最后检查结实情况。结实表示花粉有生命力。②观察花粉在柱头上发芽的情况。授粉后，每隔1~3天采集柱头一次，用 FAA（38%甲醛 5ml+冰醋酸 5ml+70%乙醇 90ml）固定液固定 15min 以上，再

用 1%苯胺蓝水溶液染色 24h。把染色后的花柱撕开，放在显微镜下观察，若花粉具有生命力，即可看到染成蓝色的花粉管伸入柱头组织；若花粉不具有生命力，则看不到这种情况。

　　间接测定法：①培养基法。在 100ml 蒸馏水中加入 1～2g 琼脂、10g 蔗糖，加热溶解后，用玻璃棒取少量溶液滴在悬滴载玻片的凹槽内，使之冷却。然后用解剖针蘸取少量花粉，均匀地撒在培养基上，把载玻片放入垫有吸水纸的培养皿中，将培养皿放在 20～25℃恒温箱中，24h 即可萌发。无生命力的不萌发。培养基的 pH 对花粉萌发影响很大，适宜的 pH 为 4.2～6.6。②染色法。花粉发芽过程中有些酶能引起氧化还原反应，进而使生物染料产生颜色反应，最常用的是氧化 2，3，5-三苯基四唑（TTC）。有活力的花粉被染成红色。

6.3.3　黄檗杂交技术

　　有性杂交是在人为控制父本的条件下进行的授粉，所以称为控制授粉，控制授粉主要包括去雄、套袋隔离、授粉、去袋等步骤。黄檗杂交通常为树上杂交。

　　（1）套袋隔离。在雄花散粉前，用能防水、透光、透气、坚韧的羊皮纸袋将雌球花套好，隔离袋大小因树种开花特性而异。雌花着生在当年生嫩枝顶端，套袋期间，嫩枝不断伸长，因此，在花芽前端留有生长的余地。隔离袋长 30～50cm（图 6.1）。

　　（2）授粉。在雌蕊柱头分泌黏液、发亮时授粉，授粉一般重复 1～2 次，用毛笔或喷粉器（图 6.2）。授粉后要及时标记杂交组合，挂牌。

图 6.1　黄檗套袋隔离(彩图请扫封底二维码)　　图 6.2　黄檗控制授粉(彩图请扫封底二维码)

　　（3）去袋。当柱头枯萎时可去掉套袋。到采种前，精心管理，及时防治病虫害。

　　（4）种子采收。黄檗种子不易脱落（图 6.3），种子成熟后在很长一段时间内均可采收。采收种子时分别杂交组合（图 6.4），不要混杂。

图 6.3　黄檗果实成熟(彩图请扫封底二维码)　　图 6.4　黄檗种子采收(彩图请扫封底二维码)

6.4　杂种的测定、选择和推广

杂交获得杂种，是杂交育种的开始，实质上是为进一步选择创造了更丰富的材料。杂种要经过培育、鉴定和选择，最后才能实现育种的预期目标。

6.4.1　杂种苗的培育

杂种种子的加工、贮藏、播种和育苗，在原则上是和常规育苗相同的。但由于杂种种子数量少、组合多、可比性要求高，工作应特别仔细。

苗圃地必须具备能育成健壮苗木的条件，并且在土壤、坡向、光照、前茬、排水等方面完全一致。苗圃试验可采用随机区组设计，重复 3 次，并设边（保护）行。

可在温室盆播，幼苗移植杂种圃；要采取各种措施以保证：①拥有最多杂种苗，增大选择所需性状杂种的可能性。②保证培育条件的一致性，条件一致才能做出客观评定和准确选择。

按照杂交组合分别进行种子低温层积和播种育苗，随机区组设计，每个杂交组合用标签标记，绘制杂种圃地平面图。

苗期观测项目包括：场圃发芽率，抗寒、抗旱、抗虫、抗病等适应性，苗高、地径、根系等生长性状，苗木越冬状况，物候，生长节律，形态，等等。

6.4.2　杂种的测定和选择

杂交使基因重组。如果双亲是纯和体，杂种 F_1 基因型相同，选择无效。而黄檗个体多为杂合基因型，F_1 个体间即发生分离，也就是说存在遗传差异，选择有效。

只有通过选择才能把具有优良遗传基础的个体挑选出来，并且选择应贯穿于杂种培育的全过程。从杂种萌发到品种试验都要对繁殖材料进行反复观察、鉴别，根据育种目标进行选择和淘汰。具有目标性状的个体入选。

1）黄檗目标性状

速生性，生物碱含量。

2）造林立地

皆伐迹地或疏林地，坡度 30°～40°，土层深厚、不积水。土壤结构、酸碱度、营养成分及含量等立地条件一致。

3）试验设计

随机区组设计，20～30 株。

4）观测

第一阶段选出优良杂种组合。在幼林阶段完成，主要了解适应性和生长的一般表现，选择生长量或生物碱含量符合育种目标的优良杂种组合。随机区组设计，3 次重复，每个组合 50～60 株。

第二阶段确定优良杂种推广地区。在第一阶段适应性好和生产力高的杂种，做进一步试验。实验期为 1/3～1/2 轮伐期。主要了解干型、树高、直径和材积生长，检测生物碱含量，以确定生产力高的地区。每小区 30～50 株。

6.4.3　杂种的繁殖、推广和命名

1）繁殖

原种：在遗传上经过鉴定，确认具有优良性状的杂种或类型。

原种扩繁为良种。良种用于生产。

黄檗是以种子繁殖为主的树种，可采用如下途径获得大量种子：①利用具有杂种优势的亲本建立种子园，提供优质黄檗种子；②利用杂种 F₁ 代形成的优良无性系，建立采穗圃，提供优质黄檗穗条。

2）栽培实验

一个新品种大面积推广之前，应根据新品种推广地区的自然地理类型，选择有代表性的地点作为栽培实验点。实验点多少取决于推广范围及自然条件的复杂程度，至少 3 个实验点。实验中应包括当地推广树种及少数其他材料。栽培管理措施应完全一致，并为当地生产单位应用。最后，根据不同区域栽培实验结果，提出新品种适应推广地区，以及相应的栽培技术措施。

3）杂种命名

对林木杂种命名有 3 种方式：①对自然杂种，常在属名之后加 ×；②写出杂种的组合；③给出品种名称。

黄檗杂交育种起步较晚，杂种命名可借鉴其他树种。

4）杂种优势

杂交育种的产品是杂种，杂种之所以能在生产中起到巨大的增产作用，是因

为杂种具有优势。

杂种优势：两个遗传性不同的亲本杂交产生的杂种第一代（F_1）优于其双亲的现象。

杂种优势表现在综合性状上或某一性状上，如形体、产量、抗性、适应性、生殖力等。

为了便于研究利用杂种优势，需要对杂种优势的大小进行测定，常用的方法有

$$平均优势（\%）=F_1-双亲平均值/双亲平均值×100\%$$

$$超亲优势（\%）=F_1-较好亲本/较好亲本×100\%$$

$$对照优势（\%）=F_1-对照品种/对照品种×100\%$$

一个杂种能否推广应用，不仅要比亲本优越，更重要的是必须优于当地主推良种，因此，对照优势更有实践意义。

黄檗杂交种同样需要培育生长性状或者生物碱含量杂种优势强的杂种。杂种优势取决于双亲的配合力。

7 黄檗遗传测定

观测到的树木高度，树叶的大小、颜色，果实的产量和品质，药用活性成分含量，等等，为各性状表现型。性状表现型是基因型和环境共同作用的结果，基因型即 DNA，每个个体的 DNA 都来自亲本，并传递到下一代，即基因型是可以遗传给下一代的。而环境效应是指温度、湿度、光照、肥力等，环境效应不能遗传。遗传测定可以准确区别优良表现型是遗传效应起主导作用，还是环境效应起主导作用。

7.1 遗传测定的意义和任务

遗传测定就是对未经遗传鉴定的表现型进行鉴定。遗传测定分为子代测定和无性系测定。

子代测定是对通过各种交配设计获得的子代进行田间对比实验，并根据它们的性状表现做出评价。

无性系测定是对选育出的表现型通过无性繁殖得到的植株所进行的田间对比实验，并根据性状表现做出评价。

因此，表现型测定可以包括选择育种中对种源、优树和无性系的测定，也包括杂交育种中对杂种的测定。

优异的表现型不一定产生优异的子代或无性系，其优异程度不一定与亲本表现型相关。

中国林科院对杉木优树做过多次子代测定。①直接采自优树的种子，育苗造林后 5～9 年，不同家系间差异明显：最优家系比最差家系的树高高出 24%～40%，直径大 34%～55%，单株材积超过 1 倍。与家系平均值比，最优家系树高、直径、单株材积分别高出 6%～21%、16%～26% 和 43%～53%。②来自种子园的自由授粉子代间在 4～6 年生时也存在明显差异。最优家系较最差家系树高高出 15%～36%，直径增大 24%～46%，相差幅度较直接来自优树的子代为小，这是由于种子园中的花粉组成比较一致的缘故。因此，种子园子代的增产效果较直接来自优树的子代为大。

遗传测定任务如下：①估算待测树木的育种值，并据此确定被测树木的取舍；②估算各种变量组分和遗传力，以便采用最有效的育种方法；③为多世代育种提供没有亲缘关系的繁殖材料；④通过田间对比实验评定遗传增益。

通过一个实验很难同时完成上述各项任务，因此需要确定主要目标，尽可能兼顾其他任务，这就要求育种工作者要掌握全部有关信息，妥善安排实验。

7.2　子代测定

7.2.1　子代测定和配合力

由于多数用材树种是通过种子繁殖的，所以子代测定是林木遗传测定的主要内容。有性繁殖时，能否产生遗传品质优良的子代，获得最大的改良效果；对已建立的种子园，应该选留哪些母树，才能够进一步提高种子园的改良效果。这些只有通过子代测定，才能对各亲本的配合力做出评定。

配合力就是两个亲本的组合能力，具体表现在所产生的子代优势程度，是选配双亲的依据。配合力分为一般配合力和特殊配合力。

一般配合力（GCA）：是指在一个交配群体中某个亲本的若干交配组合子代平均值与子代总平均值（群体）的离差。

特殊配合力（SCA）：是指在一个交配群体中，某个特定交配组合子代平均值与子代总平均值及双亲一般配合力的离差。

一般配合力是由基因的加性效应引起的。特殊配合力是基因非加性效应。加性效应是指基因的作用可以累加起来，能够固定遗传。

非加性效应没有累加作用，只有当特定的基因组合在一起时才能表现出优势来，不能稳定遗传。

育种值是林木育种工作中的重要参数，育种值就是加性效应值。亲本育种值等于一般配合力值的2倍。加倍的原因是亲本只为其子代提供半数基因。

配合力高的亲本，产生的子代一般表现较好，这是由于基因的作用是累加的缘故。而特殊配合力反映特定的交配组合中，父本与母本的互作效应，所以，特殊配合力大小不能说明亲本的好坏，也就是说一个亲本在一个交配组合中产生的子代好，不意味该亲本在其他交配组合中也产生好的子代。因此，在按特殊配合力高低选择亲本时，还需考虑一般配合力大小。由于上述原因，在林木良种繁育中通常选用一般配合力高的无性系，建立由许多无性系组成的种子园。用特殊配合力高的无性系营建杂种种子园（两个无性系）。

一般配合力、育种值、特殊配合力都是指亲本或组合的特定性状而言的。某一个亲本可能具有一般配合力高的材积生长性状，却可能具有一般配合力低的材质性状。所以对各性状配合力应分别估算，根据育种目标决定取舍。

7.2.2　交配设计

交配设计是为了解待测树木的遗传品质，根据实验的具体要求和条件，对亲本交配组合或制种所做的安排。交配设计很多，各有其优点和特定的用途。

1）自由授粉设计

直接从选择的优树上，或从种子园的嫁接植株上采收自由授粉种子，按单株或无性系脱粒、育苗、造林，对各种性状进行鉴定。只知母本、不知父本的子代，是谱系不完全清楚的交配设计。

优点：①组合少，不需人工控制授粉，如从优树上直接采种，可于选择当年或翌年采种试验；②可尽早得到一般配合力的估算值。林木始花期晚、鉴定周期长，尽早获得一般配合力的估算是很有意义的。

缺点：①子代的父本未知，特别是当从优树上直接采种时，由于各林分的花粉遗传品质可能有较大的差别，从这类子代评定出的一般配合力会产生偏差；②自由授粉时的花粉组成会因树冠的方位不同而不同，也会因年份不同而有别，因此，由于采种部位或采种年份不同，子代间也常出现差异，为了克服这一缺点，需要在时间、空间上做多次重复，这就需要花费较多的人力、物力和时间；③从同一林分或种子园中取得自由授粉种子，因有亲缘关系，不宜做进一步选育。

2）多系授粉设计

多系授粉：又称混合授粉，就是对每个待测无性系用本系以外的许多无性系的混合花粉授粉。由随机排列的无性系种子园产生的种子，相当于这种方式产生的种子。

优点：①组合少，工作较方便；②测定结果较自由授粉法更符合筛选无性系的实际需要，遗传增益较高；③能测一般配合力。

缺点：①子代父本未知，混合授粉产生的子代中，有相当一部分具有共同的父本，因此，产生的子代不宜作进一步选育；②混合授粉子代测定需要等待无性系植株开花；③花期不遇时，有催花和花粉贮藏等问题；④不能测定特殊配合力。

3）单交设计

单交就是在一个育种群体中，一个亲本只和另一个亲本交配，只交配一次。

优点：①双亲已知，两个亲本只作一次交配，操作方便；②没有亲缘关系的子代数量较多，不同组合的子代之间无亲缘关系，可进一步选育；③能估算特殊配合力。

缺点：①不能估算一般配合力，可能会丧失优良的无性系，不宜单独作为测定子代方法；②子代测定需要等待开花。

4）双列杂交设计

双列杂交又称互交，包括一组亲本间所有可能的杂交和自交组合。

例如，有 P 个无性系，有 P^2 杂交和自交组合：

①P 个亲本自交组合；②$1/2 \cdot P(P-1)$ 个正交组合；③$1/2 \cdot P(P-1)$ 个反

交组合。组合数合计：$P+1/2 \cdot P（P-1）+1/2 \cdot P（P-1）=P^2$。

Griffing 根据设计中所含上列各类组合，把双列杂交分 4 种。

第一种：包括正交、反交和自交。组合数 P^2。

第二种：包括自交和正交。组合数 $P+1/2 \cdot P（P-1）=1/2 \cdot P（P-1）$。

第三种：包括正交和反交。组合数 $1/2 \cdot P（P-1）\times 2=P（P-1）$。

第四种：仅包括正交（或反交）。组合数 $1/2 \cdot P（P-1）$。

优点：①能够提供一般配合力和特殊配合力数据；②能提供没有亲缘关系的子代。

缺点：工作量大，只适用于亲本树木少的实验。

5）部分双列杂交设计

部分双列杂交设计是完全双列杂交第四种设计的改进，在无性系数目多时，可以在较少工作量的情况下，估算一般配合力和特殊配合力。

优点：①可以估算一般、特殊配合力；②工作量较小，适合无性系数目多的测定；③能提供大量无亲缘关系的子代。

缺点：各无性系交配次数不等。

6）测交系设计

测交系：是专门用来与待测无性系交配的少数无性系。

测交系既可做父本也可做母本，做父本较多。

测交系的选定，按理事先应经过遗传学鉴定，由于林木世代长，在实践中完全做到这一点有困难，所以，多数情况下采用随机选出的无性系作为测交系，如果测交系的育种值低于平均值，则测定值偏低；如果育种值偏高，测定值也偏高。

测交系数目：4~6 个

优点：①可估算一般配合力和特殊配合力；②设计简单。

缺点：①没有亲缘关系的子代数目少，不宜进一步选择；②如果测交系选择不当，会影响评定结果；③如测定的无性系多，工作量大。

为了克服上述缺点，可采用不连续的测交。

7.2.3 遗传测定的内容、要求、观测技术

1）测定内容

测定内容包括：①生长量；②干形；③材质；④树皮产量；⑤活性成分含量。

2）测定要求

（1）代表性。测定材料要有代表性，代表将来能提供生产应用的繁殖材料。

（2）测定方式。栽培对比实验。

（3）育苗。育苗圃地适宜黄檗生长，并且立地条件和管理措施一致。

（4）一致性。供测定苗木操作相同、时间相同。

（5）对照。遗传对照：①第一代改良，用当地造林用的一般种子；②控制授粉子代用亲本自由受粉子代；③第二代改良用第一代改良种子。

（6）实验地。实验地应能代表推广地区自然立地条件，条件一致，满足田间设计要求。

（7）观测期限。以能正确评定所需性状为度。用材：1/3～1/2 轮伐期。经济树种：盛产期。

（8）实验总结。每隔 3～5 年一次阶段总结，实验结束时全面总结。

3）观测技术

（1）取样。应全面取样。实验林大时随机取样。

（2）定量优于定性。单因子胜于复因子。定量分析结果精确，信息多。单因子的不同配合可提供更多信息。

（3）组织工作。调查至少 2 人。一次测一个性状可提高精度。

（4）测量精度。测量精度要适当，变幅大则精度可稍低些；变幅小则精度要高。具体测量精度与性状有关。

（5）记录。简化记录，采用整数记录，如 11.2m、10.5m 可分别记为 112、105。

7.3　黄檗子代测定实例

北华大学创新与创业实践基地种植的黄檗 3 年生子代测定林，黑龙江种源和临江种源各 1 个，每个种源各选择 8 个家系，每个家系 20 株。

调查时间为从萌动开始到停止生长为止，利用米尺调查幼树苗高，利用数字显示游标卡尺测量幼树地径。

利用 Excel、SAS9.1 和 SPSS17.0 软件对数据进行整理与分析。

对 2 个种源 16 个雌无性系，每个无性系选择 2 个分株，每个分株取 20 株家系观测值的平均值，以生长时间和生长量两个指标分别对 16 个雌无性系苗木的生长进程选用逻辑斯谛（Logistic）方程对黄檗无性系苗期生长进行拟合并用每个无性系的第 3 个分株进行验证，其表达式为

$$y=k/(1+e^{a-bt}) \tag{7.1}$$

式中，k、a 和 b 三个参数在 SPSS17.0 统计分析软件进行估计，对上述表达式分别进行二阶求导和三阶求导，整理可得到

$$t_0=ab^{-1} \tag{7.2}$$

$$t_1=(a-1.317)b^{-1} \tag{7.3}$$

$$t_2=(a+1.317)b^{-1} \tag{7.4}$$

式中，t_0 为生长量日增长最大的时间，即速生点；t_1 为生长量由慢变快的时间；t_2

为生长量由快变慢的时间；t_1-t_2 之间为速生期。

7.3.1 黄檗子代生长量差异分析

对黑龙江种源和临江种源 1 子代苗高和地径生长量进行方差分析（表 7.1）。黄檗子代苗高和地径在种源间及家系间差异均达极显著水平，说明两个性状种源间和种源内个体间存在遗传变异。黄檗子代苗高和地径在不同生长时期的生长量差异极显著；在时间与种源交互作用上黄檗种源地径生长与时间存在交互作用，而苗高生长与时间交互作用不显著。

表 7.1　黄檗子代生长量方差分析

变异来源	自由度	苗高		地径	
		均方	F 值	均方	F 值
种源	1	1 539.59	10.99**	3.57	9.85**
家系	14	1 224.07	174.68**	3.13	8.63**
时间	6	10 697.70	332.50**	95.00	262.14**
时间×种源	6	12.84	1.83	0.87	2.40*
时间×家系	84	82.35	11.75**	0.36	0.98
误差	224	32.17		0.36	

进一步对 2 个种源不同家系的苗高和地径进行多重比较（图 7.1 和图 7.2）。由图 7.1 可知，黑龙江种源 4 号家系苗高最高（40.78cm），地径最大（3.82mm），且与其他 7 个家系差异均达显著水平；临江种源 1 的 2 号家系苗高最高（36.64cm），与同种源其他 7 个无性系差异均达显著水平，地径也为临江种源 1 的 2 号家系最大（4.01mm），与临江种源 5 号和 8 号家系差异不显著，与其他 5 个家系差异达显著水平。

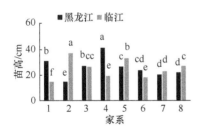

图 7.1　黄檗家系间苗高多重比较

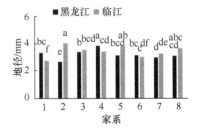

图 7.2　黄檗家系间地径多重比较

7.3.2 黄檗子代苗期年生长模型

黄檗家系的苗高与地径生长量均可用"S"型曲线方程进行拟合，分别以家系 H1F8 和 L1F7 为例，其拟合生长曲线见图 7.3。由图 7.3 可以看出，黄檗无性系 H1F8 和 L1F7 苗期年生长规律高度符合"S"型生长曲线。每个种源选择 8 个家系，每个家系 3 个分株，每个分株 20 个重复，取分株的重复算平均值，即每个无性系 2 个分株用来拟合生长模型，另外 1 个分株进行验证，将参试家系苗高和地径观测值用 SPSS 求出 k、a 和 b 值，建立各无性系的生长模型，均具较高相关系数。用 F 进行检验，均达极显著水平（表 7.2）。实测值与 k 值非常接近，这说明利用 Logistic 方程拟合 1 年生黄檗家系苗木生长节律可行。

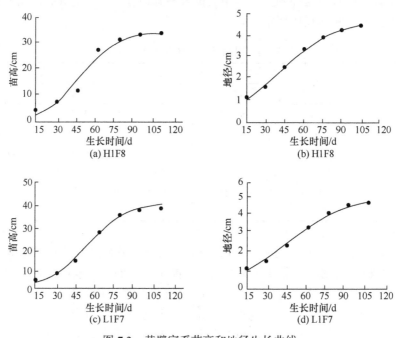

图 7.3 黄檗家系苗高和地径生长曲线

表 7.2 黄檗家系苗高、地径的 Logistic 模型

家系	苗高						地径					
	实测值	k	a	b	R^2	F 值	实测值	k	a	b	R^2	F 值
H1F1	46.35	46.95	3.716	0.083	0.968	256.97	4.92	5.18	1.586	0.038	0.956	1041.39
H1F2	25.00	25.34	3.399	0.068	0.867	281.96	4.03	4.35	1.796	0.040	0.955	514.36
H1F3	42.35	42.22	3.839	0.077	0.962	387.67	5.19	5.49	2.119	0.050	0.969	4664.73
H1F4	54.04	54.32	3.107	0.068	0.947	71.33	4.82	4.82	2.011	0.058	0.987	584.68
H1F5	43.21	43.38	3.946	0.087	0.964	132.59	4.68	4.83	1.949	0.049	0.970	1506.19
H1F6	34.13	34.68	3.357	0.074	0.845	209.06	4.86	5.22	2.048	0.044	0.966	414.76
H1F7	29.71	30.62	3.148	0.067	0.959	174.79	4.25	4.38	1.911	0.048	0.971	511.38
H1F8	34.17	34.27	3.546	0.075	0.968	185.05	4.46	4.73	1.938	0.046	0.985	1099.87

家系	苗高						地径					
	实测值	k	a	b	R^2	F 值	实测值	k	a	b	R^2	F 值
L1F1	21.22	22.20	2.834	0.059	0.895	240.65	3.77	3.95	1.984	0.050	0.874	348.61
L1F2	57.64	58.45	3.799	0.081	0.946	318.41	5.49	5.60	1.658	0.048	0.967	518.25
L1F3	46.87	46.70	3.439	0.062	0.846	319.40	5.44	5.50	2.400	0.057	0.962	287.15
L1F4	30.87	31.85	3.483	0.070	0.903	209.40	5.55	5.27	2.319	0.053	0.885	1712.83
L1F5	49.79	50.18	4.864	0.099	0.924	819.63	6.58	7.02	2.307	0.043	0.952	209.31
L1F6	31.03	33.16	2.828	0.051	0.954	444.38	4.50	4.89	2.055	0.047	0.907	676.70
L1F7	39.44	40.59	3.658	0.07	0.981	123.18	4.74	5.23	2.043	0.045	0.972	499.01
L1F8	41.42	41.43	4.198	0.088	0.942	193.19	5.40	5.62	2.383	0.058	0.979	1154.38

7.3.3 黄檗子代年生长阶段的划分

对黄檗 2 个种源 16 个家系苗木的苗高和地径年生长节律用 "S" 型曲线拟合，结果表明拟合均达极显著水平。黑龙江种源苗高和地径年生长参数的变化范围见表 7.3，黄檗家系 1 年生苗高的速生期平均为 35 天，速生始期最早为第 26 天（7 月 11 日），速生期结束期最晚为第 69 天（8 月 24 日），速生点为第 45～50 天（8 月 1 日至 8 月 6 日），速生期持续期为 30～39 天，极值 k 的变化范围为 25.34～54.32cm；1 年生苗木地径的速生期平均时间为 57 天，速生始期最早为第 7 天（6 月 23 日），速生期结束期最晚为第 78 天（9 月 4 日），速生点为第 35～47 天（7 月 20 日至 8 月 3 日），速生期持续期为 45～69 天，极值 k 的变化范围 4.35～5.49cm。

表 7.3 黑龙江种源家系苗高、地径年生长参数

参数	苗高						地径					
	k	a	t_1	t_2	t_0	t_2-t_1	k	a	t_1	t_2	t_0	t_2-t_1
最小值	25.342	3.107	26	60	45	30	4.345	1.586	7	57	35	45
最大值	54.317	3.946	33	69	50	39	5.489	2.119	17	78	47	69
均值	38.973	—	29	65	47	35	4.874	—	13	70	41	57

临江种源 1 家系苗高和地径年生长参数的变化范围见表 7.4，黄檗家系 1 年生苗高的速生期平均为 38 天，速生始期最早为第 26 天（7 月 11 日），速生期结束期最晚为第 81 天（8 月 24 日），速生点为第 45～50 天（8 月 1 日至 8 月 6 日），速生期持续期为 27～52 天，极值 k 的变化范围为 22.20～58.45cm；1 年生苗木地径的速生期平均时间为 53 天，速生始期最早为第 7 天（6 月 23 日），速生期结束期最晚为第 84 天（9 月 9 日），速生点为第 35～54 天（7 月 20 日至 8 月 9 日），速生期持续期为 45～61 天，极值 k 的变化范围 3.954～7.019cm。

表 7.4　临江种源 1 家系苗高、地径年生长参数

参数	苗高						地径					
	k	a	t_1	t_2	t_0	t_2-t_1	k	a	t_1	t_2	t_0	t_2-t_1
最小值	22.196	2.828	26	62	47	27	3.954	1.658	7	62	35	45
最大值	58.453	4.864	36	81	55	52	7.019	2.400	23	84	54	61
均值	40.569	—	32	70	51	38	5.386	—	16	70	43	53

7.3.4　苗高和地径年生长量与极值 k 的关系

极值 k 是苗高或地径年生长拟合的极限值，即理论上的最大值，极值 k 应该与苗高和地径的年生长量相一致。对 16 个黄菠罗家系苗高和地径年生长极值与实测值进行比较，结果如图 7.4 所示。从图 7.4 可以看出，黄菠罗家系苗高、地径年生长拟合极值分别与苗高和地径年生长实测值呈极显著正相关关系，其中黑龙江种源苗高、地径年生长拟合极值与苗高和地径年生长实测值的相关系数分别为0.9989 和 0.9109，临江种源 1 苗高、地径年生长拟合极值与苗高和地径年生长实测值的相关系数分别为 0.9969 和 0.9152。因此，可用 k 值作为苗期年生长量的选择与培育指标。

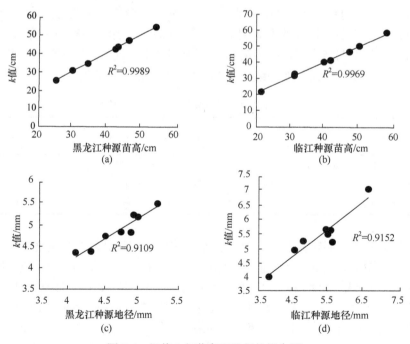

图 7.4　极值 k 与苗高和地径的拟合图

7.3.5　家系苗木生长过程比较

以 2 个种源 16 个家系苗木生长过程分别作图（图 7.5）。黑龙江种源内以 H1F4 为例，苗高在第 45 天（8 月 1 日）进入速生期，且第 60 天（8 月 15 日）就达到速生结束期，速生持续时间为 15 天，最终 H1F4 苗高最高，达到 54.32cm；地径在第 30 天（7 月 15 日）进入速生期，速生期达 30 天，比苗高速生期多 15 天，且在 9 月后仍有快速增长趋势，最终地径最大，达 4.82mm。临江种源 1 内以 L1F2 为例，苗高在第 45 天进入速生期，在第 75 天（9 月 1 日）结束速生期，速生持续时间为 30 天，最终苗高最高，达 57.64cm；地径第 30 天进入速生期，在第 60 天结束速生期，速生期持续 30 天，最终地径达 5.49mm。

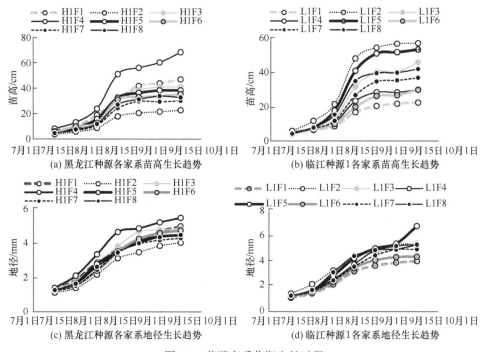

图 7.5　黄檗家系苗期生长过程

7.3.6　子代苗高和地径相关分析

2017 年对 2 个种源的子代苗高和地径进行相关分析，各生长时期苗高和地径显著或极显著相关。由表 7.5 可知，黑龙江种源内除 6 月 15 日的苗高与地径之间呈显著正相关（$R=0.7360$）外，其他时间子代苗高与地径间相关性均达极显著差异；临江种源 1 内分别在 7 月 1 日、10 月 1 日和 6 月 15 日苗高与地径之间呈显著正相关，相关性分别为 0.8001、0.7662 和 0.7441，其他时间苗高与地径之间均呈极显著正相关。

表 7.5　黄檗子代苗高和地径相关系数

种源	日期(月·日)							
	6.15	7.1	7.15	8.1	8.15	9.1	9.15	10.1
黑龙江种源	0.7360*	0.8597**	0.8838**	0.9628**	0.8430**	0.8329**	0.9218**	0.9629**
临江种源 1	0.7441*	0.8001*	0.9733**	0.8524**	0.9256**	0.8439**	0.8459**	0.7662*

7.3.7　子代与亲代苗高和地径相关分析

对黑龙江种源和临江种源 1 的亲代与子代生长量进行相关分析,见表 7.6。黑龙江种源内 2017 年 8 次株高测量结果中亲代与子代间均表现为弱正相关或相关性不显著;临江种源 1 内 6 月 15 日测量结果中亲代与子代间呈显著正相关(R=0.7332),其余时间测量结果中均呈正相关但未达显著水平。

表 7.6　黄檗子代与亲代株高相关系数

种源	日期(月·日)							
	6.15	7.1	7.15	8.1	8.15	9.1	9.15	10.1
黑龙江种源	0.1085	0.1156	0.2988	0.208	0.1479	0.1529	0.2503	0.2409
临江种源 1	0.7332*	0.5682	0.5435	0.5928	0.5941	0.6717	0.6877	0.6875

黑龙江种源内 2017 年 8 次地径测量结果中亲代与子代间均表现为弱正相关或相关性不显著(表 7.7);临江种源 1 内 2017 年 7 月 1 日、9 月 1 日和 9 月 15 日测量结果中亲代与子代间均呈弱负相关或相关性不显著,其余时间测量结果中均呈正相关但未达显著水平。

表 7.7　黄檗子代与亲代地径相关系数

种源	日期(月·日)							
	6.15	7.1	7.15	8.1	8.15	9.1	9.15	10.1
黑龙江种源	0.3321	0.1271	0.1482	0.0628	0.2867	0.3923	0.0756	0.2271
临江种源 1	0.0480	−0.0399	0.288	0.1108	0.2438	−0.0236	−0.0138	0.2754

7.3.8　小结

1)亲代生长量变异

黄檗雌、雄株之间树高、地径和冠幅等差异较小,树高、地径、冠幅、树皮厚度和连年生长量种源间差异均达到显著或极显著水平,说明这些生长性状种源间变异大于种源内。黑龙江种源株高、地径和冠幅均显著高于其他种源。黄檗雌性树高无性系间差异显著或极显著，雄性无性系间差异极显著，无性系间地径和冠幅差异不显著。

2）子代生长量变异

黑龙江种源和临江种源 1 子代苗高和地径生长量种源间、家系间均达极显著水平，说明苗高和地径变异分别来自于种源间和种源内个体间。H1F4 苗高和地径显著高于同种源的另外 7 个家系；临江种源 1 的 2 号家系苗高和地径显著高于其他 5 个无性系。

3）子代苗期年生长模型

黄檗无性系的苗高与地径生长量均可用"S"型曲线方程进行拟合。每个种源选择 8 个无性系，每个无性系 3 个分株，每个分株 20 株家系，取分株的重复算平均值即每个无性系 2 个分株用来拟合生长模型另外 1 个分株进行验证，将参试无性系苗高和地径观测值用 SPSS 软件求出 k、a 和 b 值，建立各无性系的生长模型，均具较高相关系数。用 F 进行检验，均达极显著水平。实测值与 k 值非常接近，这说明利用 Logistic 方程拟合 1 年生黄檗无性系苗木生长节律可行。

4）生长性状相关分析

对黄檗子代苗高和地径进行相关分析，各生长时期苗高和地径显著或极显著相关。黑龙江种源亲代与子代生长量间均表现为弱正相关，临江种源 1 株高亲代与子代间呈显著正相关（$R=0.7332$）。黑龙江种源地径亲代与子代间均表现为弱正相关或相关性不显著，临江种源 1 地径亲代与子代间呈正相关，但未达显著水平。

7.4 黄檗无性系测定

无性系测定是从选择的树木上采集穗条，通过扦插或嫁接，按一定的田间设计要求进行无性系比较的过程。

目的：了解无性繁殖下遗传变异的模式，估计有关遗传参数，进行无性系选择，为无性系造林提供繁殖材料，并制定栽培管理措施。

测定内容：测定内容是根据育种目标来确定的，主要是一些重要的经济性状。①速生性，如待测无性系的树高、直径和材积的年生长量与总生长量，以及各生长时期的特点；②形质指标，如树干通直度、圆满度、分枝特性、冠形和木材品质等；③抗性特点，如抗病虫害、抗旱、抗风、抗寒、耐盐碱等能力。

待测对象：根据无性系育种现有情况看，待测材料来源有：①各种杂交设计所产生的子代，通过子代测定选出优良种子，在家系选择的基础上，再做无性系测定；②从选出的优树上直接取材，扩大繁殖，进行无性系测定。

1）苗期测定

苗期测定主要了解苗期不同无性系的生根状况、苗期生长速率、生长节律、适应性、形态特征等。通过苗期测定做低强度选择。测定年限 1～2 年，株行距

30cm×50cm 或 40cm×80cm，通常用随机区组设计，3 次重复，10～20 株小区。

2）林期测定

林期测定地点应设在将来大面积造林的地方。一般选 2～3 个立地建立测定林，随机区组设计，3～5 次重复。

第一阶段：主要观测生长量、干形，对入选系进行初次实验。一般在速生期到来后 2 年进行初选。入选率 50%。2～3 株小区，株行距为 2m×2m。

第二阶段：主要观测分枝习性、适应性和抗病虫害情况。在 3 个立地设置测定林。每一立地 4～6 株小区。观察 3～4 年，入选率 50%。

第三阶段：主要观测生产力，树冠大小、木材品质等。4～6 株小区，株行距 2m×2m，郁闭时 4m×4m。

各阶段用当地最优种源的同龄实生苗普通无性系做对照。

7.4.1　黄檗无性系测定案例

吉林省临江林业局阔叶树种子园建于 1999 年，园区位于 126°54′N、41°48′E，海拔 793m，年平均气温 1.4℃，年平均降水量 830mm，无霜期 109 天。气候属中温带大陆性季风气候，为温润森林区。种子园面积 56.3hm²，其中生产区 48.5hm²、优树收集区 4.8hm²、子代测定区 3.0hm²。园内定植黄檗、水曲柳、柞树、椴树、胡桃楸五大珍贵阔叶树种，共分 17 个小区，每个小区面积 2.25hm²，定植株数 624 株，全园定植优树 10 608 株。

建园优树主要来源于黑龙江带岭林区和长白山林区，采用分组随机区组设计，4 个黄檗种源、26 个无性系、9 次重复。

2008 年对 4 个种源内所有无性系及分株的树高和冠幅进行调查，并根据 2007 年树高的调查数据计算树高当年生长量。

数据分析方法：采用 SAS 统计软件进行数据分析。

$$P = \frac{1}{n} \sum_{i=1}^{n} A_i X_i \qquad (7.5)$$

式中，P 为各无性系的综合得分值；A_i 为性状的权重值；X_i 为各无性系在 i 性状的得分值；n 为性状个数。为了评选结实量较高的无性系，权重值 A_i 连年生长量为 0.2、树高为 0.3、冠幅为 0.5。

$$期望均方值 \ \sigma_G^2 = (\sigma_b^2 - \sigma_w^2)/k$$

$$无性系重复力 \ R = \sigma_G^2/(\sigma_b^2 - \sigma_w^2)$$

式中，σ_b^2 为无性系间方差分量；σ_w^2 为随机误差方差分量；k 为重复数。

7.4.2　种源间生长性状变异

黄檗种源黑黄 1 无性系连年生长量、树高和冠幅的均值分别为 29.27cm、

2.99m、2.62m，黑黄 2 无性系连年生长量、树高和冠幅的均值分别为 28.80cm、3.07m、2.64m，临黄 1 无性系树高当年生长量、树高和冠幅的均值分别为 22.81cm、2.13m、1.93m，临黄 2 无性系连年生长量、树高和冠幅的均值分别为 21.32cm、2m、1.77cm，各性状变异系数见表 7.8。临黄 1 和临黄 2 的连年生长量无性系间变异系数较大，其他各种源不同性状无性系间变异系数较小，说明种源间不同性状无性系间都具有一定选择潜力，且临黄 1 和临黄 2 的树高当年生长量的选择潜力最大。

表 7.8　各种源生长性状变异系数　　　　　　　（单位：%）

性状	黑黄 1	黑黄 2	临黄 1	临黄 2
连年生长量	15.91	17.58	35.51	35.01
树高	20.69	22.13	22.87	24.7
冠幅	27.94	28.26	28.42	29.01

种源间的树高当年生长量、树高、冠幅差异均达到极显著水平（F 值分别为 7.84、19.28 和 11.62），说明不同种源之间决定树高当年生长量、树高、冠幅的遗传物质差异较大。通过对黄檗不同种源连年生长量、树高和冠幅多重比较，可以看出这 3 个性状在黑黄 1 与黑黄 2 之间差异不显著（表 7.9），表明黑龙江两个种源的生态条件接近，两者之间没有明显的遗传分化；而黑龙江种源与临江种源之间差异较大。连年生长量、树高、冠幅在黑龙江种源与临黄各种源之间差异显著，这是黄檗黑龙江种源生长的生态条件与临江种源的生态条件差异较大，在各自适应当地立地条件过程中，导致种内遗传分化的缘故。进一步分析了 3 个性状的重复力，连年生长量、树高、冠幅种源的重复力分别为 0.25、0.45 和 0.33，连年生长量的重复力较低，树高的重复力较高。

表 7.9　不同生长性状种源间多重比较

种源	连年生长量 /cm	显著性		树高/m	显著性		冠幅/m	显著性	
		0.05	0.01		0.05	0.01		0.05	0.01
黑黄 1	29.27	a	A	2.99	a	A	2.63	a	A
黑黄 2	28.80	a	A	3.07	a	A	2.65	a	A
临黄 1	28.81	b	B	2.14	b	B	1.94	b	B
临黄 2	21.33	c	B	2.00	c	B	1.77	b	B

7.4.3　无性系间生长性状的差异

7.4.3.1　无性系间树高、冠幅的差异

黄檗种源黑黄 1 无性系间连年生长量、树高、冠幅均差异极显著（F 值分别

为 3.38、1.89 和 3.09）；黑黄 2 无性系间连年生长量、树高、冠幅差异极显著或显著（F 值分别为 2.21、1.61 和 3.03）；临黄 1 无性系间连年生长量、树高、冠幅差异极显著或显著（F 值分别为 1.94、1.86 和 2.65）；临黄 2 无性系间连年生长量、树高和冠幅差异极显著或显著（F 值分别为 1.72、1.96 和 1.75）。4 个种源中不同无性系间生长性状差异显著或极显著，说明不同无性系间存在遗传变异，通过选择可获得较大遗传增益。

7.4.3.2　无性系间连年生长量变异

方差分析结果（表 7.10）表明，黑龙江黄檗种源 1 不同无性系之间连年生长量差异极显著（F=20.98）。这一结果说明，除嫁接技术等非遗传因素外，各无性系之间决定生长量的遗传物质差异较大。通过对不同无性系连年生长量的多重比较发现，15 号无性系生长量最大，且与其他无性系连年生长量之间差异极显著。21 号、25 号无性系与其他无性系连年生长量差异较大，6 号无性系连年生长量最小（表 7.10）。

表 7.10　黑龙江黄檗种源 1 不同无性系连年生长量多重比较

无性系	均值/cm	显著性		无性系	均值/cm	显著性	
		0.05	0.01			0.05	0.01
15	30.50	a	A	20	20.70	ghi	GHI
21	27.75	b	B	2	19.25	hij	HIJ
25	25.50	bc	BC	9	19.00	hijk	HIJK
14	24.75	cd	CD	22	18.75	hijkl	HIJKL
11	24.00	cde	CDE	1	18.25	ijkl	IJKL
16	23.75	cde	CDE	24	18.25	ijkl	IJKL
10	23.75	cde	CDE	7	18.00	jkl	JKL
17	23.50	cdef	CDEF	5	18.00	jkl	JKL
12	22.50	defg	DEFG	4	16.75	jklm	JKLM
18	22.25	defg	DEFG	19	16.50	klm	KLM
23	22.25	defg	DEFG	3	16.25	lm	LM
13	22.00	efg	EFG	8	14.75	m	M
26	21.00	fg	FG	6	9.50	n	N

黑龙江黄檗种源 2 不同无性系之间连年生长量差异极显著（F=25.49），通过对黑黄 2 不同无性系连年生长量的多重比较发现，15 号和 21 号无性系连年生长量较大，3、4、6、8、9、22、24 号 7 个无性系间连年生长量较小（表 7.11）。

表 7.11　黑龙江黄檗种源 2 不同无性系连年生长量多重比较

无性系	均值/cm	显著性		无性系	均值/cm	显著性	
		0.05	0.01			0.05	0.01
15	38.00	a	A	1	22.25	gh	GH
21	31.75	b	B	2	22.00	ghi	GHI
14	29.00	bc	BC	26	21.00	ghij	GHIJ
25	29.00	bc	BC	7	21.00	ghij	GHIJ
16	28.75	c	C	5	21.00	ghij	GHIJ
11	28.25	cd	CD	19	20.50	hijk	HIJK
10	28.00	cde	CDE	22	19.75	hijkl	HIJKL
17	27.50	cde	CDE	4	19.50	hijkl	HIJKL
18	26.25	cdef	CDEF	3	19.25	ijkl	IJKL
12	25.75	def	DEF	24	18.25	jkl	JKL
13	25.25	ef	EF	8	18.00	kl	KL
20	23.75	fg	FG	6	17.75	kl	KL
23	22.25	gh	GH	9	17.50	l	L

临江黄檗种源 1 不同无性系之间连年生长量差异极显著（F=59.81），15、14 和 13 号无性系生长量较大，20 号无性系生长量最小（表 7.12）。

表 7.12　临江黄檗种源 1 不同无性系连年生长量多重比较

无性系	均值/cm	显著性		无性系	均值/cm	显著性	
		0.05	0.01			0.05	0.01
15	31.50	a	A	10	18.25	fg	FG
14	30.00	ab	AB	17	18.25	fg	FG
13	29.00	b	B	16	18.00	fg	FG
12	27.50	b	B	18	17.50	g	G
26	24.00	b	B	22	14.50	h	H
5	23.25	cd	CD	8	14.25	hi	HI
21	21.00	de	DE	6	13.25	hij	HIJ
4	20.50	ef	EF	25	13.00	hij	HIJ
9	20.00	efg	EFG	2	13.00	hij	HIJ
24	19.50	efg	EFG	7	11.75	ijk	IJK
11	19.50	efg	EFG	23	11.50	jk	JK
22	19.25	efg	EFG	1	11.50	jk	JK
19	18.25	fg	FG	20	9.50	k	K

临江黄檗种源 2 不同无性系之间连年生长量差异极显著（F=84.57），15 号和

14 号无性系连年生长量较大，20 号无性系连年生长量最小（表 7.13）。

表 7.13　临江黄檗种源 2 不同无性系连年生长量多重比较

无性系	均值/cm	显著性		无性系	均值/cm	显著性	
		0.05	0.01			0.05	0.01
15	29.50	a	A	10	18.25	fg	FG
14	28.00	a	A	9	18.00	g	G
13	27.00	b	B	16	18.00	g	G
12	26.50	b	B	18	17.50	g	G
26	24.00	c	C	3	14.50	h	H
5	23.25	cd	CD	8	14.25	h	H
21	21.00	de	DE	6	13.25	hi	HI
4	20.50	ef	EF	25	13.00	hi	HI
11	19.50	efg	EFG	2	13.00	hi	HI
24	19.50	efg	EFG	7	11.75	ij	IJ
22	19.25	efg	EFG	23	11.50	ij	IJ
19	18.75	efg	EFG	1	11.50	ij	IJ
17	18.25	fg	FG	20	9.50	j	J

临江黄檗种源 3 不同无性系之间连年生长量差异极显著（F=51.91），15 号无性系当年生长量最高，17、6、11、2、19、18、21、24、23、4、5、22、1 和 10 号无性系连年生长量较差（表 7.14）。

表 7.14　临江黄檗种源 3 不同无性系连年生长量多重比较

无性系	均值/cm	显著性		无性系	均值/cm	显著性	
		0.05	0.01			0.05	0.01
15	21.750	a	A	11	7.000	f	F
12	19.500	b	B	2	6.750	f	F
14	18.500	b	B	19	6.750	f	F
9	15.500	c	C	18	6.750	f	F
20	15.250	c	C	21	6.500	fg	FG
8	15.000	cd	CD	24	6.500	fg	FG
3	13.500	cd	CD	23	6.500	fg	FG
16	13.000	d	D	4	6.250	fg	FG
7	10.500	e	E	5	5.500	fg	FG
13	9.500	e	E	22	5.250	fg	FG
17	7.250	f	F	1	5.250	fg	FG
6	7.250	f	F	10	4.500	g	G

7.4.4 黄檗无性系评价

采用多性状综合评分法可以避免单一性状评价的偏差。以综合得分、连年生长量、树高和冠幅的平均值对 26 个无性系进行量化评分（表 7.15）。其中 23 号无性系得分最高为 76.33，比平均值高 15.95%；8 号无性系得分最低为 54.78 分，比平均值低 16.78%。其中有 10 个无性系得分大于平均值，且 23、1 和 2 号三个无性系的得分大于平均值的 10%。1 号无性系连年生长量最大为 30.27cm，且大于平均值的 17.7%，大于最小值的 46.5%；23 号无性系树高和冠幅均最高，分别为 2.93m 和 2.72m，且分别大于平均值的 14.8%和 17.2%，大于最小值的 30.2%和 46.6%。从综合得分来看，入选的 5 个最优无性系为 23、1、2、4 和 24 号；从连年生长量来看，为 1、3、10、11 和 25 号无性系；从树高来看，为 23、1、2、25 和 10 号无性系；从冠幅来看，为 23、1、15、24 和 4 号无性系，综合评分结果是 23、1、2、4、24、10 和 25 号为优良无性系，其中 1 号无性系为最优无性系。

表 7.15　无性系多指标综合得分表

无性系号	得分	连年生长量/cm	树高/m	冠幅/m	无性系号	得分	连年生长量/cm	树高/m	冠幅/m
23	76.33	26.27	2.93	2.72	18	65.22	24.55	2.51	2.23
1	73.87	30.27	2.84	2.61	9	64.47	25.33	2.45	2.29
2	73.10	27.73	2.84	2.57	6	63.79	27.42	2.51	2.05
4	72.00	27.67	2.72	2.58	16	62.98	26.67	2.43	2.22
24	71.77	28.24	2.77	2.47	17	62.96	24.33	2.42	2.23
10	70.75	28.24	2.81	2.39	7	61.88	23.79	2.48	2.09
25	69.75	25.82	2.69	2.59	14	61.21	20.67	2.48	2.14
15	69.25	28.82	2.7	2.25	21	61.08	21.79	2.27	2.46
19	66.94	26.24	2.6	2.25	22	61.02	26.45	2.39	2.13
3	66.41	28.3	2.55	2.29	5	60.18	23.55	2.42	2.07
11	65.53	23.94	2.43	2.6	26	60.13	23.88	2.35	2.10
12	65.42	25.18	2.57	2.28	8	54.78	21.15	2.25	1.85
20	65.30	24.64	2.46	2.44	均值	65.822	25.7168	2.5505	2.3162
13	65.27	27.70	2.46	2.34					

7.4.5　小结

1）生长性状种源间变异

黄檗不同种源间连年生长量、树高和冠幅差异均达到极显著水平（F 值分别为 7.84、19.28 和 11.62），说明各性状差异是由遗传因素引起的。不同性状变异系数有所差异，说明各自具有不同选择潜力。各性状的种源重复力分别为 0.2485、

0.4504 和 0.3298，这些性状受遗传控制水平为中等。黑龙江境内的黄檗两个种源之间差异不显著，表明两者生态条件相似、遗传基础接近；黑龙江种源与临江种源之间，以及临江境内的黄檗种源之间差异显著或极显著，导致差异显著的主要原因是不同种源生长的生态条件差异较大，在各自适应当地生态条件过程中逐渐遗传分化。

2）生长性状无性系间变异

黄檗无性系间连年生长量、树高和冠幅差异均达到显著或极显著，说明不同无性系间基因型差异较大。通过对黄檗无性系的综合评分，以及对各无性系最优性状进行分析，结果表明 23、1、2、4、24、10 和 25 号无性系为黄檗种子园的优良无性系。

5 个种源内无性系之间连年生长量差异均极显著，说明除嫁接技术等非遗传因素外，各无性系之间决定生长量的遗传物质差异较大，即存在遗传变异。连年生长量较大的无性系分别为黑龙江黄檗种源 1 的 15 号无性系，黑龙江黄檗种源 2 的 21 和 25 号无性系，临江黄檗种源 1 的 15、14 和 13 号无性系，临江黄檗种源 2 的 15 和 14 号无性系，临江黄檗种源 3 的 15 号无性系；连年生长量较小的无性系分别为黑龙江黄檗种源 1 的 6 号无性系，黑龙江黄檗种源 2 的 3、4、6、8、9、22 和 24 号无性系，临江黄檗种源 1 的 20 号无性系，临江黄檗种源 2 的 20 号无性系，临江黄檗种源 3 的 17、6、11、2、19、18、21、24、23、4、5、22、1 和 10 号无性系。

无性系测定为无性系选择提供了依据，但无性系测定有其局限性。①无性系测定只能提供测定材料在无性繁殖下的遗传表现，不能确切提供该材料在有性繁殖下的遗传表现。②无性系测定中存在位置效应和年龄效应。位置效应指插穗或接穗在树上所处的部位不同，使无性系植株之间产生的非遗传性差异。年龄效应是指采穗植株的年龄不同时，无性系植株在生长发育上产生的非遗传性差异。③无性繁殖过程影响植株后期发育。例如，树龄大则无性繁殖能力低；生根率低、根数少则抑制地上部生长；当采用嫁接繁殖时，砧木和嫁接技术不同会影响接穗的生长。

8　黄檗良种繁育基地建设

通过引种、选择、杂交、诱变等育种措施培育出的新品种，最初获得的原种数量很少，无法实现大面积推广，原种扩繁得到良种。林木良种繁育分为有性途径和无性途径两种，即种子园和采穗圃。

采穗圃具有很多优点，但不是所有树种都能无性繁殖，并且，无性繁殖还存在环境效应（年龄、位置效应），也即砧木与接穗的不亲和性等问题。因此，种子园和采穗圃是林木良种繁殖的主要形式。

8.1　黄檗种子园营建与管理

种子园是由优树无性系或家系营建的，是以生产优质种子为目的的特种林。

建立种子园首先是选择优树，然后按照规划设计图，将这些优树收集到经过仔细选择的园圃内。种子园的生境和地形应有利于种子采收和提高种子产量。由于收集到种子园的树木个体均表现优良，优良群体内个体间相互传粉，杂交产生的子代也是优良的，甚至会出现超亲遗传现象。因此，种子园生产的种子遗传品质优良。在造林中应用种子园生产的种子，可以获得较大的遗传增益和较高的经济效益。从这个角度看，种子园是林木改良的一种方式，是良种繁育的主要途径之一。

种子园的优点如下所述。

（1）遗传品质优良。利用黄檗优树嫁接建立的种子园，种子遗传品质好，遗传增益高。

（2）结实早、产量高。黄檗嫁接植株的接穗来源于成龄植株的树冠，嫁接成活后 10 年陆续开花结实，比实生苗早开花结实 5～8 年，由于采取集约化经营，种子园母树种子产量高而稳定。

（3）经营管理。黄檗种子园面积集中，经营管理方便，便于种子采收、运输和实行机械化作业。

（4）效益好。种子园生产的种子价格较高，利用黄檗种子园的种子造林，增加的造林成本不多，获得的经济效益和社会效益却十分显著。

8.1.1　黄檗种子园类型

1）无性系种子园

无性系种子园是指由嫁接苗、扦插苗、组培苗营建的种子园。也就是优树通过无性繁殖成无性系，用无性系建立的种子园。

优点：①亲本优良性状得到保持。②提早开花结实，较快供种。

缺点：①无性系繁殖困难的树种，技术问题多，建园成本高，如嫁接不易成活、后期不亲和现象等。成年枝条扦插生根力弱，特别是针叶树种。②对遗传力较低的性状改良效果不大。③无性系不同分株间的交配是自交，自交危害大。

2）实生苗种子园

实生苗种子园是指由优树自由授粉种子或控制授粉种子育出的苗木建成的种子园。

优点：①容易繁殖，成本低，易得到大量建园材料。②可把造林与实生苗种子园的建立结合起来；把子代测定林的建立与疏伐种子园的改建结合起来，收到事半功倍的效果。

缺点：①受早期选择效果影响较大。人们关心的是成年时的性状，但如果要缩短育种周期，就意味着根据幼树阶段表现进行后代选择，这种选择是基于一种假定，也就是说幼树性状与其成熟期存在相关性，但这种相关性往往很低。②有些树种结实晚，初期种子产量低，近亲繁殖的危险性较大。③有性繁殖时，基因重组，子代中优良基因型数目没有无性系种子园多，增益较小。

3）第一代种子园

初级种子园：用经表型选择而未经过子代测定的材料所建立的种子园。

改建种子园：根据子代测定结果，对初级种子园内的无性系和植株进行去劣疏伐后的种子园（去劣疏伐园）。

重建种子园：根据子代测定结果，利用遗传上优良的无性系[数量少、配距较初级种子园大（因不需疏伐）]所建立的种子园，也称为 1.5 代种子园。

4）第二代种子园

第二代种子园：经过子代测定，由入选优树（精选树）的种子繁殖的苗木直接建园，或从子代测定林采穗嫁接所建种子园（1.5 代与 2 代建园依据是同一代测定林）。

改良代种子园：在子代测定的基础上，采用亲缘关系清楚的优良家系中的优良单株为材料建立起来的种子园。例如，由初级种子园子代中选择优良家系中的优良单株建立的第二代种子园及高世代种子园。

利用第二代种子园可以增加遗传增益。而建立第二代种子园与否，需视能带来多少增益而定。每建一次种子园都要经过选优和淘汰不良基因型，会使基因库缩小，因此，在营建高世代种子园过程中，应不断引入新的优良的无性系。

5）产地种子园

产地种子园是以生产不同种源间杂种为目的建立的种子园。

建园材料，经过配合力测定，证明这些产地组合的后代具有优良表现。利用地理小种间优良杂交组合的亲本为材料建立种子园，或是利用种源试验林，经去劣疏伐，保留优良种源中的优良个体改建种子园。

8.1.2　黄檗种子园的总体规划

规划种子园不应只考虑当前一个世代，应当有一个长期目标，使多个阶段的育种程序紧密配合，这样才能实现持续改良目标。

种子园规划的主要内容：建园的目的和任务、规模，园址的自然条件和社会基本情况，园址选择的理由、全面区划、小区配置、施工和管理技术要点、工作进程、附属设施、经费预算和预期经济效益，以及人事问题等。

8.1.2.1　建园地区与位置选择

（1）地区条件。为确保种子园母树生长旺盛、发育正常、开花结实早、种子产量高，种子园应设在适于该树种生长发育的生态条件范围内，生态条件应有利于该树种大量开花结实。从地理上来说，作为规划的基本单位就是该树种可供大量造林的地区。

建园之始就应注意到种内遗传变异。在没有种源实验可依据的情况下，应当坚持用当地优树建园的指导思想，不应盲目用外地优树建园。

（2）合理布局。分布区大的树种，可按气候、土壤特点，结合行政区划，划分若干地理区域。每个地理区域建立相应的种子园，以利于种子园的经营管理及种子的采收和调拨。

（3）地理纬度。根据树种生物学特性要求，应选比原株或亲本稍南（纬度略低）、温暖的气候条件，有利于种子成熟，提早开花结实。纬度南移 1°（海拔下降 100m），每年花芽孕育时间会提前 5 天。

（4）垂直位置。同一树种因海拔不同，种子的品质、产量也不同。

（5）光周期反应。选择种子园位置要注意光周期对树木开花结实的影响。

（6）气候条件。严寒、大风、干旱气候严重影响结实。在高纬度、高海拔地区，积温和春寒常是种子发育的限制因子。春寒使花粉母细胞发育停止，使雄花败育。严重干旱使种子减产。有效积温如不能满足种子成熟要求，种子产量低、品质下降。开花期风向、风力也影响结实。总之，气候条件应有利于树木的生长、开花和结实。

8.1.2.2　种子园隔离

1）隔离的必要性

树木一般是异花授粉植物，如果有种子园外同种花粉传入，就会降低种子的遗传品质。因此，必须采取隔离措施，以保证园内优良亲本间充分随机交配，生产高度杂合的、遗传优势强的种子。

2）隔离的有效距离

完全隔离是办不到的。花粉传播的有效距离取决于树种特性、花粉粒结构、花粉密度、地势、散粉期的主风向及风速等因子。虽然大多数花粉能飞散很远，但随着距离的增加，花粉密度相应减少，以至于很少能参与受精。一般认为，在林内的树木产生的花粉，能受精并产生种子的有效距离为 100m 左右。

3）隔离措施

（1）地理隔离。地理隔离是把种子园设在同种不良花粉不能到达的地区，或利用海拔、纬度引起的开花物候期的差异以达到隔离的目的。

（2）设置障碍。使用各种物质障碍来阻止或减少外来不良花粉的污染。具体措施是：①在种子园周围营造 50m 宽的隔离带；②将某一树种的种子园建立在其他树种的林分内；③几个树种交错建园。

（3）物候隔离。利用黄檗开花物候差异，使种子园内树木的花期与园外其他林木（同种）的花期不遇。①延期开花：用冷水灌溉延缓花芽分化与发育。②提早开花：选用早开花的无性系建园。

8.1.2.3　立地条件

（1）肥力。要求具有中等水平以上的肥力，土壤湿润、灌排水良好，土层厚度 30～45cm。过分肥沃，营养生长过旺，结实较晚、较少；过分贫瘠，养分和水分供应不足，树体矮小，尽管早期可得到少量种子，但树木衰老快。

（2）地势。地势平坦、开阔、阳光充足的阳坡或半阳坡，坡度小于 20°，交通方便、劳动力来源充足的地方。

8.1.2.4　规模和产量

建园规模的大小取决于 3 个因素：①该树种单位面积的种子产量；②每年当地林业生产需该树种的种子量；③种子园生产的种子播种品质。

种子产量因树种、单株和年龄的不同差别很大，立地条件和经营水平对产量也有影响。

表示种子园产量的方法有两种：①每公顷园地年平均产量，以公斤（1 公斤=1kg）表示；②种子产量足够年产 100 万株合格苗木所需种子园面积。

根据长期造林计划需种量，可按下式推算种子园面积：

$$Y_n = \left(\sum Y_i \right) / n \tag{8.1}$$

式中，Y_n 为在种子园的投产周期中每公顷的年平均产种量（kg）；Y_i 为第 i 年中每公顷种子园的平均产种量（kg）。

$$S = D / \left(Y_n \times N \right) \tag{8.2}$$

式中，S 为需要的种子园面积（hm^2）；D 为预期的实生苗株数；N 为每公斤种子可育成实生苗株数。

8.1.2.5　种子园区划

种子园区划是对选定的园址进行测量，依据地形、土壤、株行距、树种配置等要求划分的不同区域，是营建种子园的施工蓝图。

1）种子生产区

种子生产区是种子园的主体，为林业生产提供优良种子。为便于施工和管理，多将种子生产区划分成若干大区，大区下设小区。大区面积 3～10hm²，小区面积 0.3～1.0hm²。划区时要考虑道路设置，便于采种、运输和管理。大区间路宽 5～6m，小区间路宽 1～2m。

也可采取波浪式分段建园，假设生产区面积为 60hm²，可分三期施工：第一期建 20hm²，建成初级种子园；第二期建 20hm²，用经过苗期鉴定的优树无性系；第三代建 20hm²，用经过幼林期鉴定的材料。

2）优树收集区（育种区）

优树收集区是把从各地选出的优树，通过嫁接或扦插的方法集中于某一地段栽植，借以保存资源，作为供选育良种之用的基因库。其作用是：

（1）保存优树（有价值的育种材料）；

（2）为采穗建园提供繁殖材料；

（3）开展无性系测定和有性后代的测定。

优树收集区应建立在交通方便、便于观测的地方，与生产区有一定间隔。每个优树无性系栽植一行，5～10 株，株距 3～5m。

3）子代测定区

子代测定区是种子园建设的中心环节，子代测定区的任务是：①检验入选优树的好坏；②为下一代育种提供原始材料；③研究遗传参数。

4）良种示范区

良种示范区是对种子园生产的改良种子优良程度的一次检验，对于宣传良种、推广良种有重要意义。营造良种示范林，可用全园的混交种子，也可用优良家系的种子，以普通种子做对照。建立良种示范林的地点应考虑交通方便，便于参观，土地类型有代表性，小区面积应大些。

以上 4 个区是种子园建设中有机联系的统一整体，是种子园生产经营的主要部分。

8.1.2.6　建园无性系（家系）数量

林木多属异花授粉植物，近亲繁殖会引起球果败育或种子生活力衰退，遗传品质降低。要防止近亲繁殖，扩大种子的遗传基础，种子园必须有足够数量的无性系或家系，此外还有花期是否相遇的问题。

无性系数量取决于树种传粉远近、配置距离、花期的同步程度、去劣疏伐程度等。初级种子园按面积大小，规定无性系数量如下：$10\sim30hm^2$，$50\sim100$ 个无性系；$31\sim60hm^2$，$100\sim200$ 个无性系；$60hm^2$ 以上，150 个以上无性系。

实生苗种子园所用家系数量应多于无性系种子园。

重建种子园所用无性系为初级无性系种子园的 $1/3\sim1/2$。

8.1.2.7　经费预算和收益预估

在种子园建设中必须对建园经费进行预算，对可能带来的增益进行预估，从成本和效益两方面评定建园的合理性和必要性。

种子园生命周期可划分建设期与投产期。建设期又可分为选优建园期与营建期。建设期的工作主要是优树选择、采种采穗、建立优树收集区、园地清理、整地、定砧嫁接、幼年期抚育管理等。进入投产期后，主要工作是种子采收、种子处理及成年期抚育管理等。

投资费用：主要包括建园费、抚育管理费、机会成本等。

机会成本：种子园占用土地和资金的损失。将建园用地失去获得木材收益的机会用价值量计算，叫机会成本。

利息损失，将建园资金存入银行可得利息。

种子园的收益包括直接收益和间接收益两类。

直接收益：①销售种子；②木材收益（衰老期）。

间接收益：使用种子园种子造林。由材积增长而带来的间接收入，用种单位获得。这类收益属于社会效益。

总之，建立种子园的直接收入是有限的，但从社会效益来看是相当可观的。

8.1.3　黄檗种子园设计

种子园设计主要是确定种子生产区中无性系或家系的数目、配置方式、株行距等。

8.1.3.1　栽植密度

确定合理间距的基本原则：①保证母树间有充足的正常花粉，以提高遗传品质和播种品质；②保证母树间受光充足，生长良好，发育正常，增加种子产量；③为今后去劣疏伐创造条件。

确定栽植距离时还应考虑树种生长特性、抚育、采种、施肥、保护和机械化的可能性等因素。

8.1.3.2　无性系或家系的配置

1）配置要求

（1）无性系数量。每个嫁接小区应由 15×20 个无性系组成，最好 25 个。增加无性系数目，减少同一无性系株数。同一无性系分株间距离不小于 25m，每小区家系要求在 30～50 个以上。

（2）分布均匀。力求分布均匀，经过疏伐后仍能保证均匀。

（3）遗传多样性。避免无性系间固定搭配，扩大遗传多样性。

（4）统计分析。无性系配制应该便于统计分析。

（5）地形。充分利用土地，无性系设计适应种子园的各种大小和形状。

（6）施工。无性系设计简单易行，便于施工管理。

2）配置方式

（1）随机排列。不按一定顺序或主观愿望，使各无性系在种子园小区占据任何位置的机会均等，防止系统误差。系统误差是指在测定中由某种因素所引起的偏差。这些因素影响测定结构都朝一个方向偏倚。

随机排列常采用两种方法，一种是查随机数字表，另一种是抽签法。

要求同一无性系的分株在同一横行中只能够出现一次，而在不同行上的排列彼此不能相邻。随机排列基本上能满足上述配置要求，主要缺点是定植、嫁接以及经营管理上不便，特别是在种子园面积不大和无性系数量多的情况下更是如此。

（2）分组随机排列。先将整个种子生产区划分为若干相等的区组（重复），使每一区组大小能容纳下各无性系的一个或多个分株。每个个体在区组内随机排列，然后进行调整，使同一无性系的分株不处在相邻位置上。

优点：①保证同一无性系植株间有足够的间隔。②便于统计分析。③因为每一区组都包括相同的无性系，保证直接地、独立地估算各无性系的效应。④由于各无性系在区组中随机排列，因此可消除系统误差。

缺点：不便于后期的经营管理。

（3）顺序错位排列。将各无性系按号码从小到大在小区内同一横行依次排列，在第二行排列时，其排列顺序错开 4 或 5 位。如果错开 5 位，将第二行的"1 号"放在第一行的"5 号"之下。

（4）棋盘式排列。有两个无性系组成的种子园，如杂种种子园，可将两个选定的无性系作隔行、隔株排列，这种排列具有花期相同和配合力高等特点。

（5）计算机配置设计。将无性系排列 N_1 行、N_2 列矩阵，输入计算机，即可排出全部没有任何重复邻居的设计阵。

优点：①每列都相同，操作方便。②东西方向同一无性系分株间相距 25m 以上（配置距离 5m×5m）。

为了在南北方向上使无性系分株间保持最大距离，可做如下处理：①在方阵中画圆圈的无性系号满足不了要求，可考虑作为首先疏伐的对象；②用其他无性系代替；③如果无性系数为 100，可分为 4 个子方阵，即 5×5。这就可以彻底解决同一无性系分株之间距离不足的问题。

各种方法共同的基本出发点是：①将自交危险降低至最低限度；②提供广泛

的遗传基础。

8.2 黄檗种子园营建实例

8.2.1 园址概况

1）地理位置

临江林业局金山阔叶树种子园园址位于吉林省抚松县西岗乡公路东侧，金山林场北侧 1.5km 处。具体位置为 43 林班 1、6、7、8、9、10 小班，东距漫江 3km，以江为界与松江河林业局相邻；西临抚松县西岗乡，距银山经营所 13km；东南与柳毛河林场相邻，相距约 25km，距临江林业局所在地临江市 50km。地理坐标为 42°16′N，127°22′E。

2）地形地势

园址地处长白山熔岩台地，平坦的漫江江畔，作业区位于山坡中上部，坡向东，平均坡度 5°左右，最大坡度 8°，海拔 750m。

3）气候

种子园所在地属温带大陆性季风气候。年平均气温 1.4℃，7 月平均气温 19.4℃，1 月平均气温–19.7℃，极端最高气温 34.8℃，极端最低气温–34.1℃，≥10℃积温 2100℃。年平均降水量 830mm，6、7、8 三个月降水量占全年的 54%，相对湿度 70%，初霜期 9 月 16 日前后，终霜期 5 月 29 日前后，无霜期 109 天，年均风速 1.9m/s，冬季多西北风，夏季多东南风，年均日照时数 2261h，日照百分率 52%。

4）土壤

种子园土壤大部分为壤土。从隔离带和周围次生林林地可以看出，灌木和草本繁茂，每年有大量凋落物归还土壤，使土壤腐殖质积累多，土壤肥力高，腐殖质层厚度大于 15cm，土层厚度（A+B 层）31～45cm，土壤质地为壤土，有机质含量高，土壤疏松性和透气性良好，pH5.50～6.00，呈微酸性反应。根据土壤剖面观察，土壤 A、B 层明显，均不含石砾。土壤养分化验分析结果见表 8.1。

表 8.1　建园地区土壤理化性质

序号	土层	pH	吸湿水/%	速 N/ppm[①]	速 P/ppm	速 K/ppm	全 N/%	全 P/ppm	全 K/ppm
1	A	6.0	1.45	7.1500	101.52	277.65	0.1146	0.0266	0.0170
	B	6.2	1.40	3.8400	55.78	104.44	0.0231	0.0228	0.0135
2	A	5.8	1.33	0.0815	65.86	241.27	8.0500	0.0152	0.0162
	B	6.0	1.08	6.9900	35.39	83.25	0.0166	0.0076	0.0054
3	A	6.5	1.46	14.7200	48.22	319.49	14.7200	0.0240	0.0266
	B	5.5	1.20	6.4200	35.43	117.37	6.4200	0.0216	0.0109

注：①1ppm=10⁻⁶。

5）水源

该园址西 1km 处有一条长年流水河，西侧 3km 处为漫江，但由于高差太大，种子园用其水源较为困难。本种子园最为有效和经济的水源是打深水井。

6）交通情况

园址位于抚松至临江 3 级公路 2km 处东侧，西岗乡政府所在地，公路向南 1.5km 直通金山林场，交通非常便利。

7）社会经济情况

阔叶树种子园基地属金山林场。林场共有职工 353 人，营林专业队伍 188 人。西岗乡政府设有营林工作站，管理人员 10 人，农村人口 800 人，以种植人参和农作物为主，可为营建种子园及营林生产提供丰富的劳力资源。

8.2.2 黄檗优树选择

在种内变异中，除不同种源之间存在显著差异之外，同一种源的不同植株间也存在差异，并且这种差异可以遗传给后代。在特定性状表现优良的个体即为优树，用材树种的优树选择主要关注生长性状和木材质量，如生长量、材性、干型、适应性、抗逆性等。通过优树选择，几乎每个树种都能提高木材产量。

优树选择是从群体中按育种目标和优树标准进行表型个体选择。

种内存在多层次的变异。在优良群体内选择优良个体，利用两个层次的变异，将获得更大的遗传增益。这也正是目前国内外选择育种的发展趋势。

8.2.2.1 优树选择的林分条件

黄檗选优林分位于吉林省临江林业局和黑龙江省。

（1）选优林分。在吉林省临江地区和黑龙江省带领地区，选择次生针阔混交林、红松阔叶林为黄檗优树选择林分。

（2）立地条件。黄檗生长的林分生长环境一致，立地条件为阳坡、半阳坡、半阴坡，土层较厚。

（3）林龄。黄檗优树选择林分为天然实生林和人工林。林龄为 30～50 年，林龄处于中壮年龄。

（4）林相。黄檗优树选择林分林相整齐、分布比较均匀，郁闭度 0.65～0.75。

8.2.2.2 优树选择方法

优树选择目标：生长量。

生长量指标：树高、胸径、材积。

形质指标：冠形、干形、树皮特征、侧枝粗细、自然整枝能力、枝下高。

抗性指标：抗病、虫、鼠害能力。

优树标准和选择方法详见 2.4.1 部分。

性状特别优异的林缘木或林中空地周围的树木和优势木也可列入选优范围。

优树选择程序：①制定方案；②现场踏查；③实测评选；④内业整理与分析；⑤检查验收；⑥优树资源保存。

技术要求及注意事项：①在林相图（或绘制的林分略图）上标明优树位置，以便复查和利用。各优树均应建立专号档案。②优树按树种、省或自治区简称、选优年份和优树号顺序编写。③优树选出后，要防止自然灾害和人为破坏。要观测优树开花结实情况，并及时采种。

优树选择结果：在吉林省和黑龙江省共选择优树 400 株，入选率 21%，建立了黄檗优树档案（表 8.2）。

表 8.2　建园优树登记表

优树编号	性别	选优地点	选优时间(年.月.日)
9901		柳毛河车站东	1999.11.12
9902		柳毛河车站东	1999.11.12
9903		柳毛河车站东	1999.11.12
9904		柳毛河车站东	1999.11.12
2005	♀	闹枝腰沟	2000.7.22
A2005	♀	金山江边 51 林班	2000.7.22
2006	♀	金山江边 51 林班	2000.7.22
2007	♂	金山江边 51 林班	2000.7.22
2008	♂	金山江边 51 林班	2000.7.22
2009	♀	闹枝上苗圃	2000.7.22
2010	♂	闹枝腰沟	2000.7.22
2011	♀	闹枝腰沟	2000.8.6
A2011	♂	桦树苗圃后山	2000.8.6
2012	♀	桦树苗圃后山	2000.8.6
2013	♀	桦树苗圃后山	2000.8.6
2014	♀	桦树苗圃后山	2000.8.6
2015	♂	桦树苗圃后山	2000.8.6
2016	♀	桦树苗圃后山	2000.8.6
2017	♀	桦树苗圃后山	2000.8.6
2018	♂	桦树苗圃后山	2000.8.6
2019	♀	桦树苗圃后山	2000.8.6

优树编号	性别	选优地点	选优时间(年.月.日)
2020	♂	桦树苗圃后山	2000.8.6
2021	♀	桦树苗圃后山	2000.8.6
2022	♂	桦树苗圃后山	2000.8.6
2023	♂	桦树苗圃后山	2000.8.6
2024	♀	桦树苗圃后山	2000.8.6
2025	♀	桦树苗圃后山	2000.8.6
2026	♂	大西葫芦沟 52 林班	2000.8.7
2027	♀	大西葫芦沟 52 林班	2000.8.7
2028	♀	大西葫芦沟 52 林班	2000.8.7
2029	♀	大西葫芦沟 52 林班	2000.8.7
2030	♀	大西葫芦沟 52 林班	2000.8.7
2031	♂	大西葫芦沟 52 林班	2000.8.7
2032	♂	大西葫芦沟 52 林班	2000.8.7
2033	♀	大西葫芦沟 52 林班	2000.8.7
2034	♂	大西葫芦沟 52 林班	2000.8.7
2035	♀	大西葫芦沟 52 林班	2000.8.7
2036	♂	大西葫芦沟 52 林班	2000.8.7
2037	♂	大西 15km	2000.8.7
2038	♂	大西 15km	2000.8.7
2039	♀	金山 30 km 老三线 42 林班	2000.8.24
2040	♂	金山 30 km 老三线 42 林班	2000.8.24
2041	♀	金山 30 km 老三线 42 林班	2000.8.24
2042		金山老三线	2000.9.25
2043		金山老三线	2000.9.25
2044		临江局大西 61 林班	2000.9.25
2045		临江局大西 61 林班	2000.9.25
2046		临江局大西 62 林班	2000.9.25
2047		临江局大西 62 林班	2000.9.25
2048		临江局大西 62 林班	2000.9.25
1001		金山 27 km 新线道东	2001.7.18

续表

优树编号	性别	选优地点	选优时间(年.月.日)
1002		金山 27km 新线道东	2001.7.18
1003		金山 27km 新线道东	2001.7.19
1004		金山 27km 新线道东	2001.7.19
1005		金山 27km 新线道东	2001.7.19
0301	♀	金山 29km 道上 41 林班	2003.2.25
0302	♀	金山 29km 道下 42 林班	2003.2.25
0303	♂	金山 29km 道下 42 林班	2003.2.25
0304	♂	金山 29km 道下 42 林班	2003.2.25
0305	♂	金山 29km 道下 42 林班	2003.2.25
0306	♀	金山 29km 道下 42 林班	2003.2.25
0307	♂	金山 29km 道下 42 林班	2003.2.25
0308	♂	金山 29km 道下 42 林班	2003.2.25
0309	♂	金山 29km 道下 42 林班	2003.2.24
0310	♀	金山 29km 道下 42 林班	2003.2.24
0311	♀	金山 29km 道下 42 林班	2003.2.24
0312	♀	金山 29km 道下 42 林班	2003.2.24
0313	♀	金山林场	2003.2.25
0314	♂	金山林场	2003.2.25
0315	♀	金山 29km 道下 42 林班	2003.2.25
0316	♀	金山 29km 道下 42 林班	2003.2.25
0317	♀	金山 28km 道下 40 林班	2003.2.25
0318	♀	金山 29km 道下 42 林班	2003.2.27
0319	♀	金山 28km 道下 40 林班	2003.2.27
0320	♀	金山 28km 道下 40 林班	2003.2.27
0321	♀	金山后一线老高房后 41 林班	2003.3.1
0322	♀	金山林场 27km 职工参地下	2003.3.1
0323	♀	金山林场 27km 职工参地下	2003.3.1
0324	♀	金山林场 27km 职工参地下	2003.3.1
0401		凉山房前 68 林班桥头道上 30m	2004.3.3
0402		凉山房前 68 林班桥头道上 30m	2004.3.3

优树编号	性别	选优地点	选优时间(年.月.日)
0403		凉山房前68林班桥头道上30m	2004.3.3
0404		凉山房前68林班桥头道上30m	2004.3.3
0405		凉山六参场桥头道上10m	2004.3.3
0406		凉山74林班农地下10m	2004.3.4
0407		凉山74林班农地下10m	2004.3.4
0408		金山33林班青岭线4km河边	2004.3.7
0409		金山33林班青岭线4km河边	2004.3.7
0410		金山33林班青岭线4km河边	2004.3.7
0411		金山33林班青岭线4km河边	2004.3.7
0412		金山42林班防空洞上	2004.3.7
0413		金山42林班防空洞上	2004.3.7
0414		金山42林班防空洞上	2004.3.7
0415		金山42林班抽水房后10m	2004.3.4
0416		金山4km道下邱金胜蛙房前	2004.3.8
0417		金山4km道下邱金胜蛙房前	2004.3.8
0418		金山4km道下邱金胜蛙房前	2004.3.8
0419		金山4km道下邱金胜蛙房前	2004.3.8
0420		金山4km道下邱金胜蛙房前	2004.3.8
0421		金山4km道下邱金胜蛙房前	2004.3.8
0422		金山3km半道下道边5m	2004.3.8
0423		西岗乡抽水房后道上5m	2004.3.8
0424		西岗乡抽水房后道上20m	2004.3.8
0425		西岗乡抽水房后道上50m	2004.3.8
0426		西岗乡抽水房后道上20m	2004.3.8
0427		金山青岭线2km道下10m	2004.3.9
0428		金山青岭线3km巩家地边10m	2004.3.9
0429		金山青岭线3km巩家地边20m	2004.3.9
0430		金山青岭线3km巩家地边	2004.3.9

8.2.3　黄檗嫁接苗培育

常采用优树嫁接苗营建黄檗无性系种子园。

随心形成层嫁接方法详见 3.9.2 部分。

嫁接时间：4 月 25 日至 5 月 5 日。

株数：624 株。

无性系数量：30 个。

定砧：在苗圃地按平均高加 2 个标准差的标准选取砧木，不合乎标准的砧木不选。

采条：在春节前后，在优树树冠中上部采集当年生或二年生无病虫害枝条。穗条粗度与砧木地径相关不大，按无性系号捆扎，运输时要保温、通风、防压、防高温，贮藏于低温处，定期检查，防止干枯与萌动。

嫁接：在砧木顶芽萌动前，先将接穗用水浸泡 24h，第二天用髓心形成层、劈接等方法进行嫁接。嫁接切口长度 6～8cm。

去萌：萌芽生长特别快；去萌不及时影响生长，接穗与砧木刀口不平、愈合面过小都影响生长。嫁接后及时抹去砧木萌芽，有的树种需要去萌 4 或 5 次，去芽时间为 6～7 月。

嫁接苗管理：及时进行除草、松土、施肥、病虫害防治，接穗长到 30cm 以上时，用木棍支架，防止被风折断，并进行土壤消毒。

松绑、解绑：松绑时间要根据生长情况，越晚越好。嫁接 2 个月后，根据接穗生长情况，8 月中旬及时进行松绑，第二年春天 3～4 月及时进行解绑。

修枝方法：修去砧木顶梢并修掉超过砧木生长的砧木侧枝，修枝时间为 2000 年 4 月上旬。

抽梢时间：6 月上旬抽梢，顶芽膨大，生长良好。愈合时间为 6 月下旬至 7 月上旬，大多数嫁接苗愈合状态良好，少数愈合不好。当年抽生高度（平均）为 40～50cm，最高为 70～80cm。嫁接成活率为 53%。

8.2.4　黄檗种子园区划与定植

1）种子园区划

黄檗种子园区划是对选定的园址进行测量，依据地形、土壤、株行距、树种配置等要求划分的不同区域，是营建种子园的施工蓝图。

（1）种子生产区：是黄檗种子园建设的主体，目的是为林业生产提供遗传品质优良的黄檗种子。为便于施工和经营管理，将种子生产区划分成若干大区，大区面积 4hm²。大区下设小区，小区 0.4hm²。划区时要考虑道路设置，便于采种、运输和管理。大区间路宽 3～4m，小区间 1～2m。

（2）优树收集区（育种期）：是把从各地选出的优树，通过嫁接或扦插方法，集中于某一地段栽植，借以保存资源，作为供选育良种之用的基因库。

（3）子代测定区：是种子园建设的中心环节。子代测定区的任务是：①检验入选优树好坏；②为下一代育种提供原始材料；③研究遗传参数。

（4）良种示范区：是对黄檗种子园生产的改良种子优良程度的一次检验，为推广良种做宣传。营造黄檗良种示范林，用黄檗优良家系的种子，按照家系分别采种、分别播种，以普通种子做对照，建立良种示范林的地点交通便利，便于参观。土地类型为山地砂壤土，小区面积为 0.3～0.5hm²。

2）栽植密度

确定合理间距的基本原则如前所述。

基于上述原则，黄檗种子园定植密度确定为 4m×4m。

3）无性系或家系的配置

各种方法共同的基本出发点是：提供广泛的遗传基础；将自交危险降低至最低限度。

黄檗种子园配置方式为顺序错位排列，也就是将各无性系按号码从小到大在小区内同一横行依次排列，在第二行排列时，其排列顺序错开 4 或 5 位。如果错 5 位，将第二行的"1 号"在第一行的"5 号"之下。

4）建园规划设计

黄檗第一代种子园是黄檗遗传改良和良种繁育的初始阶段，建设项目、内容与施工年限只规划到半同胞子代测定和部分树种的全同胞子代测定，见表 8.3。

表 8.3　建园规划表

顺序	项目	施工期	内容
1	优树选择	1999～2002 年	选出黄檗优树 120 株（♀80 株，♂40 株）
2	生产区群体与基因库的建立	2000～2005 年	采穗、储穗、砧木培育、嫁接、嫁接苗管理、基地清理、区划、移栽定植
3	营建子代测定林	2000～2005 年	采种、苗期测定、试验地区划、定植、补植、多性状观测评定
4	建立良种示范林	2001～2005 年	采集优树自由授粉混合种子，以当地普通种子和商品种子为对照，育苗和造林
5	种子园经营管理	2001～2005 年	土壤、水肥、树体、花粉管理，主要病虫鼠害防治，生育调查
6	建立种子园微机管理系统	1999～2001 年	数据库管理系统和专家系统模型方法库
7	基本建设与附属工程	1999～2003 年	道路、围栏、供水、供电、仪器、设备（包括采种工程仪器）和车辆购置及建设，生产、办公室、实验室微机室、档案室建设
8	子代测定与无性系测定初评	2005 年	子代林生长、适应性、抗性综合调查，多性状综合评定及变量分析，选择出优良家系或无性系，提供遗传参数
9	种子园建成	2005～2006 年	组织验收

5）作业区区划

根据经营目的不同，将经营范围内区划为 4 个不同性质的群体区，即生产群体区、基因库、子代测定区和示范林区。根据种子园生产技术要求，将各生产区、基因库、子代测定区用地按经营区、大区和小区三级划分。

6）定植

（1）优树收集区定植。基因库也称为育种群体或优树收集区，把黄檗优树基因型进行异地保存，大量优良基因型集中种植即为黄檗基因库。基因库内保存着丰富的遗传资源，许多试验项目，如控制授粉（全同胞子代测定）、施肥试验等都将在此进行。种子园内无性系缺株可以直接剪取基因库枝条嫁接。因此，建立基因库是树木遗传改良极重要的基础工作。

（2）子代测定区。子代测定区即子代测定林的营建。为了提供种子园的遗传参数，根据田间试验设计（环境设计）要求，定植所选全部优树的自由授粉子代、种子园所有无性系自由授粉子代和全同胞子代，通过各家系综合性状的测定和轮回选择，评定种子园无性系优劣，为建立 1.5 代种子园（留优去劣）、第二代种子园提供材料和遗传参数。同时可对子代进行疏伐，改建实生种子园。

（3）生产区定植。生产区的建设目标是生产大量遗传品质优良的黄檗种子。种子园总面积为 8.9hm²。园内划分 3 大区、9 小区。

整地方法：水平带状整地。

基肥种类及数量：鹿粪，3104.5kg/hm²。

栽植株行距：6m×6m；栽植密度：301 株/hm²。

无性系数量：400。

配置方式：顺序错位排列。

定植日期：1999～2004 年。

补植日期：2004 年 5 月。

第二年春天需要定植的嫁接苗，当年秋季不除草，第二年春天选择生长优良的嫁接苗，用锹挖出，切成适宜大小的土坨，用塑料布包扎，人工抬入配置区的配植点，栽植时，将嫁接苗放入穴内，向四周填土、踩实，严禁采土坨。

生产区地理位置与生态条件：

地理位置：临江林业局金山阔叶树种子园园址位于吉林省抚松县西岗乡公路东侧，金山林场北侧 1.5km 处，地理坐标为 42°16′N，127°22′E。

气候：种子园所在地属温带大陆性季风气候。详细气候条件前面已经描述。

土壤：种子园土壤大部分为壤土。土壤腐殖质积累多，土壤肥力高，有机质含量高，土壤疏松性和透气性良好，呈微酸性。根据土壤剖面观察，土壤 A、B 层明显，均不含石砾。土壤养分化验分析结果见表 8.1 节。

水源：本种子园最为有效和经济的水源是打深水井。

社会经济情况：阔叶树种子园基地属金山林场。林场共有职工 353 人，营林专业队伍 188 人，设有小学、商店、粮店和各种服务设施。

8.2.5　种子园经营方案

黄檗种子园地处长白植物区系的中心地带，树种资源极其丰富。黄檗是长白山区珍贵树种，也是构成针阔和阔叶混交林的重要树种。近几十年来随着天然林的过量采伐，黄檗优良物质资源流失严重，保护和发展珍贵树种资源、实现林业可持续发展，成为当今林业科研和生产中急需解决的问题。而建立种子园，既能保护大量的优良基因，又能为生产提供遗传品质得到改良的种子，是实现多世代遗传改良的唯一途径。

1）经营目标

建立第一代种子园只是林木多世代轮回选择的一个初级阶段。林木种子园的建设过程是生产与试验相互伴随、相互促进的过程。尤其是建立阔叶树种子园，每一项技术环节，必须通过试验研究加以解决。为了有计划、科学地培育林木良种，不断提高良种质量和产量，该种子园的经营目标是：①提供遗传品质得到改良的黄檗种子；②开展黄檗选优技术、嫁接技术、无性系配置技术研究；③开展黄檗无性系花期观测、辅助授粉、结实规律等的研究，促进种子稳产、高产；④进行黄檗种子园经营管理技术的研究；⑤建好基因库，拓宽种子园的遗传基础；⑥搞好子代测定和无性系测定，提供种子园的遗传参数，如遗传力、遗传增益等；⑦在建立第一代种子园的基础上，逐步向第二代种子园过渡，展开多世代轮回选择，使种子园良种的遗传品质不断提高。

2）经营规模

根据当前和未来吉林省对黄檗良种的需要及种子园大量结实后单位面积的产种量，同时也使每一树种都具有较大的遗传基础，确定总建园面积为 137hm^2（含良种示范区）。其中：

生产群体区：总面积 65.9hm^2。

基因库：面积 5.5hm^2。

子代测定区：面积 14.6hm^2，进行黄檗优树自由授粉半同胞及部分全同胞子代测定。

苗圃：面积 1hm^2。

良种示范区：面积 50hm^2。

3）种子园建成标准

生产区、基因库的嫁接植株全部成活。

建立优树自由授粉子代测定林，提供初步遗传参数。

基本建设任务，按规划设计完成。

各种机车、机具和试验测试仪器设备配备齐全。

按设计完成基础设施建设。

建立健全组织机构和专业技术队伍，建立严格的管理制度，开展生产经营活动和科学试验。

建成种子园微机管理系统并正常运行，各项技术档案、资料齐全，并输入数据库。

4）经营范围

金山林场黄檗种子园包括生产区、基因库、子代测定区、苗圃和良种示范林。

（1）生产区。种子园的生产区设置在金山林场 43 林班内，距金山林场 1.5km。向西通往青岭村公路，与西岗乡隔路相望，东邻漫江陡岸阔叶防护林，北为天然白桦林，南是人工落叶松林。南北长 1500m，东西宽 700m，总面积 65.9hm^2。

（2）子代测定区。子代测定区设置在金山林场 10 林班内，距金山林场约 10km。向西通往青岭农场公路，向东通往青岭村公路。南北长 800m，东西宽 350m，面积 14.6hm^2。

（3）优树收集区。基因库设置在金山林场 42 林班内，距金山林场 1.2km，面积 5.5hm^2。

（4）苗圃。苗圃设置在金山林场南 600m 处赤板河边，面积 1hm^2。

（5）良种示范林。示范林建设地点可选择在金山林场及临江林业局其他林场，总面积控制在 50hm^2 内。

5）用工情况

种子园建园期及经营期用工情况（表 8.4、表 8.5）。

表 8.4　营建黄檗种子园用工量

序号	作业别类	单位	工作量	定额	用工量（工日）
1	选优	株	440	0.1 株/(人·日)	4 400
2	采穗	株次	1 290	3 株次/(人·日)	430
3	储穗	株	42 436	74 株/(人·日)	57 340 416×（1+0.05）
4	选苗及育砧	株	40 416	150 株/(人·日)	26 933 680×（1+0.2）
5	嫁接	株	33 680	60 株/(人·日)	56 126 944×（1+0.25）
6	解带	株	33 680	150 株/(人·日)	225
7	接株管理	m^2	10 000	60m^2/(人·日)	167 包括除草、培土
8	整地	hm^2	73.4	0.01hm^2/(人·日)	7 340 包括收集区、子代区
9	耙地	hm^2	54.5	10.24hm^2/(1人·2牛)	545 折合人工 0.1hm^2/(人·日)
10	定植点设计	株	26 944	180 株/(人·日)	150

序号	作业别类	单位	工作量	定额	用工量（工日）
11	挖穴	穴	31 213	133 穴/(人·日)	245 包括收集区
12	施基肥	株	26 944	260 穴/(人·日)	104
13	植苗	株	32 774	136 株/(人·日)	241 包括收集区及5%余量
14	浇水	株	32 774	260 株/(人·日)	128 包括收集区及5%余量
15	子代测定区植苗	株	34 707	136 株/(人·日)	255
16	调查成活率		875		
	接株培育期	株次	67 360	200 株/(人·日)	336 2 年接株 33 680
	定植后	株次	107 776	200 株/(人·日)	539 4 年定植 26 944
17	其他				1 610 包括选优准备
合计					17 816

表 8.5　黄檗种子园生产经营期用工量

序号	作业别类	单位	工作量	定额	用工/（工日/a）	备注
1	抚育		1 999			
1.1	耕地	hm²	73.4	0.1hm²/(人·日)	734	
1.2	除草	hm²	73.4	0.1hm²/(人·日)	734	
1.3	培土、施肥	株	26 944	380 株/(人·日)	71	
1.4	灌水	t	4 700	36t/(人·日)	130	
1.5	病虫鼠害防治	株	65 920	200 株/(人·日)	330	包括优树收集区
2	生育调查				139	
2.1	优树复查	株	430	150 株/(人·日)	3	
2.2	花期观测	株	2 200	30 株/(人·日)	73	
2.3	控制授粉	株	1 900	30 株/(人·日)	63	
3	无性系测定	株	12 528	250 株/(人·日)	50	
4	其他		440			
合计			2 628			

6）经营任务量

根据建园期限和 5 种阔叶树第一代种子园的建成标准，确定建园工作量和生产经营期最大生产用工量。

　　嫁接苗培育，1999～2002 年；生产区、基因库的营建，2000～2005 年；子代测定，2000～2005 年。各年度生产任务详见表 8.6。

表 8.6　黄檗种子园各年度生产任务

项目	单位	合计	1999 年	2000 年	2001 年	2002 年	2003～2005 年
嫁接苗	株	0	0	0	0	0	0
选优	株	440	150	0	0	0	0
采穗	次	1 290	150	350	430	430	0
储穗	条	43 436	7 500	17 500	8 250	9 186	0
选超级苗	株	40 416	13 472	13 472	0	0	0
营养袋育砧	株	40 416	13 472	13 472	0	0	0
嫁接	株	33 680	7 500	17 500	4 250	4 430	0
松带	次	26 760	6 000	14 000	3 400	3 360	0
解绑	株	33 680	7 500	17 500	4 250	4 430	0
除草	m²	4 134	0	1 378	1 378	1 378	0
培土	m²	2 756	0	918	918	920	0
浇水	m²	6 890	0	2 296	2 296	2 296	0
基地清理		0	0	0	0	0	0
清除杂物	hm²	97	32.3	32.3	32.4	0	0
挖树根	个	35 000	11 666	11 666	11 668	0	0
整地	hm²	73.4	30.5	30	12.9	0	0
耙地	hm²	54.5	30.5	24.5	0	0	0
移栽定植	株	0	0	0	0	0	0
定点	个	26 944	0	5 125	8 948	6 947	5 915
挖穴	个	31 213	0	5 125	8 948	8 660	8 480
定植	株	32 774	0	5 125	8 948	9 021	9 680
抚育管理		0	0	0	0	0	0
中耕	hm²	223.2	0	0	74.4	74.4	74.4
耙地	hm²	223.2	0	0	74.4	74.4	74.4
除草	hm²	223.2	0	0	74.4	74.4	74.4
除草	hm²	297.6	0	0	99.9	99.2	99.2
培土、施肥	株次	26 944	0	0	8 981	8 981	8 981
灌水	t	4 700	0	0	0	2 350	2 350

项目	单位	合计	1999 年	2000 年	2001 年	2002 年	2003～2005 年
补植	株次	7 900	0	0	3 940	4 000	0
补接	株次	2 650	0	0	2 350	2 300	0
病虫害防治	株	65 920	0	12 184	13 184	13 184	26 368
生育调查		0	0	0	0	0	0
嫁接株培育	株次	63 520	0	31 760	31 760	0	0
定植后	株次	127 040	0	0	31 760	31 760	31 760
优树复查	株	440	0	0	220	220	0
小区区划	hm²	60.5	0	0	60.5	0	0
花期观测	株	2 200	0	0	0	0	2 200
子代测定		0	0	0	0	0	0
优树采种	株	440	100	100	150	90	0
育苗	m²	1 100	0	200	200	400	300
区划设计	hm²	13.9	0	0	13.9	0	0
定植	株	2 200	0	0	0	11 000	11 000
生育调查	株次	13 200	0	0	0	0	13 200
控制授粉	株	1 900	0	0	0	0	1 900
采种、育苗	m²	387	0	0	0	0	387
定植	hm²	5	0	0	0	0	5
无性系测定	株	12 528	0	0	0	0	12 528
运沙	m³	45	0	15	15	15	0

8.2.6 幼林抚育

1）中耕除草

试验地点：金山阔叶种子园黄檗 I 区。

试验材料：金山阔叶种子园黄檗 I 区植株，树龄为 17 年，行距 6m×6m，栽植密度 301 株/hm²。

除草：种子园配置区和定植区每年除草 2 或 3 次。除草时防止伤苗，靠近苗木周围 10cm 的杂草要用手拔掉。同时对幼树进行培土、扶正、踩实。

割草：每年 6 月下旬全面割草 1 次、8 月下旬割草 1 次，做到草茬高不超过 5cm。第二次秋季割草时必须把割的杂草抱出烧掉，防止鼠害。

种子园配植区和定植区每年除草 2 或 3 次。除草时，穴面按原来定植规格大小除草，做到除净、培土、扶正、踩实，靠近苗木周围 10cm 的杂草要用手拔掉，防止伤苗。

2）病虫鼠害防治

根据病虫鼠害发生、发展和生活规律，发现疫情，及时防治，同时加强检疫工作。

3）施肥

目的：通过对母树施肥处理（不同剂量的复合肥、尿素），调查不同处理条件下黄檗母树开花和结实情况，初步筛选出最佳施肥组合及最佳剂量组合。

试验材料：磷肥（过磷酸钙）、钾肥（氯化钾）和尿素（表 8.7）。

试验地点：金山阔叶种子园黑黄 1 区。黑黄 1 区施肥作业株数：576 株；对照株数：48 株。

试验设计：采用"3103"方案设计。"3103"方案是指氮、磷、钾 3 种肥料，10 种试验处理，每个试验处理进行 3 次重复。

（1）试验设计。在每个试验区组内均设置如表 8.7 所示 9 个处理、1 个对照，每个处理选择 1 或 2 列进行试验。

表 8.7　施肥种类与用量

序号	施肥处理/（kg/株）
1	磷、钾混合肥 1
2	磷、钾混合肥 2
3	磷、钾混合肥 3
4	尿素 1
5	尿素 2
6	尿素 3
7	磷、钾混合肥及尿素各 0.5
8	磷、钾混合肥及尿素各 1
9	磷、钾混合肥及尿素各 1.5
10	对照（CK）

（2）作业方法。以试验母树根部为圆心，距根部 1.5m 处开环状沟、沟宽和深各 20cm，将肥料均匀撒于沟内，然后覆土盖平踩实。

（3）施肥效果分析。利用 Excel 软件和 SAS 软件，对数据进行统计分析。利用多指标综合评分公式（式中，P 为各处理的综合得分值；A_i 为各指标的权重值；

X_i 为各指标在 i 性状的得分值；n 为指标个数）对施肥效果进行分析。通过对黄檗母树胸径和树高当年生长量进行调查（表 8.8～表 8.10）。可以看出，9 种施肥方式处理的母树胸径和树高当年生长量均大于对照。其中，胸径当年生长量平均值为 0.759cm，胸径最大的施肥方式为处理 Ⅱ，可达 1.03cm；胸径最小为处理 Ⅸ，仅有 0.44cm；对照为 0.36cm。树高当年生长量平均值为 0.647m，树高最大的施肥方式为处理 Ⅵ，可达 0.75m；树高最小为处理 Ⅳ，仅有 0.59m；对照为 0.40m。经过施肥处理的母树胸径和树高当年生长量均大于对照，说明施肥有助于母树的生长。

表 8.8 不同施肥处理黄檗母树胸径生长量调查表

重复	施肥处理									
	Ⅰ	Ⅱ	Ⅲ	Ⅳ	Ⅴ	Ⅵ	Ⅶ	Ⅷ	Ⅸ	CK
1	0.76	0.99	0.68	0.98	1.06	0.83	0.91	1.00	0.69	0.44
2	0.72	0.90	1.11	0.83	0.62	0.67	0.50	1.13	0.33	0.29
3	0.91	1.19	0.54	0.97	0.91	1.04	0.37	0.74	0.31	0.36

表 8.9 不同施肥处理黄檗母树树高生长量调查表

重复	施肥处理									
	Ⅰ	Ⅱ	Ⅲ	Ⅳ	Ⅴ	Ⅵ	Ⅶ	Ⅷ	Ⅸ	CK
1	0.63	0.64	0.56	0.54	0.64	0.62	0.50	0.50	0.67	0.44
2	0.59	0.64	0.86	0.57	0.73	0.84	0.78	0.66	0.81	0.31
3	0.82	0.74	0.74	0.65	0.58	0.79	0.67	0.76	0.68	0.46

表 8.10 施肥对黄檗母树当年生长量影响

处理	胸径增量/cm	树高增量/m	处理	胸径增量/cm	树高增量/m
Ⅰ	0.80	0.68	Ⅵ	0.85	0.75
Ⅱ	1.03	0.67	Ⅶ	0.59	0.65
Ⅲ	0.78	0.72	Ⅷ	0.96	0.64
Ⅳ	0.93	0.59	Ⅸ	0.44	0.72
Ⅴ	0.86	0.65	CK	0.36	0.40

　　为了解施肥方式对黄檗母树生长性状的影响，对不同施肥方式的母树胸径和树高当年生长量进行方差分析（表 8.11）。结果表明，不同施肥方式母树胸径和树高当年生长量差异性均达到显著水平，说明不同的施肥方式对母树的生长性状影响较大，在生产中选择最佳方式，可以促进母树的生长发育。

表 8.11 施肥处理黄檗母树生长性状方差分析

性状	变异来源	自由度	平方和	均方	F 值	P 值
胸径	施肥方式	9	1.328	0.148	3.8**	0.0057
	误差	20	0.764	0.038		
树高	施肥方式	9	0.258	0.028	2.53*	0.04
	误差	20	0.226	0.011		

进一步对不同施肥方式进行多重比较（表 8.12）。可以看出，对照胸径当年生长量除了与处理Ⅶ和处理Ⅸ差异不显著外，与其他施肥方式均差异显著。对照树高与不同施肥处理之间差异不显著，说明这种施肥方式对母树生长影响较小；对照与施肥处理差异显著，说明这种施肥方式对母树生长影响较大。由于母树生长性状较少，可直接通过多重比较结果对不同施肥方式进行选择。在 9 种施肥方式中，处理Ⅱ在两种性状排名中分别为第 1 和第 5，处理Ⅵ在两种性状排名中分别为第 5 和第 1，由于处理Ⅱ两种性状表现值较处理Ⅵ高，因此选择处理Ⅱ为母树生长的最佳施肥方式。

表 8.12 不同施肥处理黄檗母树生长性状多重比较

施肥	胸径增量/cm	显著性	施肥	树高增量/m	显著性
Ⅱ	1.02	a	Ⅵ	0.75	a
Ⅷ	0.95	a	Ⅸ	0.72	a
Ⅳ	0.92	a	Ⅲ	0.72	a
Ⅴ	0.86	ab	Ⅰ	0.68	a
Ⅵ	0.84	ab	Ⅱ	0.67	a
Ⅰ	0.79	ab	Ⅶ	0.65	a
Ⅲ	0.77	ab	Ⅴ	0.65	a
Ⅶ	0.59	bc	Ⅷ	0.64	a
Ⅸ	0.44	c	Ⅳ	0.58	a
CK	0.36	c	CK	0.40	a

种子园母树胸径和树高当年生长量不同施肥方式差异均达到显著水平，多重比较结果表明，仅少数处理的胸径当年生长量与对照差异不显著，其余处理与对照差异均显著，说明施肥能够促进母树生长。根据种子园母树胸径和树高当年生长量不同施肥方式多重比较结果，处理Ⅱ为母树生长的最佳施肥方式。

4）修枝整形

试验地点：黄檗种子园一区。

工具与材料：高枝剪、钢锯、油漆等。

试验对象：由于黄檗母树多年未进行系统的疏枝整形，侧枝重叠过密，并出现大量衰老枝、病虫害枝等影响母树生长和结实的侧枝。本次试验拟采用 4 个不同强度对母树进行疏剪，疏剪的对象主要是交叉枝、过密枝、平行枝、细弱枝、内向枝、病虫害枝、衰老枝。

试验方案：疏枝整形 4 个强度分别为：①初级强度，母树整体疏剪 15%；②中级强度，母树整体疏剪 20%；③高级强度，母树整体疏剪 25%；④对照强度，母树整体不做疏剪处理。3 次重复（图 8.1）。

```
A1   A1   A1   A1   A1   A1   A1   A1   A1
A1   A1   A1   A1   A1   A1   A1   A1
A1   A1   A1   A1   A1   A1   A1   A1   A1
A2   A2   A2   A2   A2   A2   A2   A2   A2
A2   A2   A2   A2   A2   A2   A2   A2   A2
A2   A2   A2   A2   A2   A2   A2   A2   A2
A3   A3   A3   A3   A3   A3   A3   A3   A3
A3   A3   A3   A3   A3   A3   A3   A3   A3
A3   A3   A3   A3   A3   A3   A3   A3   A3
CK   CK   CK   CK   CK   CK   CK   CK   CK
```

图 8.1　修枝试验示意图

A1、A2、A3 分别为初级、中级、高级疏枝强度；CK 为对照，不做处理

初级、中级、高级疏枝每种试验强度 3 列，每列 15 株母树。每次重复设对照强度 1 列，每列 15 株母树。本次试验株数共计 450 株。

作业方法：采用人工上树作业，对母树交叉枝、过密枝、平行枝、细弱枝、内向枝、病虫害枝、衰老枝进行疏剪处理，对疏剪后的主侧枝涂抹油漆进行保护处理。

通过对母树采用不同强度的疏剪处理，剪掉过密枝、交叉枝、细弱枝、病虫害枝等，改善树冠结构，调节树冠内部的光照，促进母树花芽分化，调节母树自身生长和结实的营养分配，保证母树营养充分供给开花结实。通过对母树三种疏枝强度的对比，中等强度修枝能增加黄檗母树结实量。

8.2.7　黄檗种子园总结

1）优树选择

利用优势木对比法，生长量常通过树高、胸径、材积三个因子来体现。优树的材积、树高和胸径分别超过优势木平均值的 50%、5% 和 20% 入选。在吉林省和黑龙江省共选优树 400 株，入选率 21%，建立了黄檗优树档案。

2）定植

采集优树穗条，嫁接育苗，采用顺序错位排列的无性系配置方式，将 400 个无性系，按 6m×6m 株行距定植。种子园总面积 8.9hm²。

3）幼林抚育

除草：种子园每年除草 2 或 3 次，以人工除草为主。除草时不要伤害幼树，植株附近的杂草小心拔除，防止伤苗。在除草时还要进行幼树培土、扶正、踩实。

施肥：种子园母树胸径和树高当年生长量不同施肥方式差异均达到显著水平，说明施肥处理能有效地促进母树生长。处理 II：磷、钾混合肥每株 2kg 为母树生长的最佳施肥方式。

修枝整形：合理修剪黄檗树冠枝条，可以改善光照条件，促进光合作用，增加干物质积累。首先剪除母树过密枝、交叉枝、细弱枝、病虫害枝等，修枝强度视郁闭度和枝条密度而定，通过对母树疏剪处理，改善树冠结构，避免营养浪费，改善树冠内部的光照条件，促进母树花芽分化，使母树营养生长和开花结实的营养分配合理化，促进母树开花结实，提高坐果率，增加母树结实量。

4）黄檗种子园优质高产措施

种子园经营管理的目的就是增加黄檗种子产量和提高种子的遗传品质。具体措施如下。①土壤管理。深翻、施肥、灌溉、中耕、植草（绿肥）。②花粉管理。了解种子园内树种的开花期、花粉量、传播距离、自交率等，同时要辅助授粉。③辅助授粉。辅助授粉可以增加种子产量，改进种子遗传品质，同时还可以丰富遗传多样性。④树体管理。对树木进行整形修剪，控制树势的自然扩展。目的是矮化树冠，便于种子采收；调节母树营养状况，使母树结实均匀、稳产、高产；注意承光量，使结实部位获得扩展空间。⑤去劣疏伐。是增加初级种子园种子产量、提高遗传品质的重要措施之一。疏伐能使树冠得到充分的光照，保证树冠的正常发育，有利于结实。⑥病虫害防治。为有效地防治病虫害，必须从研究病虫害的发生、发展规律着手。化学药剂防治仍是主要手段。为减少农药的残留和污染，生物防治是今后发展的方向。

8.3　黄檗采穗圃营建技术

8.3.1　黄檗采穗圃区划

采穗圃是提供优良种条的木本种植圃，是用优树或优良无性系做材料，为生产遗传品质优良的无性繁殖材料（插穗或接穗）而建立的林木良种繁殖基地。

随着育种工作的开展，不论是造林还是建立种子园都需要大量种条，如果直接从优树上采集，不仅数量少，品质不能保证，而且由于优树分散在各地，采条既费工又很不方便，而且远远满足不了生产的需要。因此，要想源源不断提供大量优质穗条，最佳途径就是建立采穗圃。

采穗圃：用优树或优良无性系做材料，为生产遗传品质优良的枝条、接穗和根而建立的林木良种繁殖场所。

德国、意大利等国较早建立了杨树采穗圃。日本对建立柳杉采穗圃有较成熟的经验。我国在杨树采穗圃的工作上也有几百年的历史，积累了丰富的经验。近十几年对水杉、池杉、桉树、落叶杉等树种也建立了一批采穗圃。

1）采穗圃的种类

按建圃材料遗传鉴定与否以及多担负的任务，采穗圃可分为两种。

（1）初级采穗圃。建圃材料是未经遗传鉴定的优树，它只提供建立初级无性系种子园、无性系测定和资源保存及一般造林所需的枝条或穗条。

（2）高级采穗圃。建圃材料是经过遗传测定的优良无性系或人工杂交选育定型的材料。其目的是提供建立第一代无性系种子园或改良无性系推广应用材料。

2）采穗圃的优点

（1）穗条供应有保证。采穗圃是集约经营，穗条产量高，成本较低，供应有保证。例如，为建立大面积种子园，往往需先建优树采穗圃。

（2）提高生根率。由于采取修剪、施肥等措施，种条生长健壮、充实、粗细适中，可提高生根率。

（3）遗传品质好。建采穗圃选用优质种条，因此穗条的遗传品质较好。

（4）管理方便。不需要隔离，管理方便，地点集中，病虫害防治容易，树干矮，操作方便、安全。

（5）与苗木生产相结合。如果设置在苗圃附近，劳力安排容易，采条适时，且可避免种条的长途运输和保管，既可提高种条的成活率，又可节省劳力。

采穗圃营建技术的中心环节是对采穗树的整形和修剪。

3）建立采穗圃的原则

应根据当地造林育苗任务的需要有计划、有重点地营建。一般一个地区或一个县，可选1或2个重点林场、苗圃建立采穗圃；采穗圃面积一般为苗圃面积的1/10；选择气候适宜、土地肥沃、地势平坦、便于灌排、交通便利的地方，如有可能应设在苗圃附近。如果设在坡地，坡度不宜太大，选择的坡向日照不要太强，冬季不应受寒风侵袭。采穗圃选用的种条要求质量高，不符合标准的一律不用。

4）黄檗采穗圃区划与类型

（1）采穗圃区划。采穗圃分为若干小区，同一品种或无性系为一个小区。绘制区划设计图。

（2）采穗圃类型。黄檗采穗圃类型为灌丛式。

8.3.2 黄檗采穗圃营建

采穗圃以生产供繁殖用的枝条和根为目的，采用垄作式或畦作式。更新周期3～5年，作业方式为灌丛式。

1）圃地选择

黄檗采穗圃宜设在砂壤土上。地势平坦、交通方便、具有良好的灌溉和排水条件，土层厚度50cm以上，pH6.5～7.5的壤土或砂壤土作为采穗圃用地。圃地选定后，秋季深翻20～30cm，施足基肥，然后耙平，并按地势做成长20～30m、宽4～6m的大床或70～80cm宽的大垄。采穗圃不需隔离，但要注意不要混杂，便于操作管理。因此，可按品种或无性系分区，使同一品种或无性系栽在一个小区内。

圃地确定后要进行整地与土壤处理。

整地时间：土壤解冻后或者秋季土壤冻结前。

整地方式：全面整地，深翻30～35cm，清除碎石杂草，耙碎平整。

土壤处理：结合整地在土壤中施入杀虫剂和杀菌剂。药剂处理按照苗圃主要地下害虫综合防治技术规程DB22/T 1912—2013规定执行。

施肥：每公顷施入有机肥80～100m³，另混合施入复合肥，每公顷150～250kg。

2）建圃材料

（1）种苗。用于黄檗采穗圃建圃的材料应该是经过选择的优良无性系，或者经过吉林省林木良种委员会审定的林木良种。选用播种苗或者嫁接苗，播种苗1年生，嫁接苗2年生。

（2）定植。在树液流动前，将培育的黄檗优良苗木（播种苗或嫁接苗）定植于圃地，按无性系分剪、分储、分插，严防混杂。

（3）密度。按照40cm×50cm株行距定植。

（4）定条。灌丛式采穗树无明显树干，是由一年生种条扦插或播种苗长成的。当萌条高10cm时要及时定条，去弱留壮，选留的萌条长势均衡。留条多少应根据采穗树栽植年龄、无性系和树种特性及土壤水肥状况而定，栽植当年一般留1个萌条，第二年留3～5个萌条，第三年留10～15个萌条。

（5）防止种条分化。为提高种条质量和利用率，对保留的萌条上长出的腋芽及时摘除，要"摘早、摘了、摘好"。在5～7月苗木生长旺季应及时摘芽，并把摘芽和定条结合起来。

8.3.3 黄檗采穗圃管理

圃地管理包括深翻、施肥、中耕、除草、排水、灌溉、防治病虫害等。与扦插苗相同。随着采穗树的生长要及时疏伐，首先应除去病、弱株。对树冠相接和树形不好的也应逐步除去。圃地要合理施肥，每年可追肥2或3次。第一次施硫铵或尿素。第二次施磷肥，每次每亩 10～20kg。要注意合理采穗。剪口要低平，采穗量应适度。建立采穗圃技术档案。

（1）种苗平茬。每年春季树液流动前将所有母株离地面 10～15cm 处平茬一次，平茬时保证每个根桩留有 3～5 个休眠芽。

（2）圃地施肥。每年可追肥 2 或 3 次。第一次施硫铵或尿素。第二次施磷钾肥，每次每亩 10～20kg。

（3）中耕除草。采穗圃每年中耕 2 或 3 次，耕翻深度 20～30cm。及时铲除杂草。

（4）病虫害防治。及时防治病虫危害。

8.3.4 采条与更新

（1）采条。当苗木落叶进入休眠期后，可采条。母条剪留高度要适当，每一根母条的基部留 3～5 个休眠芽，每年剪口往上递增 5～10cm。

（2）更新。采穗树一般 3～5 年更新一次。如果管理不善，栽植后 4 年，采条量就明显下降，病虫也开始发生。

8.3.5 贮藏与运输

（1）分级。选择木质化较好，芽体充实饱满，无病虫害的枝条（小头直径大于 0.5cm，长度大于 30cm）做种条。以长度、直径相同的枝条 50 根为一捆。捆绑后挂标签，标明品种、采集地点和时间。

（2）贮藏。种条及时贮藏或窖藏。温度控制在 0～5℃，空气相对湿度为 60%～80%。

（3）包装和运输。将捆绑好的枝条用湿草帘分层覆盖后进行运输。

8.3.6 采穗圃营建技术档案

采穗圃技术档案包括采穗圃建立基本情况、技术管理和科学试验各项档案。积累生产和科研数据资料，为提高育苗技术和经营管理水平提供科学依据。

技术管理档案的内容包括：圃地耕作情况、苗木生长发育情况、各生长阶段采取的技术措施，以及各项作业实际用工量和肥、药、物料使用情况。

科学试验档案包括：各项试验的田间试验设计、试验结果和物候观测资料等。

采穗圃档案要有专人记载，年终系统整理，由圃地技术负责人审查档案，长期保存。

9 黄檗良种苗木培育

由于林木的特殊性，将林木种子直接撒在造林地，常常发芽率低、成活率低，很难长成人们期望的林分。因此，选择优质苗木移栽造林是当前人工林培育的有效途径。经过长期造林实践总结出黄檗适宜的苗木培育技术，目前，常用于黄檗良种苗木培育的方法有播种育苗、嫁接育苗、扦插育苗和组织培养育苗。

9.1 黄檗播种育苗

有性繁殖是黄檗自然更新和人工造林的主要途径之一。黄檗种子 9～10 月成熟，种子成熟后需及时采下，可用水洗法搓去红色假种皮或用晾晒法在通风阴凉处晾干，洗净、浸种后用湿砂贮藏。休眠是植物在不利条件下的自我保护机制，同时也是实生繁殖的严重障碍。导致种子休眠的原因有以下几个方面：①种皮的阻碍作用和透性变化；②存在抑制剂；③激素的选择性作用；④胚体小、需要后熟；⑤光敏色素的活化或钝化形态等。

9.1.1 黄檗播种育苗技术

9.1.1.1 种子处理

1）采种

10～11 月采收果实，采集黄檗种子园或者优树上的种子，搓去果皮和果肉、脱粒、洗净、风干、去杂，进一步风选或者水选饱满种子，种子用清水浸泡 2～3 天，种子与湿沙混拌（种子与湿沙的比例为 1∶3），用 0.5% 的高锰酸钾溶液浸种 2h，低温（0～5℃）湿沙层积 50～60 天。

2）破损种皮

将种子用鞋底或废轮胎在粗糙的水泥地上进行反复摩擦，磨薄其坚硬的种壳（切勿磨烂种仁），使种子容易透水、透气，播种发芽较快。

3）低温层积处理

黄檗种子具有后熟期较长，胚根、胚芽双休眠的特性，为促进种子萌发，将破了种皮的黄檗种子混上湿沙，置 0～3℃ 的环境中，解除其胚芽休眠。

4）催芽

4 月上旬开始催芽。将筛去沙子的种子用 0.5% 的高锰酸钾溶液浸种 2h，室内气温控制在25℃左右，空气相对湿度控制在80%，种子表面保持适宜的水分（能看见湿气、看不见水为宜），保持室内通风，直至种子露白。

9.1.1.2 整地做床

在苗床上播种育苗，育苗地选择水源充足、排灌方便、土层深厚、地势平坦、疏松湿润的砂壤土。育苗床要深翻、施基肥、耙碎土块、整平床面。如果育苗地土壤黏度高，可以更换土壤，尤其要调解砂黏比例，保证床面10cm深以上部分含沙量为20%以上。床面利用0.1%高锰酸钾溶液做常规消毒。在整地的同时施优质农家肥或三元优质复合肥作基肥。做大床（床宽1.2～2.4m）。播前7～10天用3%～4%的硫酸亚铁溶液（用量3.5～4.0g/m²）或适量的35%～40%福尔马林溶液均匀喷浇土壤，然后用塑料薄膜封严，1周后揭开，晾3～4天即可播种。

容器育苗时，培育2年生黄檗容器苗选择7cm×12cm有底带孔塑料营养杯/钵，杯/钵内填装基质，基质要求疏松透气、营养丰富，以腐殖土加入适量化学肥料为基质较好。基质在装入营养杯（钵）之前，将各种配料充分搅拌混合，并适当洒水，基质含水量为10%～15%、pH为5.0～6.0。营养杯/钵要装实，装到离杯/钵上缘1cm处为止。

9.1.1.3 播种

1）播种时间

最好秋采秋播，春播于4月中、下旬至5月上旬，气温上升到15℃以上开始播种。播种前，苗床地喷施0.5%高锰酸钾溶液进行土壤灭菌。播种时按行距30cm开5cm浅沟，均匀播种，覆土2～3cm，播种量为30g/m。播种后稍加镇压。

2）播种方式

以条播或点/穴播为主，在催芽的种子中挑选露白的种子进行播种，条播行距10～12cm，点/穴播株行距3cm×15cm。营养杯/钵育苗时，每个容器袋点2粒种子。覆土1～1.5cm，播种后进行镇压，使种子与床土结合紧密。覆土后喷洒0.1%的高锰酸钾溶液或1%的硫酸亚铁溶液，用喷壶浇透水。盖上草帘子或覆盖地膜保持床面阴湿。同时要撒防鼠药。

9.1.1.4 苗期管理

6月初把帘子架起，用来遮阳，预防日灼。帘子距床面的高度为25cm左右，以利于提高床面温度，增加透风，促进种子萌发。在6月10日左右，种子陆续开始拱土、脱壳，到6月底80%的种子可以出土，并且比较整齐，以后还能陆续出苗。

1）间苗

待小苗长出3～4叶时，选阴雨天，按株行距5cm×25cm进行间苗，做到间密留稀，去弱留壮。

2）水分管理

苗床保持湿润，干旱时及时灌溉。出苗前和幼苗生长期要经常保持基质表层湿润，保证苗木生长所需水分。浇水要适量，采用量少次多的喷水方法，既可以降低地表温度，又能调节苗木周围的相对湿度。到苗木生长后期要控制浇水量。越冬前要浇 1 次水，提高幼苗的抗寒能力。

3）施肥

苗期施肥 2 或 3 次，在第 1、2 次间苗后，各追肥一次，第 3 次追肥在苗木速生期。追肥要与喷水相结合，以防发生肥害。6 月以施氮肥为主，每隔 15 天施 1 次浓度为 1%的尿素，施肥 2 次；7 月以施钾肥为主，每隔 15 天施 1 次浓度为 0.2%的磷酸二氧钾，施肥 2 次。8 月苗木进入生长后期应停止施肥，以免影响苗木充分木质化，不利于苗木安全越冬。

4）除草

幼苗期要及时除草，掌握"除早、除好、除了"的原则，做到容器内、床面和步行道内无杂草，除草时要防止松动苗根。

5）定苗

密度过大，影响苗木质量，一般间苗 2 次。间苗前先浇透水，出苗后发现苗木数量多、拥挤，第一次间苗，拔出病弱苗；第二次间苗在苗高 10cm 时，最后保留 80～100 株/m^2。

6）苗木病害防治

苗木出土期是病虫害多发期，主要以防红豆杉苗猝倒病和立枯病为主。从苗木出土时起，每隔 7 天用 0.2%高锰酸钾溶液和 1%硫酸亚铁溶液交替喷施，预防病害，喷施后要用清水冲洗苗木，同时彻底清除已发病的苗木。

7）切根处理

切根处理可以促进黄檗根系发达，有利于生长发育。在生长旺盛季节进行截根处理，截根深度 12～15cm，截根后灌透水，或者踩实防止根系透气。经过 1～2 次切根处理后，侧根发生量增加。

8）防治鼠害

播种后定期施灭鼠药，防止老鼠将种子吃掉或伤害幼苗。防治方法：人工捕捉/投放豁鼠灵灭鼠。

9.1.2　黄檗播种育苗实例

实生繁殖是黄檗人工栽培和天然更新的主要途径。播种育苗常常面临出苗率低和成苗率低的难题。针对黄檗苗木培育过程中的实际问题，采集黄檗种子园不同无性系种子，播种后对发芽率进行分析，探讨无性系间发芽率的差异。

吉林省临江林业局黄檗种子园建于 1999 年，4 个种源分别为黑龙江种源 1、黑龙江种源 2、临江种源 1 和临江种源 2。其中黑龙江种源 1 区优树来源于黑龙江带岭林业科学研究所，有 16 个雌无性系、15 个雄无性系；黑龙江种源 2 区优树来源于黑龙江带岭林科所，有 15 个雌无性系、12 个雄无性系；临江种源 1 优树来源于吉林省临江林业局金山林场和大西林场等地，有 16 个雌无性系、14 个雄无性系；临江种源 2 优树来源于临江林业局闹枝林场和西小山林场等地，有 17 个雌无性系、5 个雄无性系。以上 4 个小区内的雌、雄无性系分株均大于 20 个。

在黄檗种子园黑龙江种源 1 和临江种源 1 内分别选择 8 个雌无性系，每个无性系选 3 个分株。2014 年 10 月采集各无性系分株的果实，处理后取种并统计产量；测量并记录每个无性系分株的冠幅和树高。

种子千粒重测定：待种子自然风干后，每个无性系分株随机选取 1000 粒种子，用电子天平称其质量，精确到 0.01g，重复 3 次。

种子大小测定：对上述选择的每个无性系分株的种子，随机选取 30 粒，用游标卡尺测量种子的长、宽、厚，精确到 0.01cm，重复 3 次。

场圃发芽率测定：2015 年 1 月，将上述种子进行低温层积处理。2 个月后，每个无性系分株随机选取 1000 粒种子，散播在 2m×1.2m 的苗床上。定期进行苗期维护，待完全出苗后，测定每个无性系分株的场圃发芽率。

利用 Excel 和 SAS 软件对数据进行整理和统计分析。其中，利用方差膨胀因子法（VIF）对多元线性回归中自变量多重共线性进行检验，并利用逐步回归法对自变量进行剔除，以选择最佳多元线性回归方程。

9.1.2.1　黄檗种子性状间相关分析

对黄檗不同无性系种子各性状进行相关分析（表 9.1）。结果发现，黄檗种子长与宽和千粒重之间呈极显著正相关（0.7755、0.8211）；种子宽与千粒重呈极显著正相关（0.6982）。

表 9.1　黄檗种子性状相关系数

性状	种子长	种子宽	种子厚	千粒重
种子长	1	0.7755**	0.1599	0.8211**
种子宽	0.7755**	1	0.2191	0.6982**
种子厚	0.1599	0.2191	1	0.1793
千粒重	0.8211**	0.6982**	0.1793	1

9.1.2.2 场圃发芽率与种子性状回归分析

黄檗无性系场圃发芽率与种子长、宽和千粒重呈极显著正相关，相关系数分别为 0.7542、0.6191 和 0.9124，说明种子体积和质量越大发芽率越高，也就是种子越饱满发芽能力越强。进一步以黄檗场圃发芽率（Y）为因变量，种子长（X_1）、种子宽（X_2）、种子厚（X_3）和种子千粒重（X_4）为自变量，自变量经方差膨胀因子检验，不存在多重共线性（VIF<10），可进行多元逐步回归，舍去回归系数不显著的自变量，得到最优的回归方程：$Y=140X_2+2.8151X_4-60.19$（$R^2=0.9882$）。多元回归结果表明，黄檗无性系种子宽和千粒重的回归系数均达到显著水平，对场圃发芽率的影响较大；种子长和种子厚的回归系数不显著，对场圃发芽率影响较小，逐步回归方程的回归系数为 0.9882。

9.1.2.3 无性系间场圃发芽率变异分析

在黑龙江种源 1 内，不同无性系平均出苗率为 22.3%，最高为 36.4%、最低为 12.9%，变异系数为 28.03%。在临江种源 1 内，不同无性系平均出苗率为 15.7%，最高为 35.4%、最低为 0.36%，变异系数为 44.85%。黄檗种子园内无性系间场圃发芽率差异极显著，黑龙江种源 1 F 值为 37.89，临江种源 1 F 值为 21.13，说明黄檗无性系间场圃发芽率变异较大，选择发芽性状优良无性系采集种子，播种育苗成苗率会大幅度提高。在黑龙江种源 1 内，有 4 个无性系种子出苗率大于平均值，其中 H1F7（黑龙江种源 1 中 7 号无性系，其他类同）无性系场圃发芽率最大（32.93%），与其他无性系间差异达到显著水平。在临江种源 1 内，有 3 个无性系场圃发芽率大于平均值，其中 L1F7 无性系种子出苗率最大（29.9%），与其他无性系之间差异达到显著水平，如表 9.2、表 9.3 所示。

表 9.2　黑龙江种源 1 无性系出苗率多重比较

无性系号	均值/%	显著性	
		0.05	0.01
H1F7	32.93	a	A
H1F1	26.63	b	B
H1F8	25.97	b	B
H1F4	23.93	bc	BC
H1F5	21.23	cd	CD
H1F3	19.07	d	DE
H1F2	15.43	e	EF
H1F6	13.53	e	F

表9.3 临江种源1无性系出苗率多重比较

无性系号	均值/%	显著性	
		0.05	0.01
L1F7	29.9	a	A
L1F5	21.27	b	B
L1F2	16.53	c	BC
L1F6	15.1	c	BCD
L1F3	13.83	cd	CDE
L1F1	11.97	cde	CDE
L1F8	10.17	de	DE
L1F4	7.6	e	E

9.1.2.4　小结

1）黄檗种子性状间相关性

黄檗无性系场圃发芽率与种子形态性状呈显著正相关，黄檗种子场圃发芽率与种子长、种子宽和千粒重的相关系数分别为0.7542、0.6191和0.9124，说明种子体积和质量越大，发芽率越高。黄檗场圃发芽率（Y）为因变量与种子宽（X_2）和千粒重（X_4）的回归方程为$Y=140X_2+2.8151X_4-60.19$（$R^2=0.9882$）。

2）无性系间场圃发芽率变异

黄檗种子园内无性系间场圃发芽率差异极显著，不同无性系间场圃发芽率变异系数高达44.85%。选择发芽性状优良无性系采集种子，会提高播种育苗效率。

9.2　黄檗嫁接育苗

嫁接是将一个植株的芽或短枝接到带根系的另一植株上的基干或根段上，使两者形成层结合，形成新的植株的过程。

嫁接是树木育种中收集和保存基因型、营建无性系种子园的主要方法。这是由于嫁接具有许多优点：①扦插不易生根的树种或老龄材料的无性繁殖常用嫁接繁殖。②提前开花结实。接穗采自成熟树木树冠上方，能提前开花结实，矮化树冠。③增强嫁接植株对当地条件的适应性。④作为复壮的手段。

按接穗取材不同，嫁接分为芽接法、枝接法；按取材时间不同嫁接可分为冬枝接法和嫩枝接法；按嫁接方式不同，分为嫁接劈接法、切接法和髓心形成层对接法等。

1）芽接法[分秋芽、春芽、夏（6月）芽3种]

选生长好的新枝做叶芽，在砧木形成层尚未活动的晚夏至秋天进行嫁接，芽接作业时间长，是最普遍采用的嫁接方式。接芽在嫁接时应剪去叶片，保留叶柄。

薄芽嫁接时,将接芽从芽上 1cm 左右到芽下 1cm 左右在一侧削成楔形。砧木选离地面 5～25cm 处茎面光滑的部位,按接穗宽度刚好在接触木质部薄薄切下 2～3cm(似舌状)。为使砧木下切的舌状部在嫁接后不盖住芽,可在舌状部的上部削去 1～1.5cm,然后把削好的接芽嵌入里面,直到与舌状部底部粘紧。嫁接部用塑料膜包裹。芽接后 2～3 周,如果接芽残留的叶柄自然脱落,则说明接芽已经成活。到秋天落叶后,再把接芽以上原有砧木的枝条统统剪掉。

2）枝接法

休眠枝接法:常在晚冬至春天进行。一般认为在砧木树液开始上升前,接以休眠的接穗容易成活。在冬天剪取充实的一年生休眠枝,贮藏于 0～5℃低温下,不让幼芽萌动,接穗不便贮藏的种类可将砧木搬入温室,以促进形成层活动,这样嫁接后容易成活。

劈接法:枝接的一种方法。选 1～2 年生苗木做砧木。砧木在距地面 5～6cm 处切断,随即用劈接刀于断面中央劈下一垂直切口。深度与接穗削面同。接穗长 5～6cm,有 2 或 3 个饱满芽,在接穗下端用刀先在一面轻轻削去靠木质部以外的部分,削面光滑,自上而下倾斜,长约 3cm,削接穗下端另一面时也要倾斜,削成钝角。接时先撑开劈口,将削好的接穗插入。接穗削去的部分和枕木切下的部分要紧实吻合,接穗和砧木的形成层两面,至少有一面要紧密相连,接穗下端和砧木的缝底也要紧密相接。然后在嫁接处先用绳等扎紧,再用塑料膜捆扎。为防止嫁接处失水过多,应培土覆盖。

髓心形成层对接法:髓心形成层嫁接方法详见 3.9.2 部分。

9.3　黄檗扦插育苗

9.3.1　黄檗扦插方法

扦插是用植物体的茎或根的一部分作为繁殖材料,促其发生不定根或不定芽,培育成独立植株的一种无性繁殖法。

9.3.1.1　黄檗扦插常用的方法

1）软枝（绿枝）扦插法

用落叶树或常绿尚未硬化的、正在生长的嫩枝扦插。在初夏采集新梢,切成长 7～15cm 的茎段,保留顶端几片叶,除去基部叶,插穗下端留有节。组织较嫩的软枝容易发根,且发根早。为防止失水,应用喷雾装置。

2）半硬枝扦插法

用稍微硬化的新梢扦插,观赏用的灌木类常用此法。一般在夏季剪取枝条。温室扦插效果显著。大田扦插必须灌水,并用帘子遮阴以防插枝过于干燥而死亡。

3）硬枝扦插法

用树木组织硬化的一年生枝条扦插，适于极易发根的种类。落叶树在秋天至初春，剪取休眠枝条，枝条上最少保留 2 个芽，穗条基部留节，长 10～25cm 秋天剪取的枝条要注意保湿，贮藏在阴凉的室外或冷库中。

9.3.1.2 影响扦插生根的因素

扦插成活的难易因植物种类而异，有的生根容易，有的生根困难。随着年龄的增加，植物发根困难，生根率降低。影响生根率的主要因素有以下几个。

1）遗传性

不同个体或（无性系）基因型不同，扦插生根率存在差异。

2）年龄

不同树龄，以及同一植株不同枝龄扦插的生根率不同，发根数及发育好坏也不同，即年龄效应。

3）位置

枝条类别、位置不同，生根率不同。一般萌生条较好。树冠中下部枝条生根率好于上部枝条，即位置效应。

4）季节

采条季节对生根有影响。最适取材时间因树种和条件而异。一般认为，早春，恰好在芽萌动前采条，或在枝条伸长，刚开始木质化时采条为宜。杨树秋、冬、春季均可采条，采后用土（湿土）埋好，保持水分，低温贮存。

9.3.1.3 促进插穗生根的措施

1）基质

扦插基质要通气保湿。插穗的生根状况与基质的物理性质关系密切，基质应能保持一定水分，但不滞水，透气，pH 适宜，不含养分，最好是河沙。

2）温度与湿度

保持适宜的温、湿度。维持较高插床温度（20～25℃），稍低的气温（15～20℃）、较高的空气相对湿度（80%～100%），有利于生根。

3）生长调节剂

用适当浓度的生长素处理插穗，可促进生根。对促进生根作用明显的有吲哚乙酸（IAA）、吲哚丁酸（IBA）、萘乙酸（NAA）、生根粉。处理浓度因插穗种类、木质化程度、处理季节和方法、生长素种类等有较大差异。

4）生根抑制物

减少抑制生根的物质。酚类物质抑制生根，用流水冲洗的方法可减少这类物质。

5）复壮

生理上处于青壮年的枝条易生根。复壮是指成龄树木恢复到幼龄状态，或维持树木处于幼龄状况的措施。繁殖材料年龄越大越不易生根和再生成完整植株。而理想的材料多为成龄树木。为了提高扦插生根率，就要想办法使其恢复到幼年状态，这就是复壮。

插穗复壮的方法有： ①反复修剪法。可使树木维持年轻阶段的生理状况。②根萌条法。树木各个部位处于个体发育的不同阶段，树干基部属年轻阶段，越往上部，发育阶段越老。根萌条的个体发育阶段年轻，生根力强。③嫁接法。把老龄枝条嫁接到幼龄砧木上，成活后，采其枝条可提高插穗生根率。④插穗复壮法。从少数老龄长根插条上，再取插穗可提高扦插生根率。⑤组织培养复壮法。经组织培养再生的植株生理发育状况与种子萌发苗相当，用于扦插可提高生根率。

9.3.2 黄檗扦插实践

利用无性繁殖进行造林，由于没有遗传分化现象，因此可以最大限度发挥树木的优良特性。

黄檗硬枝扦插生根方法包括以下步骤。

（1）制备复合生根剂水溶液。采取多种生长调节剂混合的方式，配制促进生根的复合溶液，常用的生长调节剂有 ABT 生根粉、吲哚丁酸、萘乙酸等，确定具体用量后，分别用乙醇进行溶解，然后定容，混合均匀，配制后可以直接使用，也可以置于低温（但不结冰）、黑暗条件下储存，备用。

（2）整地做床。选择地势平整、砂壤土做扦插苗床，苗床地最好进行秋翻凉垡，增加团粒结构。春季将苗床土耙细、整平，喷洒杀菌剂水溶液，浇透苗床。基质最好选取优质腐殖土，过 20 目筛，过筛后的腐殖土平铺于苗床上，腐殖土厚度为 20cm，然后用喷壶喷洒杀菌剂水溶液，浇透为止。

（3）准备穗条。在黄檗休眠期，即停止生长后至春季萌动前剪取枝条，选择粗细均匀、芽饱满的枝条剪成穗条，穗条直径大于 0.5cm，每 100 个穗条捆成一捆，穗的生理下端对齐，便于在促进生根的溶液中浸泡。

（4）扦插。将插穗的生理下端浸泡在复合生根剂水溶液中，浸泡 10～15min 后扦插到腐殖质基质中，扦插深度以露出最上面一个芽为准，压实基质，覆上稻草保湿，喷洒杀菌剂水溶液将稻草浇湿。

（5）架棚覆膜。架设拱棚和覆盖塑料膜可以保持较高的空气湿度，以利于提高扦插生根率，拱棚的高度和宽度依苗床的宽度而定，苗床周边留出 20cm 空地。苗床中间留人行道，宽度为 40～50cm。

（6）管理。扦插后，将苗床温度保持在 18～22℃，保持土壤湿润，且苗床上没有积水，空气温度保持在 20～25℃，空气相对湿度在 80%以上，定期喷洒杀菌剂水溶液。

（7）成苗。扦插后4~5周穗条生出不定根，从而完成黄檗硬枝的扦插。

1）黄檗硬枝扦插实施案例1

（1）制备复合生根剂水溶液。复合生根剂由 ABT 生根粉 6#、吲哚丁酸、萘乙酸组成，分别用乙醇将生长调节剂进行溶解，然后用双蒸水定容至1L，轻轻摇动，混合均匀，得到复合生根剂水溶液，可以直接用于浸泡插穗实施扦插，如果暂时不用，应该将复合生根剂水溶液放在0~5℃条件贮藏。

（2）制备基质。苗床耙细、整平后，喷洒杀菌剂水溶液，喷洒完毕后，选取砂壤土与河沙以1:1的比例混合均匀作为扦插基质，将基质平铺于苗床上，厚度为20~25cm，然后用喷壶喷洒杀菌剂水溶液，浇透为止。

（3）准备穗条。在黄檗休眠期采集穗条，选择粗细均匀、芽饱满的枝条，剪成长度为15cm的穗条，然后将100个穗条捆成一捆。

（4）扦插。扦插前将插穗浸泡在复合生根剂水溶液中，浸泡时间为 15min，然后扦插到腐殖土基质中，扦插深度为12cm，扦插时露出最上面的一个芽，压实腐殖土，使穗条与腐殖土结合紧密，最后用喷壶喷洒杀菌剂水溶液。

（5）架棚覆膜。扦插后架设拱棚，小拱棚的高度为0.5m，中棚的高度为1.5m，拱棚的宽度因苗床宽度而定，通常在插床边缘各留出20cm，在拱棚上覆盖塑料膜，温度高时，为了减少阳光照射升温，可以覆盖遮阳网。

（6）管理。扦插后保持棚内较高空气相对湿度，插壤湿润，且苗床上没有积水，插床温度保持在18~20℃，定期喷洒杀菌剂水溶液预防杂菌侵染。

（7）成苗。扦插后4周穗条生出不定根，生根率为38%。

2）黄檗硬枝扦插实施案例2

（1）制备复合生根剂水溶液。称量 ABT 生根粉 1#2g 和吲哚丁酸1.2g，分别用乙醇进行溶解，然后用双蒸水定容至1L，混合均匀，即为复合生根剂水溶液。将复合生根剂水溶液放在0~5℃条件下，备用。

（2）制备基质。平整土地制作苗床，苗床土耙细、整平，浇透底水，然后用喷壶喷洒杀菌剂水溶液，喷洒完毕后，选取珍珠岩为扦插基质，将珍珠岩平铺于苗床上，腐殖土厚度为25~30cm，用喷壶喷洒杀菌剂水溶液，浇透为止。

（3）准备穗条。剪取黄檗休眠期枝条，选择粗细均匀、芽饱满的枝条，穗条长度为20cm，然后按照生理下端对齐，将100个穗条捆成一捆，备用。

（4）扦插。将插穗生理下端浸泡在复合生根剂水溶液中 20min，浸泡后扦插到腐殖质基质中，扦插时露出最上面的一个芽，压实腐殖土，床面喷洒杀菌剂水溶液。

（5）架棚覆膜。扦插后架设拱棚，覆盖塑料膜保温、保湿，气温高、光照强的情况下在拱棚上覆盖遮阳网。

（6）管理。扦插后生根前，保证穗条充足水分是提高生根率的必要条件，通过喷雾提高棚内空气相对湿度，空气相对湿度在 80%～90%为宜。同时，为了防治杂菌污染，要利用早晨和傍晚光照较弱的时间适当通风，并定期喷洒杀菌剂水溶液。棚内温度保持在 28℃以下，插床温度保持在 22℃以上。保持基质湿润，但没有积水。

（7）成苗。扦插后 5 周穗条生出不定根，生根率为 43%。

3）黄檗硬枝扦插实施案例 3

（1）配制复合生根剂水溶液。生长调节剂为 ABT 生根粉、吲哚丁酸、萘乙酸。用量：ABT 生根粉 1.5g、吲哚丁酸 1.0g、萘乙酸 0.8g，分别用乙醇将生长调节剂进行溶解，全部溶解后，混合，用双蒸水定容至 1L，得到复合生根剂水溶液。将复合生根剂水溶液放在冰箱保鲜层中，备用。

（2）做床。选择地势平坦的土地制作苗床，苗床耙细、整平，浇透底水，再用喷壶喷洒杀菌剂水溶液。选取蛭石为扦插基质，将蛭石平铺于苗床上，腐殖土厚度为 25～30cm，用喷壶喷洒杀菌剂水溶液，将基质浇透为止。

（3）准备穗条。在黄檗休眠期，即停止生长后至春季萌动前，选择粗细均匀、芽饱满的 1 年生枝条，修剪成穗条，穗条直径大于 0.5cm，长度为 17cm，然后按照生理下端对齐捆成捆，每捆 100 个穗条，备用。

（4）扦插。插穗的生理下端速蘸较高浓度的复合生根剂水溶液，边蘸边扦插，扦插深度为 14cm，扦插时露出最上面的一个芽，压实腐殖土，使其与穗条紧密结合，扦插结束后用喷壶喷洒杀菌剂水溶液将基质浇湿。

（5）架棚覆膜。为了保持较高的湿度和温度，需要架设拱棚，拱棚的高度依据苗床宽度而定，一般为 0.6～2.5m，在拱棚上覆盖塑料膜，必要时还可以覆盖遮阳网。

（6）管理。扦插苗床温度保持在 20～25℃，土壤湿润不积水，空气温度保持在 22℃，空气相对湿度为 80%～85%，定期喷洒广谱杀菌剂水溶液。

（7）成苗。扦插后 4 周穗条生出不定根，生根率为 56%。

9.4　黄檗组织培养育苗

9.4.1　黄檗组织培养快繁的意义

植物组织培养是指在无菌条件下利用人工培养基对植物组织或器官进行培养，使其再生为完整植株。广义的组织培养还包括原生质体培养和细胞培养。Gamborg 根据培养的植物材料不同，把植物组织培养分为 5 种类型，即愈伤组织培养、悬浮细胞培养、器官培养（胚、花药、子房、根和茎的培养等）、茎尖分生组织培养和原生质体培养。其中愈伤组织培养是最常见的培养形式。所谓愈伤组织，原是指植物在受伤之后于伤口表面形成的一团薄壁细胞，在组织培养中，则指在人工培养基上由外植体长出来的一团无序生长的薄壁细胞。愈伤组织培养之所以是一种最常见的培养形式，是因为除茎尖分生组织培养和一部分器官培养以外，其他几种培养形式最终也要经历愈伤组织才能产生再生植株。通过组织培养繁殖苗木的过程属于无性繁殖范畴。

植物细胞只要具有一个完整的膜系统和一个有生命力的细胞核，就具有恢复到分生状态的能力，包括已经高度成熟和分化的细胞。一个外植体（用来进行组织培养的所有器官、组织、细胞等植物材料统称为外植体）通常包含着各种不同类型的细胞，即每个细胞具有明确的分工，也就是处于分化状态。例如，一部分细胞组成表皮，另一部分细胞构成髓心，等等。一个成熟（分化状态）的细胞转变为分生状态并形成一团无序的愈伤组织的现象称为脱分化。由愈伤组织再形成植物器官或完整植株的过程称为再分化。外植体不同部位的细胞所形成的愈伤组织不同，不同的愈伤组织具有不同的再生能力。任何一个生活细胞都具有发育成完整植株的潜在可能性，也称为细胞的全能性。一个已分化细胞若要表现其全能性，首先要经历脱分化过程，然后再经历再分化过程。在这些过程中激素的作用是不可缺少的。常用的激素有细胞分裂素和生长素两大类，细胞分裂素浓度高（或细胞分裂素/生长素值大）时诱导芽的分化，生长素浓度高（或细胞分裂素/生长素值小）时诱导愈伤组织和根的形成。细胞的全能性是植物组织培养再生完整植株的理论基础。组织培养，因为条件可以控制，不受季节限制，所以可以全年连续生产。这对于花木公司及相关苗圃具有重要的现实意义。

（1）无性系快速繁殖。利用组织培养技术可以实现优良无性系或单株迅速繁殖推广，并且不改变其遗传性，即保持原有的优良性不变。例如，1 个兰花茎尖经过一年组织培养繁殖可以获得 400 万株具有相同遗传性的健康植株，这是其他任何方法都难以实现的。又如，花叶芋这种植物，常规繁殖每年仅增加几倍到几十倍植株，组织培养每年可繁殖出几万至数百万倍的小植株。这种繁殖速度对于珍稀、优、新植物品种是非常有价值的。尤其是在市场竞争激烈的今天，在短时间内获得大量商品价格较高的苗木，无疑会给生产者带来巨额利润。

（2）去除病毒、真菌和细菌等病害。采用扦插、分株等营养繁殖的各种植物，都有可能感染一种或数种病毒或类病毒。长期无性繁殖，使病毒积累，危害加重，观赏品质下降，如花变小、色泽暗淡、产花量少等。去除病毒后，植株生长势强，花朵变大，色泽鲜艳，抗逆能力提高，产花量上升。通常采用茎尖培养去病毒，这是因为在分生区内，细胞不断分裂增生，病毒在植物体内的传播需要时间，所以，茎尖分生区内病毒含量极少或不含病毒。因此，切取的茎尖越小越好。外植体太小不易成活，太大不能脱毒。因此，必须选择大小适宜的外植体。只有外植体大小适宜，才能达到脱毒的效果。这种方法也同时可以去除植物体内的真菌、细菌和线虫。

（3）培育新品种。植物在组织培养过程中经常发生芽变，包括花色变异、花的大小变异、花期变异、叶色变异、染色体数量变异等。在组织培养过程中，一旦发生芽变，如果将其繁殖成完整植株，就可能产生有特殊观赏价值的新品种。

（4）种质资源的保存。谁掌握了种质资源，谁就掌握了农业的未来。只有掌握丰富的植物品种资源，才能满足不断变化的市场需求，植物生产者才能不断获取利润。利用常规方法保存大量品种资源是一项耗资耗时的巨大工程，又易丢失珍贵的品种资源。而借助试管来保存品种资源既经济又保险。例如，将黄檗茎段长成的小植株存放在试管中，温度在 9℃以下，植株便停止生长，每年只需转管一次。800 个葡萄品种，每个品种 6 个重复，只需 $1m^2$ 的场所就放下了。

（5）次生代谢物的生产。生物碱是生物制药的主要原料之一，通常是从天然或人工栽培的植株上分离提取的，提取时常常要破坏植株。利用细胞培养技术可以大规模商品化生产，再从愈伤组织或细胞中分离提取紫杉醇或黄酮类物质，用这一途径不需要再生植株和栽培过程，提取工艺简单，产量高，在获得大量生物药的同时，又避免了植物资源的破坏。目前，细胞培养技术在世界范围内已广泛用于药物的生产，并取得了一系列成果。

组织培养繁殖属无性繁殖范畴，植物组织培养是一项令人振奋的奇妙的生物技术。植物通过组织培养繁殖，在短期内可以繁殖出数以万计的苗木，这些苗木的遗传特性和表型特征与母株完全相同，即完全保持了母株的优良特性。植物组织培养繁殖可以周年生产，不受季节限制，实现育苗工厂化。国外植物工厂化育苗开展较早，在某些国家和地区已经成为获得巨额外汇的支柱产业。我国组织培养技术与国外相比差距不大，但是产业化起步较晚。在加快科学技术转化为生产力的今天，植物组织培养技术广泛应用于植物的繁殖与育种，必将取得巨大的经济效益、社会效益和生态效益。

黄檗组织培养快速繁殖的优点：①可在较小空间内用少量外植体生产大量植株，对自然繁殖率低或不能满足需求的植物进行快速繁殖；②幼苗可在小空间内进行离体保存；③可去除病原菌（真菌、细菌）和病毒，并繁殖与保存去病原菌的植物，从而达到复壮和提高品质的效果；④加速引种和优良品种的推广进程；⑤繁殖原来不能进行无性繁殖的植物，而且不受季节影响；⑥能够维持杂种 F_1 代的优势，繁殖三倍体与多倍体植物；⑦把突变枝条或花朵培育成新品种；⑧在培养中可意外得到突变体、多倍体与观赏价值较高的植株；⑨通过胚培养，取得在自然条件下易败育的杂种胚愈伤组织和植株；⑩有利于地区间种质交流。

黄檗利用组织培养快速繁殖时植株再生途径有三种，即体细胞胚胎发生—植株再生、器官发生—植株再生、侧芽增殖—植株再生。

（1）体细胞胚胎发生—植株再生。体细胞胚胎发生是指在一定的离体培养条件下，由植物的体细胞分裂增殖，产生胚状体。胚状体具有发育成完整植株的能力，即具有茎端和根端。体细胞胚可以制成人工种子，便于播种、保存、运输，在生产实践中具有极大的应用价值。另外，体细胞胚还可以诱导不定胚状体的产生，即从愈伤组织诱导形成的体细胞胚，叫作不定体胚。不定体胚的形成和经过愈伤组织阶段再形成体细胞胚的过程是不相同的，即不定胚是直接由最初的外植体内部的一组细胞发育形成的。例如，花粉、茎薄壁细胞或表皮细胞、叶肉细胞、叶基部的表皮细胞等均可在一定的条件下发生体细胞胚。发生体细胞胚的先决条件是有较高浓度的细胞分裂素。

（2）器官发生—植株再生。器官发生与体细胞胚胎发生的主要区别是，器官发生所产生的是结构上只有单极性的不定芽或不定根。器官发生是最普遍的快速繁殖形式，可分为直接和间接两种形式。直接的器官发生是指不经过愈伤组织直接从外植体上形成器官。例如，将顶芽或腋芽接种于含有细胞分裂素或生长素的培养基中，就可以增殖或生根，进而形成完整植株。间接的器官发生是指从诱导产生的愈伤组织上发生不同的器官，进而形成完整植株。

（3）侧芽增殖—植株再生。侧芽增殖—植株再生是以植物的茎尖和带芽的茎段为外植体，通过培养形成大量不定芽，从现存的芽（腋芽或顶芽）之外的任何组织、器官上，通过器官发生重新形成的芽称为不定芽。在应用这一方法繁殖时，首先要得到不定芽。不定芽是随机发生于植物的叶或茎上的一种结构，它们并不发生于正常的叶腋区域。不定芽还可以发生于包括茎、鳞茎、球茎、块茎和假根茎之内的相当于"叶腋区"的部位。此外，几乎所有上述的器官都可以切下来使之成为有效的产生不定芽的材料。对不定芽再进行生根培养可形成再生植株。侧芽增殖的优点是，培养技术简单易行，繁殖速度快，再生植株所需时间短。

9.4.2 培养基及其制备

9.4.2.1 MS 及其类似的培养基

自然界的植物千差万别，每一种植物都有自己独特的生理代谢过程和各自的营养需求。因此，没有哪一个培养基能够适用于所有植物，不同的植物种类或品种要求不同的营养元素及其适宜浓度。植物组织培养中常用培养基的主要区别在于无机盐的种类与含量。有的植物生长要求无机盐含量较高，而有的植物则相反。

（1）MS 培养基。在植物组织培养中，MS 培养基应用最为广泛，说明 MS 培养基的无机盐成分对许多植物种均是适宜的。它的无机盐含量较高，微量元素种类较全，浓度也较高。将 MS 培养基略加修改，对一些植物常常能收到较好的效果。下面是几种与 MS 类似的培养基。

（2）LS 培养基（Linsmainer and Skoog,1965）。其成分是大量元素、微量元素及铁盐与 MS 培养基相同，有机物质中仅保留 MS 培养基的盐酸硫胺素 0.4mg/L

及肌醇 100mg/L，蔗糖为 3%。

（3）BL 培养基（Brown and Lawrene,1968）。成分和 MS 培养基类似。

（4）BM 培养基（Button,1975）。成分与 MS 培养基类似，仅将盐酸硫胺素除去，蔗糖为 3%。

（5）ER 培养基（Eriksson,1965）。成分与 MS 培养基相似。

9.4.2.2　培养基母液的配制

培养基中的许多营养元素含量甚微，如果每次配制培养基时都要称量各种元素，既烦琐又很难称量精确。因此，应先配制成高浓度的母液，然后再吸取一定量的母液配制成要求浓度的培养基。以 MS 培养基为例，母液配制方法如表 9.4 所示。

表 9.4　MS 培养基母液的配制

母液	成分	用量/（mg/L）	每升培养基取用量/ml
大量元素（20×）	NH_4NO_3	33 000	
	KNO_3	38 000	
	$CaCl_2 \cdot 2H_2O$	8 800	50
	$MgSO_4 \cdot 7H_2O$	7 400	
	KH_2PO_4	3 400	
微量元素（200×）	KI	166	
	H_3BO_3	1 240	
	$MnSO_4 \cdot 4H_2O$	4 460	
	$ZnSO_4 \cdot 7H_2O$	1 720	5
	$Na_2MoO_4 \cdot 2H_2O$	50	
	$CuSO_4 \cdot 5H_2O$	5	
	$CoCl_2 \cdot 6H_2O$	5	
铁盐（200×）	$FeSO_4 \cdot 7H_2O$	550	5
	$Na_2 \cdot EDTA \cdot 2H_2O$	7 460	
有机成分（200×）	肌醇	20 000	
	烟酸	100	
	盐酸吡哆醇	100	5
	盐酸硫胺素	20	
	甘氨酸	400	

在配制母液时，不同的化合物分别称量，分别溶解，难溶物质可以适当加热。完全溶解后，倒入体积为 1L 的容量瓶中，最后用蒸馏水定容，摇匀。配好的母液应澄清，无沉淀。放入冰箱内，在 1～4℃条件下保存。

激素母液的配制如下所述。

（1）生长素。生长素类化合物可溶于乙醇中，可加热助溶，或用 1mol/L KOH（或 NaOH）助溶。常配成 0.5mg/ml 质量浓度的溶液，放在冰箱中备用。

（2）细胞分裂素。细胞分裂素类化合物易溶于稀盐酸（0.5～1.0mol/L）中，溶解后加蒸馏水定容，通常配成 0.5mg/ml 的质量浓度，贮存于冰箱中备用。

（3）赤霉素。赤霉素易溶于冷水，每升水最多可溶解 1000mg。GA_3 溶于水后不稳定，易分解，因此，最好以 95%乙醇配成母液在冰箱中保存。通常配成 0.5mg/ml 质量浓度的母液放于冰箱中备用。

9.4.2.3　培养基的配制(按 1L 计)

（1）溶解琼脂。称量 7～15g 琼脂条，放在洁净的不锈钢锅里，加入 500ml 蒸馏水，放在电炉上加热，使琼脂充分溶化，并不断搅拌，防止烧焦或沸腾溢出。

（2）营养元素的称量。按照培养基的要求和母液的浓度计算出大量元素、微量元素、有机成分、铁盐、激素等母液的用量，分别用带刻度的移液管（不能混用）将上述母液依次加入容量为 1L 的容量瓶中，称量蔗糖 20～40g 放入琼脂溶液中，如果需要加入其他物质，此时一并加入。再加入溶解好的琼脂，搅拌均匀，最后用蒸馏水将容积补到 1L。

（3）调整 pH。不同的植物对酸碱的要求不同，根据植物的生长习性和要求确定培养基的 pH 范围。通常是喜酸、喜阴、喜湿的植物在偏酸的培养基上生长分化良好；而喜光耐旱、耐盐碱的植物在中性培养基上生长良好。绝大多数植物要求培养基的 pH 在 7.0 以下。常用 1mol/L KOH （或 NOH）和 1mol/L HCl 调整培养基的 pH。调整后的 pH 应高于目标 pH 0.5 个单位，这是由于在灭菌过程中培养基的 pH 将有所降低的缘故。

（4）分装。将调配好的培养基趁热分装到三角瓶或其他培养容器中，注意分装时不要把培养基粘到瓶口上，以免染菌。同时还要注意培养基的厚度，不宜过厚或过薄，具体用量要根据培养时间长短和培养容器的容积来确定。培养时间按 35 天计，容器的容积为 50ml、100ml、200ml 时，分装培养基的量分别为 20ml、30ml、50ml 左右。分装后用封口纸或锡箔纸封好瓶口，使用封口纸的应扎紧橡胶套，锡箔纸可以在灭菌后扎橡胶套，因为橡胶套在高温、高压条件下容易老化变性。

9.4.2.4　灭菌

培养基高压蒸汽灭菌的时间取决于灭菌容器的体积（表 9.5）。

表 9.5 培养基的最少灭菌时间

序号	容器体积/ml	灭菌时间/min
1	20～50	15
2	75	20
3	250～500	25
4	1000	30
5	1500	35
6	2000	40

将分装好的培养基放入高压灭菌锅中灭菌。灭菌条件：压强为 1.05 MPa（kg/cm^2），温度为 121℃；灭菌时间（达到要求压强以后开始计时）参照表 9.5。在使用灭菌锅时一定要注意安全，必须按照操作规程去做。具体做法是，当灭菌锅内压力上升到 0.5MPa（kg/cm^2）时，打开放气阀将冷空气放出，否则锅内温度不一致，冷空气被压缩到锅底，底层的温度达不到 121℃，而使最底层的培养基不能充分灭菌。注意在灭菌时压力（或温度）一定要恒定，不要忽高忽低，低温常使灭菌不充分，高温又导致一些成分的失效。灭菌时间也要严格控制，不宜过长，否则培养基不凝固或导致一些成分失效。使用新型的自动化较高的医用灭菌锅既安全又精确。灭菌后的培养基取出后及时用皮套系紧，放在实验台上，冷却凝固，备用。

常规蒸气高温、高压灭菌明显改变 MS 培养基的 pH。灭菌前 pH 为 5～7，灭菌后降低约 0.56 个单位。灭菌前 pH 为 7～8 或 8～9，灭菌后分别降低 0.87 和 1.13 个单位。蔗糖含量增加，pH 降低幅度增大。pH 不受琼脂的影响。活性炭和聚乙烯吡咯烷酮对 pH 影响不明显。

某些生长调节物质（如 GA$_3$、玉米素、IAA、脱落酸等）、尿素以及某些维生素等，遇热容易分解，不能进行高压灭菌，必须过滤灭菌。当使用这类化合物时，把除该化合物以外的培养基高温灭菌后，置于超净工作台上冷却至 40℃，再将过滤灭菌后的该化合物按计划用量依次加入，摇匀。凝固后即可使用。在进行溶液过滤消毒时，可使用孔径为 0.45μm 或更小的细菌滤膜。过滤灭菌方法：把过滤膜安在专用支架上，组成过滤膜组件，将过滤膜组件灭菌，将过滤溶液吸入注射器针管，再将已灭菌的过滤膜组件安装在注射器（不必灭菌）针头连接处，缓慢地推动溶液使之穿越安在这个过滤器组件中间的细菌滤膜，过滤后的溶液由过滤器组件的另一端滴下来，直接加入培养基中，或收集到经过灭菌的玻璃瓶内，然后再用一个灭过菌的刻度移液管加到培养基中。

9.4.3 外植体的选择

外植体泛指第一次接种所用的植物组织、器官等一切材料，包括顶芽、茎段、叶片、花蕾、花药、种子、胚、胚乳、根尖、鳞茎、球根等。植物的任何器官在理论上都可以用作外植体，进行培养，但是不同器官培养成功的难易程度不同，细胞发生和发育方式也不同。因此，在培养时，应根据培养目的来选择外植体。就无性繁殖来说，植物种类不同，其无性繁殖的能力不同，同一植物不同的组织和器官其再生能力也有很大差异。通常木本植物、较大的草本植物采取茎段较适宜，能在培养基的帮助下萌发出侧芽，成为进一步繁殖的材料。

在快速繁殖中，重要的是选择最幼态的组织或器官，并且这些组织或器官能够尽快诱导形态发生，避免过长的愈伤组织阶段。这是实现快速繁殖的关键。

器官培养是植物快速繁殖的主要途径。应用最普遍的是茎尖培养。在根、茎、叶等器官离体培养时，除茎尖（或侧芽、腋芽）可以继续生长外，其他器官通常是先脱分化，形成愈伤组织，愈伤组织再分化，进一步形成完整的再生植株。

（1）茎尖。茎尖是活跃的生长区，容易培养成苗，培养程序主要有初级培养建立无菌系、继代增殖培养、诱导生根、移栽等。因此，在许多植物中广泛采用。

（2）茎段。材料来源丰富，只要生长调节物质种类和浓度选择适当，可以获得同样的效果。此外，根-茎结合点区域可能含有被抑制的幼态芽，一旦切去地上部分，幼态芽就解除抑制状态而萌发出丛生芽。

（3）叶。许多植物的叶片组织在离体培养时，可直接诱导形成芽、根等器官；或经脱分化增殖形成愈伤组织，再由愈伤组织分化出茎、叶、根。叶是植物进行光合作用的自养器官，又是某些植物的繁殖器官。因此，利用叶的离体培养是繁殖稀有名贵植物的有效手段。以叶为外植体时采用幼嫩叶片较好。

（4）花（花蕾、胚珠、子房、花药、花丝、花粉、花瓣等）。黄檗花的体细胞组织都有一个高的营养繁殖能力，可能因为这些组织接近于恢复活力的性细胞。根据一些学者的观点，在花诱导之前或之后细胞的脱分化容易发生。因此，外植体常取自发育早期阶段的花，即花蕾；后阶段花的一个相当重要的部分是珠心。

（5）胚。黄檗离体胚的培养分为两类，即幼胚培养和成熟胚（种子）培养。成熟胚一般在简单的培养基上（只要含有大量元素的无机盐及糖）即能正常萌发生长。未成熟的胚，特别是发育早期的胚，在离体培养时难度较大，需要加入比较全面的营养物质和必要的生长调节物质。胚的培养一般有3种生长方式：第一种是维持"胚性生长"，主要是未成熟胚；第二种是在培养后迅速萌发成苗；第三种是胚在培养基中能发生细胞增殖形成愈伤组织，并由此再分化形成多个胚状体或芽原基，特别是有生长调节物质时更是如此。第三种方式是植物快速繁殖所需要的。绝大多数结实的植物都可以用胚培养的方式进行快速繁殖。

此外，影响植物组织培养成功的因素，除外植体种类以外，还有外植体的取材时期。通常作为外植体的组织或器官处于生长（或细胞分裂）最旺盛时期时再生能力最强。例如，在幼苗期选择嫩叶为外植体，生长发育成熟时以花蕾为外植体，常常会取得较好的效果。木本植物宜在年龄幼小的植株上剪取外植体。植株生理年龄越小，外植体的再生能力越强，培养成功的可能性越大。种子的生理年龄最小。在同一植株上越接近树干基部的枝条，生理年龄越小。

9.4.4 表面消毒和无菌操作

组织培养的主要过程都是在无菌条件下进行的，这就意味着在培养过程中必须防止和消除细菌、真菌、藻类及其他微生物的感染。所有培养基、培养瓶，用于操作组织的器械和植物材料本身均需严格消毒灭菌。无菌是所有植物组织培养成功的前提。

（1）外植体表面消毒。外植体表面消毒常采用化学方法。在剪取外植体之前，应先配制好培养基。从无病虫的健壮的植株上剪取较幼嫩（不宜太嫩）、生长能力较强的部位作外植体。取回来的外植体先用自来水冲洗干净（必要时可加入适量的洗涤净），剪成大小适宜的小段或小片，然后在超净工作台上进行表面消毒。表面消毒时间视外植体老化程度和表面光滑程度而定，消毒时间过长外植体易被杀死，消毒时间太短则灭菌不彻底。幼嫩、光滑的外植体消毒时间可短一些，外植体木质化程度较高、皱褶、鳞片较多时应适当延长表面消毒时间。外植体表面消毒时间通常是5～15min。有人在材料放入消毒剂之前，先将材料在乙醇（70%）中漂洗一下（30s），这样可以使材料表面充分湿润，使消毒剂易于渗入并杀死微生物，但对一些极其幼嫩的叶片等材料经乙醇浸过以后，效果不好。在氯化汞（$HgCl_2$）消毒液中加入少量的黏着剂（如吐温-20、吐温-80、洗衣粉等），可以提高消毒的效果。表面消毒药剂有氯化汞、乙醇、次氯酸钠、漂白粉等（表9.6）。一些比较难消毒的材料，可以考虑采用几种消毒剂进行复合消毒。消毒后的外植体，要用无菌水冲洗3或4次，每次都要充分搅拌、洗涤30～60s，尽量将附着在外植体表面的消毒剂冲洗干净，防止残留。经消毒并冲洗干净的材料可用于接种。

表 9.6　一些表面消毒剂的消毒效果

消毒剂	质量分数	消毒时间/min	消毒效果
氯化汞	0.10%	5～15	最好
次氯酸钠	9%～10%	5～30	好
次氯酸钙	2%（20%水溶液）	5～30	好
过氧化氢	10%～12%	5～15	很好
溴水	1%～2%	2～10	好
硝酸银	1%	5～30	好
抗生素	4～50mg/L	30～50	相当好

（2）仪器和接种工具消毒。玻璃仪器和金属器械可以在干热条件下（干燥箱内）进行高温灭菌。灭菌的时间和温度并不固定。干热灭菌最少需要在 160～180℃下进行 3h。据报道，160℃下 1～2h 干热灭菌的效果大约等于 121℃下 10～15min 的湿热灭菌效果。仪器和器械在干热灭菌前必须彻底清洗，并用牛皮纸包好、扎紧。注意，干热灭菌结束后，要在烘箱温度降低到室温时才可以打开干燥箱门。如果在温度很高时打开干燥箱门，易引起火灾。

玻璃仪器、金属器械、滤纸等也可以进行高温蒸汽灭菌，灭菌方法同培养基灭菌。

（3）控制杂菌（微生物）的物理因素。组织培养中除菌消毒的物理因素很多，除常用的湿热灭菌、干热灭菌、紫外线照射等方法以外，电离辐射、膜滤装置及超声波处理等逐渐被采用（表 9.7）。

表 9.7　控制杂菌（微生物）的物理方法

方法	适用范围	限制
湿热：高压蒸汽灭菌	器械、器皿、培养基、工作服、蒸馏水等液体	蒸汽不能渗入的无效，受热易损坏的（如塑料制品等）不能用
干热：干燥箱	玻璃制品、刀具等	纸、布类不能用
灼烧：酒精灯	接种工具、培养瓶口等	玻璃瓶口注意破碎，塑料制品不能用
放射：紫外线	控制空气污染，消毒物体表面	对皮肤、眼睛有害，不能透过玻璃
过滤：滤膜器	对热敏感的生长调节物质等	需先清除悬浮物，可能吸附有用物质
电离辐射	消毒对热敏感的器械	昂贵，需特殊装置
超声波处理	清洗、消毒精密仪器	单独使用无效

（4）无菌操作。植物组织培养常用的接种工具和试剂有镊子、剪刀、解剖刀、解剖针、酒精灯、酒精棉、消毒剂、无菌水等，其中的工具在使用前必须严格消毒。

接种前，无菌室要用紫外灯或化学杀菌剂（如甲醛、兰苏水等）消毒，紫外灯照射要在 30min 以上。在进行室内消毒时，要注意人身安全和过敏反应，如要防止紫外灯长时间照射和甲醛等化学试剂对人体的毒害作用。接种工作在超净工作台上进行，操作人员要在缓冲室内换好经过消毒的卫生服，戴上口罩。接种前超净工作台应预先工作 15min 以上。接种时用酒精棉认真擦洗台面和手指（尤其是指缝和指甲），盛外植体的烧杯和培养皿也要用酒精消毒。经过高温、高压灭菌的接种工具先用酒精棉擦洗，再用酒精灯火焰灼烧，确保超净工作台内和用具无菌。接种时培养瓶瓶口要在酒精灯火焰附近（无菌区），并在接种前后灼烧瓶口，夹取外植体时用力要适当，用力过大时外植体易受伤害；用力过小时外植体易脱落。

用镊子夹取外植体时，角度要便于外植体放入瓶内和不碰瓶口。外植体和手指切勿碰到瓶口。接种后要在酒精灯上灼烧瓶口和封口纸，并迅速封口。操作要规范、准确、迅速。

（5）培养条件。将接种后的培养瓶放在培养室内的培养架上。培养条件因植物种类而异，绝大多数植物生长的适宜温度为 22～28℃，日照长度 8～14h，光照强度 1000～3000lx。发现污染及时清除，以防蔓延和相互传染。

9.4.5 黄檗快速繁殖的基本环节

9.4.5.1 器皿洗涤

培养瓶要清洗干净，否则既影响透明度，又易引起污染。洗涤方式分为人工清洗、洗瓶机洗、超声波洗等。玻璃器皿清洗机操作方便、省时省力，在短时间内即可以清洗烘干大量玻璃器皿。但是目前洗瓶机尚未普及，人工手洗仍然是最常用的方式。人工手洗就是用毛刷在瓶内旋转清洗。首先把待洗的瓶放入大塑料盆或其他容器中，加入适量的自来水，使瓶浸没于水中，再放一些洗衣粉或洗涤精等清洗剂。浸泡数小时后便可以用毛刷清洗。清洗时毛刷在瓶内左右旋转，上下刷洗，如果在毛刷上粘一些稀释的洗洁精，洗刷效果会更好。一定要将瓶上的污滞刷洗掉，并用自来水将洗洁精冲洗干净。刷洗干净的培养瓶瓶壁上不挂水珠。毛刷大小要适宜，太大容易弄破玻璃瓶；太小不易洗刷干净。洗干净的瓶可以放入干燥箱内烘干（100～120℃），也可以用玻璃器皿烘干器烘干。不应放在实验台上自然干燥。

9.4.5.2 试剂称量及母液配制

母液是配制培养基的原液，如果在配制母液时，各种成分称量不准确，就会直接影响到培养基中的离子之间的平衡，使某些元素缺乏或某些元素过量。不论是哪一种情况，都不利于植物组织的正长生长发育，难以实现培养计划。因此试剂称量至关重要。用量在 1g 以上者，可用普通托盘天平称量；用量在 1g 以下者，需要用电子天平称量，电子天平的精度要在万分之一以上，即可以称量 0.0001g。天平的使用方法要正确，试剂称量要准确。按照某一特定培养基配方和浓缩倍数，依次称量各种成分，并用适量的蒸馏水溶解，溶解后倒入容量瓶中。最后用蒸馏水定容至刻度，摇匀，置冰箱内保存。

9.4.5.3 培养基配制及灭菌

如果配制 1L 培养基（配制量大时可酌情加倍），先称量 10～12g 琼脂，放入盛有 500ml 蒸馏水的不锈钢锅内，在电炉上煮沸，直到琼脂全部溶化。同时，分别用量筒（用量大于 10ml）或刻度移液管（专管专用，每个管上贴好标签以免混淆）准确量取各种母液和激素，依次放入大烧杯内。称量 30g 蔗糖放入溶化的琼脂溶液中，把溶化的琼脂溶液倒入营养液中，再用蒸馏水定容至 1L。搅拌均匀，迅速分瓶。分瓶时不要把培养基洒到瓶口上，以免污染。分瓶后，用锡纸或封口纸将瓶盖好，放入高压灭菌锅内灭菌。灭菌条件如 9.4.2.3 节所述。灭菌结束后，切断电源，打开放气阀慢慢释放蒸汽，使压力表指针逐渐回到 0 刻度，再打开灭菌锅盖，取出培养瓶，用皮套迅速套紧瓶口。冷却备用。

9.4.5.4 初级培养

初级培养是指从自然生长的植株上剪取植物的一部分（茎尖、叶片、茎段、花器官、根尖等），经过表面消毒，在超净工作台上接种于经过灭菌的培养基中，放在培养室内进行培养的过程。初级培养容易污染，主要是外植体来自自然生长的植株，这些植株表面都有大量真菌或细菌，所以要进行表面消毒。但是，常常因为材料表面皱褶或芽鳞包裹，很难将全部杂菌杀死。只要有未被杀死的杂菌存在，哪怕是只有几个真菌孢子，接种后就会迅速增殖，很快将植物材料侵蚀掉。所以初级培养时，外植体的彻底消毒是减少污染的有效途径。而外植体消毒时间过长，又易引起材料的老化，甚至杀死幼嫩的外植体。因此，掌握准确有效的表面杀菌时间至关重要。杀菌时间因材料的类别而异，使用氯化汞（0.1%）进行外植体表面消毒的时间通常是 5～15min。幼嫩的材料杀菌时间短一些，木质化程度高的材料杀菌时间可以长一些。针对不同的材料表面杀菌时间应通过预备实验或参考有关文献来确定。

在选择初级培养的培养基及激素种类和浓度时，应该参照同一种植物组织培养的相关报道。如果没有该种植物的相关报道时，MS 培养基可以作为首选培养基，同时以 MS 以外的一两种培养基做对照。生长素首先试验萘乙酸（NAA）和吲哚丁酸（IBA），常用浓度在 0.01～1.0mg/L；细胞分裂素首先试验 6-苄基氨基腺嘌呤（6-BA），常用浓度在 2.0～3.0mg/L。

9.4.5.5 增殖培养

增殖培养也叫继代培养，是实现植物快速繁殖的重要环节。通过初级培养，确定了某种植物组织培养繁殖的适宜培养基及其激素种类和浓度，增殖培养时选用的培养基可以不变，也可以略加调整。调整与否取决于增殖率，如果增殖率很高，继代次数少，细胞分裂素的浓度可不作调整，加入适量生长素类激素，以促进生根和防止玻璃化苗的大量发生。如果增殖率低，要调整细胞分裂素用量，常常是提高细胞分裂素的含量。继代培养周期由分化和生长速率而定，当不定芽长满瓶时，或者培养基的养分已消耗殆尽时，要及时继代培养。继代周期一般为 4～6 周。继代方法是在超净工作台上，将培养材料从培养瓶中取出，去除老化组织，进行分割，无根苗分成段（长度剪成 0.5～1.0cm）。由愈伤组织长出的丛生苗，在分割时可将芽丛连同愈伤组织块一起剪下（块的边长 0.5～1.0cm）。再把较小的培养材料接种于新鲜的继代培养基上，继续培养。继代培养的次数和规模要根据生产计划来确定。

9.4.5.6　生根培养

当不定芽增殖到一定数量时，应该有计划地进行生根培养。用于生根的不定芽应粗壮，否则要进行壮苗培养。壮苗培养基通常不加激素，将丛生的不定芽用剪刀剪下，长度不超过 2cm，分别栽植于壮苗培养基上，经过 2 周左右，不定芽生长较粗壮时，即可以转移到生根培养基上，诱导不定根。生根培养基一般只加生长素，不加细胞分裂素。生长素的种类和浓度因植物而异。减少培养基中的矿质营养，常常有利于生根，因此，生根培养基常用 1/2MS（即培养基中的各营养元素用量减半）或 1/4MS（各营养元素用量减少到 1/4）。有些植物生根需要弱光或黑暗条件。活性炭可以起到遮光作用，同时还可以吸附一些抑制生长的物质，因此，在一些植物的组织培养时常常加入活性炭，用量为 0.5%左右。只有满足植物生根所需要的激素和培养条件，才能提高生根率和增加根的数量，进而提高成活率。

9.4.5.7　试管苗驯化

组织培养苗是在无菌高湿环境下生长和发育的，表面没有蜡质层，既不保湿又不能防止杂菌的侵染。只有经过有效的驯化培养才能适应自然环境，正常生长。不同的培养者常采用不同的驯化方法，许多人利用移栽前的 3～5 天，在培养室内去掉瓶盖，将试管苗暴露于空气之中，使其适应自然条件后再移栽。

驯化基质为经过高压灭菌（灭菌方法同培养基）的河沙、珍珠岩、蛭石、泥炭等。有条件的应营建驯化室，在驯化室内安装恒温、恒湿控制仪，根据植物种类和试管苗状况准确控制温、湿度，使试管苗逐渐适应自然界的温、湿度。

将试管苗从培养瓶中轻轻取出，洗去黏附在根部的培养基，在杀菌剂中浸泡一下（即药浴），在杀菌剂水溶液中加入适量生根促进物质，然后移栽于基质中。注意，从出瓶到移栽的各个环节，切勿使试管苗受伤，并洗净黏附的培养基，否则易感染病菌。

在驯化期间，温度和湿度的控制方法是：驯化初期温度应该接近培养室温度，温差尽量小一些，几天之后驯化温度逐渐接近自然温度。湿度控制，试管苗成活与否，很重要的一个因素就是试管苗能否维持水分平衡，刚出瓶的试管苗叶片无角质层，不能防止水分蒸发，要想维持试管苗的水分平衡，除基质不缺水以外，还要保持较高的空气相对湿度。移栽前的试管苗生长在相对湿度为100%的培养瓶内，因此，移栽驯化试管苗的驯化室内最初也要保持较高的空气相对湿度，然后逐渐降低空气相对湿度，依次为 90%、80%、70%、60%、50%。利用加湿机、喷雾、加盖塑料小拱棚等方法可以保持较高的空气相对湿度。为了保持试管苗的水分平衡，还要避免强光照，应采取必要的遮光措施。

试管苗成活的另外一个关键因素是能否有效防止杂菌侵染，因此，驯化室应保持清洁无菌，或者杂菌较少。减少杂菌的措施主要有：室内安装紫外灯定时照射杀菌，定期喷施杀菌剂对空气和土壤杀菌，操作人员穿着经过灭菌的卫生服，手脚用生石灰或酒精棉消毒，戴上经消毒的口罩和手套，换上已经消毒的拖鞋。闲杂人等不得入内。

试管苗驯化期间还要保持良好的通风条件。要求基质保湿的同时还要透气，空气要流通、新鲜、杂菌少。

驯化时间因植物种类和试管苗素质而定，一般是 2～3 周。驯化成功的标准是，试管苗发出新叶、长出新根。

9.4.5.8 移栽

经过驯化的试管苗，叶片已形成角质层，可以有效地防止体内水分的蒸发，抵抗外界杂菌的侵染，这时可以将其移栽到常用的基质上，进行常规管理。常用的基质有河沙、蛭石、珍珠岩、腐殖土、锯木屑、草炭以及它们的混合物。移栽前为了提高成活率，基质要用杀菌剂消毒，试管苗进行药浴（即把试管苗浸泡于一定浓度的杀菌剂中数分钟），在药液中放入适量的生根促进物质，如生根粉等。室内保持适宜的温、湿度和良好的通风条件。移栽初期注意观察幼苗生长状况，缺乏营养的及时补施肥料或营养液，发生病虫危害时要及时防治。

小苗出瓶种植成活的关键有 5 点：①温度适宜并略低；②湿度要高，并逐步降低；③种植介质要保水透气，先经灭菌处理，不可过湿、过干；④严格控制杂菌侵染和危害，小苗出瓶时应尽量不受或少受创伤，并采用适当的杀菌剂保护；⑤在温度、湿度控制适宜的前提下，要有足够保证小苗进行光合作用，以维持自身生存和生长的较高光强和光照时间。

9.4.6 影响黄檗组织培养成功的因素

9.4.6.1 外植体

外植体的种类、生理年龄、取材时间、取材部位、大小对组织培养成功与否关系极大。

1）外植体种类

不同的器官、组织，其形态发生有很大差异。尤其是难培养的植物种，需要仔细考虑外植体类型。在植物组织中高度分化的细胞，都能使其脱分化，从而恢复到幼龄的胚胎性的细胞阶段。但是，由于技术和实验规模的限制，目前还不能轻而易举地使每一种植物的任何部位的任何一个细胞都恢复胚性，并重新开始其胚胎发育。但是绝大多数的植物，从培养的器官再产生新的不同种类的器官比较容易。也有不少例外需要注意，如黑种草（*Nigella sativa*）的根产生的愈伤组织只产生根，茎和叶的愈伤组织只产生茎。有人研究了天香百合（*Lilium auratum*）和药百合（*L. speciosum*）各种外植体产生鳞茎的能力，发现叶不能成活，雄蕊和花药不能产生鳞茎，也不产生根；花瓣有75%、鳞茎鳞片有95%产生了小鳞茎。如果用试管中的鳞茎作外植体培养，则100%再生出鳞茎。这一现象很重要，这被称为"条件化"效应（conditioning effecy），即从培养条件下的植物上取得的外植体已具有被促进了的形态发生能力。厚叶莲花掌（*Haworthia cymbiformis*）叶外植体在培养中不能产生再生植株，而从花茎切段就可以再生出小植株，再用这种再生植株的叶切块做外植体，就有约75%的叶切块能再生出小植株。鸢尾科和石蒜科只有鳞茎和花茎能够产生愈伤组织。百合鳞茎鳞片不同部位再生能力差别很大。就鳞片而论，外层的比内层的再生能力强，就一个鳞片上、中、下段而论，下段再生能力强。不同的外植体需要不同的营养和不同的植物激素用量。

2）母株年龄

生理学的或发育的年龄，影响到植株的形态发生类型和进一步的发育。从年龄较小的植株上剪取外植体，个体发育年龄幼小，生活力旺盛，细胞分裂速度快，容易分化出不定芽和不定根，形成完整植株。花烛属（*Anthurium*）的胚和幼嫩组织可以诱导出愈伤组织，而成熟的组织则不能。木本植物中胚和实生苗组织具有较高再生能力。常春藤幼年期的组织、胚和胚器官具有较高的再生能力，而成熟组织则不具有。这里所指的再生能力是先发生愈伤组织，再从它诱导形态发生的过程。取自1~2年生黄檗植株的茎段或芽，生根能力较强，而母株年龄越大，生根率越低。一般来说，幼年的组织都比老年的组织具有较高的形态发生能力。

3）取材部位

同一植株不同部位所处的生理学发育年龄不同，按植物生理学的基本观点，沿植物体的主轴而论，从基部开始越向上的部位，越接近发育上的成熟，越不易分生分化。例如，银白杨（*Populus alba* L.）越接近基部的侧芽生根率越高；取月季（*Rosa chinensis* Jacq.）主茎不同位置的侧芽进行组织培养发现，越是接近基部的侧芽产生不定芽的数量越多，生根率越高。芦苇茎切段上能产生茎的只是靠近芽的最幼嫩的组织。杜鹃茎切段产生根的能力，随着茎的年龄增加而削弱。

4）取材时间

组织培养技术不受季节的限制，可以周年生产。而在初级培养时，取材时间不同关系到快速繁殖的成败。通常是在生长季节剪取生长旺盛的部位作为外植体，容易形成愈伤组织和不定芽。而当母株停止生长或进入休眠期，则不易诱导细胞分裂和分化。

5）外植体大小

过大的外植体因浪费材料和易感染病菌，显然不宜采纳。例如，秋海棠，已知叶切块作为外植体是适宜的，表面灭菌后，切成 10mm×10mm 的块，就不如切成 5mm×5mm 块效果好，前者 1 块可能被污染，但切成后者的大小为 4 块，可能只有 1 块被污染，即外植体越大污染率越高。但外植体也不能太小，非常小的外植体，存活率很低。研究发现，香石竹茎尖长度为 0.09mm 时已无形态发生能力，茎尖达 0.2mm，没有底下的周围组织，只能有微弱的生长，当分离的茎尖达到 0.35mm 时，就能产生大量的正常嫩茎；当外植体带有周围组织而不是叶原基时，嫩茎的产生将减少。当外植体达 0.5mm 时，嫩茎的产生也会下降，这可能是茎尖下的组织所引起的。菊花的茎尖在 0.1～0.2mm 或 0.2～0.5mm 时，都只能产生 1 个茎，如茎尖切割的长度达 0.5～1.55mm 时，则可产生多个茎。

9.4.6.2 培养基

培养基是外植体生长发育的基础，如果培养基不适宜，那么植物就无法进行分生和分化。培养基中与外植体分生和分化密切相关的因素有无机营养、有机营养。

1）无机营养

为了满足植物生长对养分的需求，培养基中必须加入适量的无机营养成分。这些无机养分都来自无机盐。养分不足，则生长缓慢或发生缺素症状，影响快速繁殖计划；养分过剩，又易引起植物盐毒害。不同的培养基配方，其无机营养的含量和化合物种类不同。现有的培养基配方中，以 MS 培养基应用最广泛，这是 MS 培养基适用于许多植物生长的缘故。但不是所有植物都能在 MS 培养基上生长发育良好。例如，木本植物桃金娘科的南美稔（*Feijoa sellowiana*）的嫩茎在 Knop's 培养基（一种低盐培养基）上生长和增殖远比在 MS 培养基上好。越橘（*Vaccinium*）的嫩茎在 1/4MS 培养基中生长极好，而高水平的盐浓度要么对其有毒，要么并无任何优点。在大多数植物中，低盐的培养基对生根的效果很好。如果茎芽的增殖是在全强度 MS 培养基上进行的，生根时盐浓度应减到 1/2 或 1/4。水仙的小鳞茎或茎芽只有在 1/2MS 培养基上才能生根。许多植物也如此。

2）有机营养

（1）氨基酸。用于培养基中的有机化合物种类相当多。虽然绿色植物能自行合成所有的氨基酸，进一步合成蛋白质，但为了快速生长与分化，常常添加更复杂的有机营养物质，如甘氨酸、丙氨酸、苯丙氨酸、精氨酸、天冬氨酸、谷氨酸，后两种氨基酸有时也以其酰胺的形式提供于培养基中。其用量在几毫克至几十毫克。它们除提供有机氮素以外，也供应了相应的有机酸。

（2）嘌呤。有许多报道介绍腺嘌呤及其硫酸盐具有促进芽分化的良好作用。从生物化学上说，所有的细胞分裂素都含有腺嘌呤，或者说腺嘌呤带有不同侧链及其上各基团，就构成不同种类的细胞分裂素。可以预见它在植物组织分化时易于被组建为细胞分裂素而起作用。

（3）椰子乳或肌醇。在椰子乳中发现有肌醇，当将肌醇加入培养基中以后，确实促进许多植物组织的生长，如对蛇尾兰的分化表现为必需的。椰子乳促进生长与分化具有广泛的效力。椰子乳中含有许多促进细胞分裂的因子，如二苯尿，9-β-D-呋喃核糖基玉米素及其类似化合物。椰子乳还含有大量游离氨基酸，包括具有细胞分裂素活性的苯丙氨酸。椰子乳和肌醇常以10%（体积比）的量加入培养基中。

（4）糖。在培养基中通常使用蔗糖，适宜的糖浓度对器官发生很重要，不同品种或遗传背景的烟草愈伤组织分化苗，可能要求不同的糖浓度。糖的作用之一是维持良好的渗透关系，因此，及时转移培养物到新鲜培养基上是组织培养的最基本要求。在糖被消耗到不能维持正常的渗透势之后，要使组织块完成形态变化是不可能的。高水平的糖将抑制百合产生小鳞茎，在30g/L时茎尖外植体可以100%地产生小鳞茎；90g/L时28个茎尖只有3个产生小鳞茎，其余的只形成愈伤组织。

（5）维生素。维生素对新陈代谢过程影响很大，它们对形态发生的影响，看来也是由于影响到基础的生物化学代谢而产生的。许多植物本身能够合成必要的维生素。在培养基中加入维生素有时并非必要。在一种植物对维生素的需求没有仔细研究确定时，维生素往往都要加入，以防止可能缺乏。

9.4.6.3　植物生长调节剂

在植物组织培养中起主要作用的激素主要是生长素和细胞分裂素。外植体在最初培养时使用较高浓度的生长素，以诱导脱分化和促进愈伤组织生长。在观赏植物的培养中，为避免发生变异，大多希望产生较少的愈伤组织，能尽快出苗，因此生长素用量宜适当控制。不同种类的生长素效果不大一样，一般认为2,4-D用量较高时会抑制形态发生过程，而且它的后效将维持很久，一般只使用较低浓度，或不用。但有些人认为在诱导胚状体发生时2,4-D是必需的。用于一般侧芽、不定芽发生或生根时，较多使用NAA、IBA、IAA。在诱导胚状体发生时2,4-D使用浓度在100~2000μmol/L。

有效地诱导一种植物产生苗或促进嫩茎良好地增殖，所需求的细胞分裂素和生长素的种类与数量随植物种类、组织的部位以及生长期等条件而不同，通常用一系列的预备试验加以确定。许多植物组织表现出对细胞分裂素的绝对需要，少数种类也能完全不需要细胞分裂素。玉米素（ZT）、异戊烯基腺嘌呤（2-ip）比激动素（KT）和6-苄基氨基腺嘌呤（6-BA）效果要好一些，但成本却较高。经过预备实验认为6-BA或KT具有与ZT、2-ip同样的效果时，应考虑使用较便宜的细胞分裂素。细胞分裂素的浓度范围常在0.5~30mg/L，但大多数植物在1~2mg/L

是适宜的。高水平的细胞分裂素倾向于诱导不定芽形成，也使侧芽增生加速，结果形成过于细密的不定芽，同时嫩茎的质量下降，不利于下一步的生根和种植到土壤或介质中。因此，在力求提高嫩茎质量兼顾有较多数量的情况下，必须减少细胞分裂素的用量。细胞分裂素浓度过高时，使细胞体积因强烈的分裂活动而急剧缩小，已形成的芽不能萌发生长。例如，竹节秋海棠在6-BA为2~3mg/L时，几乎长期不能生长，分化也难进行，当降低6-BA含量到0.5mg/L之后，就能逐渐恢复正常的分化出苗和生长。6-BA用量太高会使月季小苗增殖成极短密的丛生芽，生长几乎停止，既不利于嫩茎增殖，也不利于生根。

在通常情况下，生长素含量过高，培养物表现为发生旺盛生长的愈伤组织，细胞团比较松散，会出现水浸状，这样的细胞几乎不可能分化出苗。生长素含量不足，表现为组织块几乎不能生长，颜色逐渐变暗淡，时间一长有的植物组织还会死亡。双子叶植物要求生长素浓度较低，单子叶植物则较高。

在植物组织培养时，最初都要同时使用较高的细胞分裂素（2.0~2.5mg/L）和较低的生长素（0.01~0.2mg/L）。诱导不定根时，单独使用生长素。

9.4.6.4　培养基的硬度

加入琼脂的固体培养基存在一些缺点，如培养物与培养基接触面积小，各种养分和激素在培养基中扩散较慢，培养物排出的一些代谢物，尤其是生长抑制物聚集在培养物周围，等等，这些因素都阻碍了细胞分裂和器官的发生。但其也有许多优点，其中最大的优点就是对培养物的支持。因此，固体培养基仍然是最普遍的一种培养形式。

初学者在配制培养基时常出现两个极端现象，即不凝固和培养基太硬。这两种现象都直接影响到组织培养的成功和快速繁殖的实现与否。培养基太软时，培养材料因无法直立而倒于培养基中，常常腐烂死亡；过硬的培养基既阻碍了培养物细胞分裂和扩展，又影响了营养元素和激素在培养基中的传导和培养物的吸收，使细胞难以分裂，器官很难发生。适宜的培养基硬度是培养基刚好凝固，培养基表面有少量水分，稍加震动培养基可以散开，接种时材料易于插入。配制硬度适宜培养基的琼脂用量要经过试验来确定。除琼脂的质量和称量的准确性以外，导致培养基不凝固的原因有以下几点：①培养基酸碱度不适宜，过酸和过碱都导致培养基不凝固，适宜的pH范围一般为4.0~8.0；②培养基灭菌时间太长，使琼脂变性，培养基不凝固；③灭菌时压力过大、温度过高，或者灭菌时温度忽高忽低，也易产生培养基不凝固现象。培养基过硬的原因主要是琼脂用量过大。

9.4.6.5　培养基的pH

喜光、耐旱、耐碱的植物在进行组织培养时，要求较高的光照强度，培养基的pH中性较好。喜湿、耐阴、喜酸的植物，在组织培养时对光照条件要求不高，但要求培养基的 pH 偏酸性。

9.4.6.6　温度

培养室的温度一般恒定在 25～28℃。大多数植物在这一温度范围内生长发育良好，但是仍有不少例外，水仙的生长和杜鹃的生根以 25℃最好。天香百合鳞茎形成的最佳温度是 20℃，温度再高鳞茎形成的数目开始减少。文竹以 17～24℃生长较好，13℃以下、24℃以上停止生长。花叶芋喜高温，以 28～30℃生长较快。

9.4.6.7　光照

1）初级培养和茎芽的增殖

光照的作用主要在形态建成的诱导方面，1000～5000lx 即可满足需要。一种鸢尾，在黑暗中培养的愈伤组织，当转移到光下时便产生茎。长期的黑暗培养可减少石刁柏嫩茎的数目。然而光也抑制许多植物根的生长。大丁草属和很多其他草本植物，茎芽增殖所需的适宜光照强度是 1000lx，300lx 即可满足基本要求，而3000lx 或更高的光照强度表现严重的抑制作用。在低光照强度下幼茎较绿、较高。光周期严格来说不重要。每天 16h 光照、8h 黑暗交替，即可产生令人满意的效果。

2）生根

离体培养的生根期也是前移栽期。因此，在这个时期必须使植物做好顺利通过移栽关的各项准备。此时，增加光照强度（3000～10 000lx）能刺激小植株进行光合作用，由异养型过渡到自养型。较强的光照强度也能促进根的发育，并使植株变得坚韧，从而对干旱和病害有较强的忍耐力。虽然在高光照强度下植株生长迟缓并轻微退绿，但当移入土中之后，这样的植株比在低光照强度下形成的又高又绿的植株容易成活。但也有一些植物因光照太强而生根困难。

9.4.6.8　气体状况

培养瓶里的气体成分会影响培养物的生长和分化。培养基经高压灭菌，培养瓶中可能有乙烯产生。高浓度的乙烯对正常的形态发生是不利的因素。乙烯趋向于使培养的细胞无组织结构的增殖。通常是培养时间越长，培养瓶内气体状况越差。改善气体状况的办法有使用透气的封口纸和适时转移培养物。

9.4.7　污染及减少污染的方法

污染是指在培养过程中由于真菌、细菌或病毒的浸染，而使培养基和培养材料滋生杂菌，导致培养失败的现象。不能有效地防止污染，就不能实现培养目标。污染是影响植物组织培养成功的三大障碍（污染、褐变和玻璃化）之首。污染有几个可能的来源：①培养容器；②培养基本身；③外植体；④接种室的环境；⑤在接种和继代时用以操作植物材料的器械；⑥培养室的环境。下面讨论防止由这些因素造成污染的各种措施。

9.4.7.1　培养基

培养基污染主要是一开始在培养基中就存在病原（真菌、细菌或病毒），为了杀死这些微生物，装有培养基容器的瓶口要用一种合适的防菌封口纸（或锡箔纸、棉塞等）盖严，置于高压灭菌锅中，由培养基达到要求温度（121℃，1.05MPa）的时刻算起，消毒 15～40min。灭菌效果取决于温度。所需要的时间随着要进行消毒的液体的体积而变化。Monnier（1976）报道，对于莕属植物的幼胚来说，加热到 120℃会降低培养基的营养价值，最好是将培养基在 100℃下灭菌 20min。如果没有灭菌锅，可以用家用压力锅代替。当冷却被消毒的溶液时必须十分注意，如果压力急速下降，超过了温度下降的速度，就会使液体滚沸，从培养容器中沸出。另外，只有当灭菌锅的压力表指针回到零刻度（温度不高于 50℃）时，才能打开灭菌锅。

9.4.7.2　玻璃器皿、塑料器皿和器械

玻璃器皿常常与培养基一起灭菌。若培养基已经灭菌，而只需单独进行容器灭菌时，可采用高压蒸汽灭菌法，也可以将它们置于干燥箱中在 160～180℃下干热处理 3h。干热灭菌的缺点是热空气循环不良和穿透很慢，因此不应把玻璃容器在干燥箱内放得太挤。灭菌后须待烘箱冷却后再取出玻璃容器。如果尚未足够冷却即急于取出，外部的冷空气就会被吸入干燥箱，因此有可能使里面的玻璃器皿受到污染，甚至有发生炸裂的危险。

有些类型的塑料器皿也可进行高温消毒。聚丙烯、聚甲基戊烯、同质异晶聚合物等可在 121℃下反复进行高压蒸汽灭菌。聚碳酸盐（polycarbonate）经反复高压蒸汽灭菌之后机械强度会有所下降，因此每次灭菌的时间不应超过 20min。

对于无菌操作所用的各种器械，如镊子、解剖刀、解剖针和扁头小铲等，一般的消毒办法是把它们先在 95%乙醇中浸一下，然后再置于酒精灯火焰上灼烧，待冷却后使用。这些器械不但在每次操作开始前要这样消毒，在操作期间也还要经常消毒。De Fossard（1976）建议使用 70%的乙醇消毒，因为 95%和 100%乙醇的杀菌效果反而不好，不过，对于这些器械的火焰灭菌来说，95%乙醇的消毒效果是完全令人满意的。

9.4.7.3　植物材料

植株各部分的表面携带着许多易引起污染的微生物。为了消灭这些污染源，在把植物组织接种到培养基上之前必须进行彻底的表面消毒，消毒方法见 9.4.4节；内部已受到真菌或细菌侵染的组织一般都淘汰不用。有若干种灭菌剂可用来进行植物组织消毒。不过必须注意，表面消毒剂对于植物组织也是有毒的。因此，应当正确选择消毒剂的浓度和处理时间，以尽量减少组织的死亡。对某些材料，也可用乙醇或异丙醇进行表面消毒（不要使用甲醇）。

　　一般来说，如果外植体较大、较硬，容易操作，可直接用灭菌剂进行处理；如果要培养未成熟胚珠或胚乳，通常的办法是分别把子房或胚珠进行表面消毒，然后在无菌条件下把外植体解剖出来，这样做就可以使柔软的外植体不至于受到杀菌剂的毒害。同样，要培养幼嫩的茎尖或花粉粒，须分别把茎尖和花蕾进行表面消毒，然后在无菌条件下取出外植体。这类外植体一般都不带污染微生物。在表面消毒之后，必须在无菌水中把材料漂洗 3 或 4 次，以除掉所有残留的杀菌剂，若是用乙醇消毒的可不漂洗。

　　如果外植体表面污染严重，须先用流水冲洗 1h 或更长时间，然后再进行表面消毒和利用。

9.4.7.4　接种区

　　必须特别强调的一点是，无论是接种还是继代，当培养容器敞着口的时候，必须从各方面注意防止任何污染物进入容器，为此所有的操作都必须在严格的无菌条件下进行。目前多使用各类超净工作台进行无菌操作。每个工作台上都有粗细两层过滤器，把大于 0.3μm 的颗粒滤掉，然后不带有真菌和细菌的超净空气吹过台面上的整个工作区域。由高效过滤器吹出来的空气的速度大约是（27±3）m/min，这个气流速度足以阻止工作区被坐在工作台前面的操作人员所污染，所有的污染物都会被这种超净气流吹跑。只要超净工作台不停地转动，在台面上即可保持一个完全无菌的空间。

　　此外，熟练和规范的操作技术可以有效地减少或防止污染。

9.4.8　玻璃化现象及预防的措施

　　植物组织培养过程中经常出现玻璃化现象，玻璃化苗的外形与正常苗有显著差异，外表呈玻璃状，茎叶透明，玻璃化苗含水量增加，干鲜重比例下降，出现畸形，生长缓慢，甚至死亡，生根率、移栽成活率低。玻璃化的起因是细胞生长过程中的环境变化。试管苗为了适应变化了的环境而呈玻璃状。产生玻璃化苗的因素主要有激素浓度、琼脂用量、温度、离子水平、光照时间、通风条件等。

9.4.8.1　玻璃化的原因

　　1）激素浓度

　　激素浓度增加，尤其是细胞分裂素浓度增加（或细胞分裂素与生长素比例过高），易导致玻璃化苗的产生。产生玻璃化苗的细胞分裂素浓度因植物种类的不同而异。细胞分裂素的主要作用是促进芽的分化，打破顶端优势，促进腋芽发生，因而玻璃化苗也表现为茎节较短、分枝较多的特点。细胞分裂素浓度增加分以下几种情况：①培养基中一次性加入过多细胞分裂素，如 6-BA、ZT 等；②细胞分裂素与生长素比例失调，细胞分裂素浓度远高于生长素，而使植物过多吸收细胞分裂素，体内激素比例严重失调，试管苗无法正常生长，而导致玻璃化；③在多次继代培养时愈伤组织和试管苗体内累积过量的细胞分裂素。在初级培养时加入适量的细胞分裂素，而在继代培养时利用与初级培养相同的培养基，最初的几代玻璃化现象很少，多次继代培养后便开始出现玻璃化现象，通常是继代次数越多玻璃化苗的比例越多。

2）琼脂浓度

培养基中琼脂浓度低时玻璃化苗比例增加，水浸状严重，苗向上生长。随着琼脂浓度的增加，玻璃化苗比例减少，但由于硬化的培养基影响了养分的吸收，试管苗生长减慢，分蘖也减少。

3）温度

适宜的温度可以使试管苗生长良好，当温度低时，容易形成玻璃化苗，温度越低，玻璃化苗的比例越高。温度高时玻璃化苗减少，且发生的时间较晚。

4）光照时间

不同的植物对光照的要求不同，满足植物的光照时间，试管苗才能生长正常。大多数植物在 10～12h 光照下都能生长良好，如果光照时数大于 15h，玻璃化苗的比例明显增加。

5）通风条件

试管苗生长期间要求有足够的气体交换，气体交换的好坏取决于生长量、瓶内空间、培养时间和瓶盖种类。在一定容量的培养瓶内，愈伤组织和试管苗生长越快，越容易形成玻璃化苗。如果培养瓶容量小，气体交换不良，易发生玻璃化。愈伤组织和试管苗长时间培养，不能及时转移，容易出现玻璃化苗。组织培养所用瓶盖有棉塞、锡箔纸、滤纸、封口纸、牛皮纸、塑料膜等，其中棉塞、滤纸、封口纸、牛皮纸通气性较好，玻璃化苗的比例较低，而锡箔纸不透气，影响气体交换，玻璃化苗增加。用塑料膜封口时玻璃化苗剧增。

6）离子水平

植物生长需要一定的矿质营养，但是，如果营养离子之间失去平衡，试管苗生长就会受到影响。植物种类不同，对矿物质的量、离子形态、离子间的比例等要求不同。如果培养基中离子种类及其比例不适宜该种植物，玻璃化苗的比例就会增加。

9.4.8.2　减少玻璃化现象的方法

1）培养基

大多数植物在 MS 培养基上生长良好，玻璃化的比例较低，主要是由于 MS培养基的氨、锰、铁、锌等含量较高的缘故。适当增加氨、钙、锌、锰的含量，可减少玻璃化苗的比例。

2）细胞分裂素

细胞分裂素可以促进芽的分化，但是为了防止玻璃化现象，应适当减少其用量，或增加生长素的比例。在继代培养时要逐步减少细胞分裂素的含量。

3）琼脂

配制培养基时，琼脂用量要适当，防止过软或过硬。

4）温度

培养温度要适宜植物的正常生长发育。如果培养室的温度过低，应采取增温措施。培养温度应适宜或偏高，既有利于生长，又能减少玻璃化苗的发生。

5）光照

光照时间不宜太长，大多数植物以 8～12h 为宜；光照强度在 1000～1800lx 即可以满足植物生长要求。在培养期间要保证有足够的气体交换，如果培养瓶容积小，应及时转移，不要培养时间过长，以便减少玻璃化苗的发生。

9.4.9 褐变现象及解决方法

褐变是指外植体在培养过程中，自身组织从表面向培养基释放褐色物质，以至培养基逐渐变成褐色，外植体也随之进一步变褐而死亡的现象。褐变在植物组织培养过程中普遍存在，这种现象与菌类污染和玻璃化并称为植物组织培养的三大难题。而控制褐变比控制污染和玻璃化更加困难。因此，能否有效地控制褐变是某些植物能否组织培养成功的关键。

9.4.9.1 褐变发生的原因

褐变的发生与外植体组织中所含的酚类化合物多少和多酚氧化酶活性有直接关系。很多植物，特别是木本植物都含有较高的酚类化合物，这些酚类化合物在完整的组织和细胞中与多酚氧化酶分隔存在，因而比较稳定。在建立外植体时，切口附近的细胞受到伤害，其分隔效应被打破，酚类化合物外溢。对于外植体本身来讲，酚类化合物可以防止微生物侵染组织。但酚类化合物很不稳定，在溢出过程中与多酚类氧化酶接触，在多酚氧化酶的催化下迅速氧化成褐色的醌类物质和水，醌类物质又会在酪氨酸酶等的作用下，与外植体组织中的蛋白质发生聚合，进一步引起其他酶系失活，从而导致组织代谢活动紊乱，生长停滞，最终衰老死亡。

1）植物材料

（1）基因型。不同种植物、同种植物不同类型、不同品种在组织培养中褐变发生的频率和严重程度都存在很大差别。人们已经注意到，木本植物、单宁含量或色素含量高的植物容易发生褐变，这是因为酚类的糖苷化合物是木质素、单宁和色素的合成前体，酚类化合物含量高，木质素、单宁或色素形成就多，而酚类化合物含量高也导致了褐变的发生，因此，木本植物一般比草本植物容易发生褐变。已经报道发生褐变的植物中大部分都是木本植物。在木本植物中，核桃的单宁含量很高，在进行组织培养时难度很大，不仅接种后的初代培养期发生褐变，而且在形成愈伤组织以后还会因为褐变而出现死亡。苹果中普通型品种'金冠'茎尖培养时褐变相对轻，而柱型的 4 个'芭蕾'品种褐变都很严重，特别是色素含量很高的'舞美'品种。橡胶树的花药培养中，'海垦 2 号'褐变程度比其他品系轻。Dalal 等（1992）比较两个葡萄品种'Pusa Seedless'和'Beauty Seedless'的褐变时，发现后者比前者褐变严重，酚类化合物含量也是后者明显高。

（2）材料年龄。幼龄材料一般都有比成龄材料褐变轻。平吉成（1994）从小金海棠、八楞海棠和山定子刚长成的实生苗上切取茎尖进行培养，接种后褐变很轻，随着苗龄增长，褐变逐渐加重，取自成龄树上的茎尖褐变就更加严重了。幼龄材料褐变较轻与其酚类化合物含量少有关。Chever（1983）分析欧洲栗酚类含量变化的结果表明，幼龄材料酚类化合物含量少，而成龄材料含量较多。

（3）取材部位。Yu 和 Meredith（1986）在葡萄上发现从侧生蔓切取茎尖进行培养，比从延长蔓切取的茎尖更容易成活，进一步分析酚类含量发现前者比后者少。这种酚类化合物含量造成的位置效应在'白琦南'（White Riesling）和'津范德尔'（Zinfandel）两个品种上非常明显。而苹果则是顶芽作外植体褐变程度轻，比侧芽容易成活。石竹和菊花也是顶端茎尖比侧生茎尖更容易成活。油棕用幼嫩器官或组织，如胚等作为外植体进行培养，褐变较轻，而用高度分化的叶片作外植体，接种后则很容易褐变。

（4）取材时期。王绪衍和林秦碧（1988）对 24 个苹果品种进行茎尖培养时发现，以冬春季取材褐变死亡率最低，其他季节取材褐化程度都有所加重。Wang 等（1994）也报道'富士'苹果和'金华'桃在 9 月到翌年 2 月取材褐变轻，5 月到 8 月取材则褐变严重。核桃的夏季材料比其他季节材料更易氧化褐变，因而一般都选在早春或秋季取材。造成这种季节性差异主要是由于植物体内酚类化合物含量和多酚氧化酶活性季节性变化，植物在生长季节都含有较多的酚类化合物之故。Chevre（1983）报道，欧洲栗在 1 月酚类化合物形成较少，到了 5～6 月酚类化合物含量明显提高。多酚氧化酶活性和酚类化合物含量基本是对应的，春季酶活性较弱，随着生长季节的到来，酶活性逐渐增强，因而有人认为取材时期比取材部位更加重要。

（5）外植体大小及受伤害程度。蒋迪军和牛建新（1992）报道，'金冠'苹果茎尖长度小于 0.5mm 时褐变严重，当茎尖长度在 5～15mm 时褐变较轻，成活率可达 85%。在多个苹果品种上的试验结果表明，用 5～10mm 长的茎尖进行培养效果最好，茎尖如果太小很容易发生褐变。另外，取外植体时还要考虑其粗度，细的可切短些，粗的可切长些。

外植体组织受伤害程度直接影响褐变。为了减轻褐变，在切取外植体时应尽可能减小其伤口面积，伤口剪切尽可能平整。Reuveni 和 Kipnis（1974）用椰子的完整胚、叶片作外植体进行培养，很少发生褐变。除了机械伤害外，接种时各种化学消毒剂对外植体的伤害也会引起褐变。酒精消毒效果很好，但对外植体伤害很重；氯化汞对外植体伤害比较轻。Ziv 和 Halery（1983）用 0.3% 氯化汞代替次氯酸钙进行消毒，可明显减轻鹤望兰的褐变。一般来讲，外植体消毒时间越长，消毒效果越好，但褐变也越严重，因而，消毒时间应掌握在一定范围内才能保证较高的外植体存活率。

2）光照

苹果、桃、葡萄、金缕梅、丝穗木等植物的茎尖外植体，如果取自田间自然光照下的植株枝条，那么接种后很容易褐变，而事先对取材母株或枝条进行遮光处理，之后再切取外植体，则可有效控制褐变。暗处理之所以能控制外植体褐变，是因为在酚类化合物合成和氧化过程中需要许多酶系统，其中一部分酶系统的活性是受光诱导的。这些酶在自然光照条件下生长的植物体内非常活跃，从这样的植株上取得外植体很容易发生褐变，而把取材母株放置在黑暗或弱光条件下生长，植株组织内光诱导的那些参与酚类化合物合成的氧化酶活性就大大减弱，以至酚类化合物的合成减少，其氧化产物醌类也相应减少，使褐变得到控制。Hu（1983）和 Sondahl（1981）等只在接种后的初代培养期进行暗处理，也有一定效果，但远不如在田间处理好。有的试验没有效果，有的试验反而加重了褐变，这是因为光下生长的植株体内酚类化合物含量已经很高，接种后放在黑暗中并不能马上降低酚类化合物含量，相反，连续黑暗会降低外植体生理活力，使褐变加重。

3）温度

温度对褐变影响很大。Ishii 等（1979）早已以发现卡特兰在 15～25℃条件下培养比在 25℃以上培养褐变较轻。Wang 等（1994）报道，在苹果和桃的茎尖培养中，5℃低温对控制褐变效果十分显著，而且在 5℃以下培养时间越长，褐变率越少，但存活率也随之下降，最佳时间为 7 天左右。王明华等（1995）在褐变很严重的'芭蕾'苹果上也验证了低温对褐变的抑制作用。Hildebrandt 和 Hamey（1988）在培养天竺葵茎尖的过程中，不仅发现 7℃以下培养的茎尖比在 17℃和 27℃下褐变轻，而且还证明高温能促进酚类化合物氧化，而低温可以抑制酚类化合物的合成，降低多酚氧化酶的活性，减少酚类化合物氧化，从而减轻褐变。

4）培养基

（1）培养基状态。由于培养基中琼脂的用量和 pH 的高低不同，培养基可配制成固体培养基、半固体培养基或液体培养基。许多试验证明，液体培养基可以有效克服外植体褐变，液体培养基再加上滤纸做成纸桥，效果就更好。在液体培养基中，外植体溢出的有毒物质可以很快扩散，因而对外植体造成的伤害较轻。韩碧文和刘淑兰（1986）用低氧的半固体培养基培养酚类化合物含量很高的核桃，同样也收到了较好的抑制效果。

（2）无机盐。在初代培养时，培养基中无机盐浓度过高，酚类化合物将会大量外溢，导致外植体褐变。降低盐浓度则可以减少酚类化合物外溢，从而减轻褐变。无机盐中有些离子，如 Mn^{2+}、Cu^{2+} 是参与酚类化合物合成与氧化酶类的组成成分或辅因子，因此盐浓度过高会增加这些酶的活性，进而促进酚类化合物合成与氧化。为了抑制褐变，在初代培养期使用低盐培养基，可以收到较好的效果。

（3）植物生长调节剂。有报道说，初代培养处在黑暗条件下，生长调节剂的存在是影响褐变的主要原因，此时去除生长调节剂可减轻褐变。6-BA 或 KT 不仅能促进酚类化合物的合成，而且还能刺激多酚氧化酶的活性，而生长素类如 2,4-D 和 IAA 可延缓酚类化合物的合成，减轻褐变现象发生。还有人推测外植体内源乙烯水平会影响酚类化合物的含量。

（4）抗氧化剂。培养基中加入抗氧化剂可改变外植体周围氧化还原电势，从而抑制酚类化合物氧化，减轻褐变。目前，组织培养中应用的抗氧化剂种类很多，不同抗氧化剂的效果有所不同。在核桃茎尖培养中，硫代硫酸钠和苏糖二硫醇效果很好，而维生素 C 和间苯三酚效果就不太显著。同一种药剂在不同培养基中效果不一样。Hu 和 Wang（1983）认为抗氧化剂在液体培养基中比在固体培养中效果更好。在外植体接种之前，用抗氧化剂浸泡一定时间，也能收到一定效果。但浸泡时间如果过长，外植体褐变会更加严重，因为抗氧化剂对外植体有一定毒害作用。

（5）吸附剂。活性炭和 PVP 作为吸附剂可以去除酚类化合物氧化造成的毒害效应，这在东北红豆杉、猪笼草、鸡蛋果、鹤望兰、杜鹃花、苹果、桃和倒挂金钟等植物上都有过报道。它们的主要作用在于通过氢键、范德瓦耳斯力等作用力把有毒物质从外植体周围吸附掉。活性炭除了有吸附作用外，在一定程度上还降低了光照强度，从两方面减轻褐变。与抗氧化剂一样，不同吸附剂在不同植物上有效程度不同。活性炭对龙眼比 PVP 有效，而 PVP 对甜柿则比活性炭更有效。

值得注意的是，用吸附剂抑制褐变有一个副作用，即吸附剂在吸附有毒酚类化合物的同时，也要吸附培养基中的生长调节剂。因此，在加有活性炭的培养基中，生长调节剂的浓度应适当提高。

（6）螯合剂。培养基中加入螯合剂后可与多酚类氧化酶发生螯合，降低酶活性，从而达到抑制褐变的目的。

（7）pH。培养基的 pH 较低时，可降低多酚氧化酶活性和底物利用率，从而抑制褐变；而 pH 升高则明显加重褐变。

5）培养方式

（1）外植体在培养基中的放置方式。薯蓣在用茎段做外植体进行组织培养时，将茎段正向插入培养基中出现明显褐变，而将茎段倒向插入则褐变完全消失，其原因尚不清楚。

（2）培养方法。周延清等在培养决明原生质体时，对浅层培养、琼脂糖包埋培养和漂浮培养3种方法进行了比较。发现前2种静置培养方法由于原生质体沉淀造成营养与通气不良，导致原生质体破裂，释放出酚类化合物而出现褐变；漂浮培养则克服了原生质体沉淀，从而减轻褐变，于是原生质体分裂速率提高。

（3）转瓶周期。对于易褐变的材料，接种后转瓶时间长，伤口周围积累醌类物质增多，褐变加重，而缩短转瓶周期性可减轻褐变。在山月桂树的茎尖培养中，接种后 12~24h 便转入液体培养基中，这之后的 1 周内每天转一次瓶，褐变得到完全控制。在无刺黑莓上也有类似经验。

（4）原生质体植板密度。山杏原生质体培养在 0.1×10^5 个/ml 的植板密度下即可启动分裂，以 0.5×10^5 个/ml 植板密度分裂频率和植板率最高。随着植板密度的增大，褐变加重，分裂频率和植板率下降。

9.4.9.2　控制褐变的措施

（1）适宜的外植体。如实生苗茎尖、枝条顶芽、幼胚等。在取外植体之前对母树进行遮光处理 20~40 天。

（2）适宜的培养基。适宜的无机盐成分、蔗糖浓度、激素水平、温度及在黑暗条件下培养可以显著减轻材料的褐变。

（3）适宜的添加物。在培养基中加入抗氧化剂和其他抑制剂，如有机酸、蛋白质、蛋白质水解产物、氨基酸、硫脲、二氨基二硫代甲酸钠、亚硫酸氢钠、氰化钾、二硫苏糖醇多氨等可以有效地抑制褐变。

（4）其他措施。反复转移和在培养基中添加吸附剂（活性炭 0.5%~2.5%）是控制褐变常用且有效的方法。

10   黄檗人工林高效培育

黄檗人工林建设比较晚，目前，成功的黄檗纯林很少见。主要原因是黄檗适宜立地、造林方式和抚育技术尚在探讨之中。作者将近几年黄檗人工林营建技术成果归纳整理，供黄檗人工林建设的研究与生产单位参考，以促进黄檗种群数量和质量迈上新的台阶。

10.1   适宜黄檗生长的立地

10.1.1   立地与调查方法

湾沟林业局位于吉林省东南部，地处江源区、抚松县、靖宇县的交汇处，属北温带大陆性季风气候。春季昼夜温差大；夏季短，温热多雨；秋季凉爽，多晴朗天气；冬季长，干燥寒冷。市区年平均气温 4.6℃，夏季最高气温历史极值 36.5℃，冬季最低气温历史极值–42.2℃，年平均降水量 883.4mm，日照时数 2259h，无霜期 140 天。湾沟林业局属于温带针阔叶混交林区，主要乔木树种有红松、云杉、落叶松、水曲柳、黄檗、椴树、桦树、柞树、胡桃楸等。

分别于 2019 年 4 月和 2019 年 10 月在湾沟林业局选择 9 个不同立地条件（表 10.1）黄檗生长分布较多的点位，每个点位在直径 35m 范围内，随机选择 8 株无病虫害、干形通直、长势良好的黄檗，调查并记录每株黄檗的胸径、树高和冠幅。

表 10.1   不同立地基本因子

点位序号	林分类型	坡位	坡度/(°)	坡向	海拔/m	龄组
位置 1	阔叶混交林	下	8	半阴坡	962	成熟林
位置 2	云杉阔叶林混交林	下	7	半阴坡	931	成熟林
位置 3	白桦阔叶混交林	中	24	阳坡	918	幼龄林
位置 4	落叶松、胡桃楸阔叶混交林	中	23	阳坡	936	成熟林
位置 5	阔叶混交林	上	15	阴坡	956	近熟林
位置 6	阔叶混交林	上	11	阴坡	974	中龄林
位置 7	红松、胡桃楸阔叶混交林	中	11	阳坡	968	中龄林
位置 8	胡桃楸阔叶混交林	上	13	半阴坡	940	近熟林
位置 9	红松阔叶林	中	17	阴坡	963	近熟林

于 2019 年 10 月对该 9 个点位的黄檗侧根分布情况进行调查，挖掘的土壤剖面长 1m、宽 0.5m、深 1m，调查并记录土层深度分别为 0～20cm、20～40cm、40～60cm、60～80cm、80～100cm 的黄檗侧根分布数量及大小。在该 9 个点位利用环刀对 0～20cm、20～40cm 和 40～60cm 深的土壤进行采集，并对土壤理化性质进行实验分析。

利用 SAS 和 Excel 软件对调查和实验数据进行整理与统计分析。

10.1.2 不同立地生长性状特征

通过对不同坡向和不同坡位的胸径生长量、树高生长量和冠幅生长量进行调查（表 10.2），可以看出，阴坡胸径生长量和树高生长量均最大，分别为 0.54cm 和 1.02m，标准差分别为 0.24 和 0.21，半阴坡冠幅生长量最大，可达 0.88m，标准差为 0.19；3 个生长性状在阳坡生长最小。坡下的黄檗胸径生长量、树高生长量和冠幅生长量均最大，分别为 0.57cm、1.03m 和 0.82m，标准差分别为 0.17、0.16 和 0.19；3 个性状在坡上生长量最小。

表 10.2 不同立地条件黄檗连年生长量

生长性状	立地条件	平均值	最大值	最小值	标准差
胸径生长量/cm	半阴坡	0.53	1.2	0.3	0.2
	阴坡	0.54	1	0.1	0.24
	阳坡	0.34	0.5	0.1	0.13
	坡上	0.49	1.2	0.1	0.25
	坡中	0.34	0.5	0.1	0.13
	坡下	0.57	0.9	0.3	0.17
树高生长量/m	半阴坡	0.97	1.2	0.5	0.25
	阴坡	1.02	1.8	0.9	0.21
	阳坡	0.66	0.9	0.3	0.15
	坡上	0.91	1.8	0.5	0.26
	坡中	0.71	1.3	0.3	0.14
	坡下	1.03	1.5	0.6	0.16
冠幅生长量/m	半阴坡	0.88	1.1	0.6	0.19
	阴坡	0.76	0.9	0.4	0.22
	阳坡	0.71	0.8	0.4	0.17
	坡上	0.78	0.9	0.5	0.23
	坡中	0.75	0.8	0.4	0.16
	坡下	0.82	1.1	0.6	0.19

10.1.3 不同坡向生长性状差异

通过对不同坡向的胸径生长量、树高生长量和冠幅生长量进行方差分析（表 10.3），结果发现，不同坡向黄檗胸径生长量和树高生长量差异均达到极显著水平，说明坡向对这两个生长性状影响较大；不同坡向黄檗冠幅生长量差异不显著，说明坡向对冠幅的影响较小。

表 10.3 不同坡向黄檗连年生长量方差分析

生长性状	差异来源	自由度	方差	均方	F 值
胸径生长量	坡向	2	0.5769	0.2885	7.60**
	误差	69	2.6196	0.0380	
	总计	71	3.1965		
树高生长量	坡向	2	2.8654	1.4327	8.5**
	误差	69	11.6302	0.1686	
	总计	71	14.4956		
冠幅生长量	坡向	2	1.2594	0.6297	1.04
	误差	69	41.7782	0.6055	
	总计	71	43.0376		

进一步对不同坡向的胸径生长量、树高生长量和冠幅生长量进行多重比较（表 10.4），结果发现阴坡胸径生长量最大，可达 0.54cm，其次为半阴坡，生长量为 0.53cm，两个坡向间胸径生长量差异不显著；阳坡胸径生长量最小，仅为 0.34cm，且与其他两个坡向间差异均达到显著水平。黄檗树高生长量在阴坡最大，可达 1.02m，与半阴坡差异不显著，与阳坡差异达到显著水平；树高生长量其次为半阴坡，为 0.97m；阳坡最小，仅为 0.66m，且与其他两个坡向差异均显著。

表 10.4 不同坡向黄檗连年生长量多重比较

坡向	胸径生长量		树高生长量	
	均值/cm	显著性	均值/m	显著性
阴坡	0.54	a	1.02	a
半阴坡	0.53	a	0.97	a
阳坡	0.34	b	0.66	b

10.1.4 不同坡位生长性状差异

通过对不同坡位黄檗的胸径生长量、树高生长量和冠幅生长量进行方差分析

（表 10.5），结果发现，不同坡位黄檗胸径生长量和树高生长量差异均达到极显著水平，说明坡位对这两个生长性状影响较大；不同坡位黄檗冠幅生长量差异不显著，说明坡向对冠幅的影响较小。

表 10.5　不同坡位黄檗连年生长量方差分析

生长性状	差异来源	自由度	方差	均方	F 值
胸径生长量	坡位	2	0.6503	0.3251	8.81**
	误差	69	2.5463	0.0369	
	总计	71	3.1966		
树高生长量	坡位	2	3.1285	1.5643	9.49**
	误差	69	11.3671	0.1647	
	总计	71	14.4956		
冠幅生长量	坡位	2	1.3687	0.6844	1.13
	误差	69	41.6689	0.6039	
	总计	71	43.0376		

进一步对不同坡位黄檗的胸径生长量、树高生长量和冠幅生长量进行多重比较（表 10.6），结果发现坡下胸径生长量最大，可达 0.57cm，其次为坡上，生长量为 0.49cm，两个坡位间胸径生长量差异不显著；坡中胸径生长量最小，仅为 0.34cm，且与其他两个坡向间差异均达到显著水平。黄檗树高生长量在坡下最大，可达 1.03m，与坡上差异不显著，与坡中差异达到显著水平；树高生长量其次为坡上，为 0.91m；坡中最小，仅为 0.71m，且与其他两个坡向差异均显著。

表 10.6　不同坡位黄檗连年生长量多重比较

坡向	胸径生长量		树高生长量	
	均值/cm	显著性	均值/m	显著性
坡下	0.57	a	1.03	a
坡上	0.49	a	0.91	a
坡中	0.34	b	0.71	b

10.1.5　不同立地生长性状差异

通过对不同立地条件下黄檗的胸径生长量、树高生长量和冠幅生长量进行方差分析（表 10.7），结果发现，不同立地黄檗胸径生长量和树高生长量差异均达到极显著水平，说明立地对黄檗这两个生长性状影响较大；不同立地黄檗冠幅生长量差异不显著，说明立地对冠幅的影响较小。

表 10.7　不同立地条件黄檗连年生长量方差分析

生长性状	差异来源	自由度	方差	均方	F 值
胸径生长量	立地因子	8	1.1753	0.1469	4.58**
	误差	63	2.0213	0.0321	
	总计	71	3.1966		
树高生长量	立地因子	8	6.8651	0.8581	7.08**
	误差	63	7.6305	0.1211	
	总计	71	14.4956		
冠幅生长量	立地因子	8	3.2641	0.4080	0.64
	误差	63	39.7735	0.6313	
	总计	71	43.0376		

　　进一步对不同立地条件下黄檗的胸径生长量、树高生长量和冠幅生长量进行多重比较（表 10.8），结果发现位置 9 胸径生长量最大，可达 0.71cm，除与位置 3、位置 2 和位置 8 差异不显著外，与其他位置胸径生长量差异均达到显著水平；位置 6 胸径生长量最小，仅为 0.31cm。黄檗树高生长量在位置 9 最大，可达 1.03m，除与位置 8、位置 2 和位置 3 差异不显著外，与其他位置胸径生长量差异均达到显著水平；位置 7 树高生长量最小，仅为 0.51m。

表 10.8　不同立地条件黄檗连年生长量多重比较

立地因子	胸径生长量		立地因子	树高生长量	
	均值/cm	显著性		均值/m	显著性
位置 9	0.71	a	位置 9	1.03	a
位置 3	0.58	ab	位置 8	0.95	ab
位置 2	0.56	ab	位置 2	0.91	ab
位置 8	0.54	abc	位置 3	0.87	abc
位置 1	0.44	bcd	位置 1	0.76	bcd
位置 5	0.38	cd	位置 5	0.70	bcd
位置 7	0.36	cd	位置 4	0.66	cd
位置 4	0.34	d	位置 6	0.62	cd
位置 6	0.31	d	位置 7	0.51	d

10.1.6　黄檗侧根分布情况

对 9 个点位黄檗正南方向 1m 处进行根系分布调查，挖掘形成的土壤剖面长 1m、宽 0.5m、深 1m。可以看出黄檗侧根主要分布在 0～20cm，20～40cm 仅有少量分布，40cm 以下基本不见黄檗侧根分布。不同坡向黄檗侧根分布差异较大，其中半阴坡侧根分布较多，且侧根的直径较大；阴坡分布数量其次，但细根分布数量较多；阳坡侧根分布数量较少，且侧根直径较小（图 10.1）。

（a）　　　　　　　　　　（b）　　　　　　　　　　（c）

图 10.1　不同坡向土壤剖面与根系分布（彩图请扫封低二维码）
（a）阴坡；（b）阳坡；（c）半阴坡

10.2　黄檗用材林高效培育

10.2.1　良种苗木繁育

1）种子准备

采集黄檗种子园或者优树上的种子，脱粒、风干、去杂，进一步风选或者水选饱满种子，种子用清水浸泡 2～3 天，低温（0～5℃）湿沙层积 50～60 天。

2）整地做床

苗床地秋季深翻，结合深翻施入有机肥和复合肥做底肥，苗床宽 1.2～2.4m。

3）播种

播种时间通常是 4 月下旬至 5 月上旬。播种前，苗床地喷施 0.5%高锰酸钾溶液进行土壤灭菌。播种方法条播，间距 10～12cm，播后镇压，使种子与床土结合紧密，覆土 0.5～1.0cm，用喷壶浇透水，覆盖地膜。

4）苗期管理

（1）水分管理。苗床保持湿润，干旱时及时灌溉。

（2）施肥。苗期施肥 2 或 3 次，在间苗后各追肥一次，第 3 次追肥在苗木速生期。

（3）定苗。黄檗苗木密度过大时影响苗木质量，要及时间苗，一般间苗 1 或 2 次，为了不影响其他苗木生长，在间苗前先浇透水，拔除过密和病弱苗；经过 1 或 2 次间苗后，最后保留苗 80～100 株/m²。

（4）除草。及时拔除杂草。

5）截根处理

在 7 月黄檗生长旺盛季节对黄檗进行截根处理，截根深度为 12～15cm，截根后灌透水、踩实，通常进行 1 或 2 次截根处理。截根后黄檗幼苗侧根发生量大大增加，生长好于未截根的幼苗。

10.2.2　立地选择

1）皆伐迹地

黄檗造林立地首选在皆伐迹地的半阳坡、半阴坡。造林前全面整地。

（1）林地清理：清除伐根、树枝。

（2）林地翻把：坡度较缓的林地可以进行秋翻，疏松土壤。

2）林下造林

选择针阔混交林、疏林地开展林下栽植。局部整地方法同上。

10.2.3　造林

1）苗木准备

黄檗造林通常选用 1～2 年生苗木，主要造林树种苗木质量分级 GB6000—1999 规定 1 年生黄檗苗木标准苗高 30cm，地径 0.5cm 以上。秋季起苗可以进行秋季造林，春季起苗可以直接用于春季造林。应做到随起、随捡、随选、随数、随假植。若秋季起苗翌年春季造林，需要越冬假植。秋季起苗应在苗木生长停止经过 1 或 2 次霜冻后进行。越冬假植必须疏摆、深埋、踩实，防止透风、进水、风干、发霉。

2）定植

春季化冻后可以定植，吉林省通常在 5 月上旬开始回避苗木定植，定植方式为块状穴植，依据地形，每块面积 0.5～1hm²，初植株行距 2m×2m，植树穴直径 20cm，深度 20～30cm。载苗时保持根系舒展，切记不要窝根，边踩土边向上提苗，培土踩实，保证根系与土壤紧密结合。

10.2.4　抚育

1）幼林期抚育

（1）培土：定植当年夏季，结合除草给幼树根部培土，踩实。

（2）除草：每年除草 2 或 3 次，幼树以人工除草为主，使用除草剂要防止幼树药害。

（3）割冠：利用割冠机割除各种萌生灌木和杂草。

（4）施肥：在春季和夏季各追肥 1 或 2 次，春季施用磷酸二铵，用量 80～100g/株，在距离幼树根部 10～15cm 处围绕幼树开沟，深度 5～7cm，将肥料施入、覆土。夏季追施尿素，每次 50～70g/株，方法同上。

2）成林期抚育

（1）除草：每年除草 2 或 3 次，幼树以人工除草为主，使用除草剂要防止幼树药害。

（2）割灌：利用割灌机割除各种萌生灌木。

（3）施肥：在春季和夏季各追肥 1 次，春季施用磷酸二铵，每株用量 150～300g/株，在距离幼树根部 30～50cm 处围绕幼树开沟，深度 10～15cm，将肥料施入、覆土。夏季追施尿素，每次 100～150g/株，方法同上。

（4）修枝：枝下高较小的，适当修去树冠底部枝条，剪除病虫枝。

3）间伐

采取逐渐间伐的方式调控株行距，即依据郁闭程度确定间伐强度。通常是定植 3～4 年后间苗，密度为 2m×2m；定植 8～10 年，隔行间伐，株行距为 2m×4m；定植 12～15 年隔株间伐，株行距为 4m×4m。

10.3　黄檗药用原料林高效培育

10.3.1　良种苗木繁育

10.3.1.1　嫁接繁殖

1）穗条选择

选择生物碱含量较高的优良品种或品系作为穗条来源。

2）砧木选择

在 1 年生黄檗苗圃，选择超级苗做砧木。超级苗目标苗高和地径大于平均值 2 标准差。

3）嫁接

嫁接时间：通常是 4 月下旬至 5 月上旬，树液流动前。

嫁接方法：随心形成层嫁接方法详见 3.9.2 部分。

4）苗期管理

（1）水分管理：苗床保持湿润，干旱时及时灌溉。

（2）施肥：苗期施肥 2 或 3 次，在出苗后 1 周和 3 周，各追肥 1 次，第 3 次追肥在 6 月中旬至 7 月上旬的苗木速生期。

（3）定苗：黄檗育苗密度过大时会影响苗木质量，需要间苗，经过 1 或 2 次间苗后达到预期密度即可，间苗前为了防治带土过多，影响保留苗木生长，要先浇透水，然后间苗，间苗时首先拔出病弱苗和密度过大的苗；经过 2 次间苗后保留苗 80～100 株/m²。

（4）除草：及时拔除杂草。

5）切割处理

黄檗为直根系，侧根不发达，在 7 月最好经过 1 或 2 次截根处理，促进侧根发生，截根深度 12～15cm，截根后灌透水，或者踩实防止根系透气。

10.3.1.2 扦插繁殖

1）穗条选择

选择生物碱含量较高的优良品种或品系作为穗条来源。

在黄檗停止生长后，春季萌动前，选择粗细均匀、芽饱满的穗条，然后按照生理下端对齐，将 100 个穗条捆成一捆。

2）制备复合生根剂水溶液

用乙醇将 ABT 生根粉、吲哚丁酸、萘乙酸进行溶解，然后用双蒸水定容至 1L，其中 ABT 生根粉 1.5～2g/L、吲哚丁酸 1～1.2g/L、萘乙酸 0.5～1g/L 进行混合，从而得到复合生根剂水溶液，将复合生根剂水溶液放在 0～5℃条件中备用。

3）制备基质

在地面上制作高床（床高 20～25cm），苗床制作完成后用铁耙将苗床土耙细、整平，浇透底水，然后用喷壶喷洒杀菌剂水溶液，喷洒完毕后，选取优质腐殖土，使用 20 目筛对腐殖土进行筛选，从而除去腐殖土中的杂物，将筛选后的腐殖土平铺于苗床上，腐殖土厚度为 20cm，用喷壶喷洒杀菌剂水溶液，浇透为止，从而得到基质。

4）扦插

将穗条的生理下端浸泡在复合生根剂水溶液中，浸泡时间为 15min，浸泡完毕后将穗条扦插到腐殖质基质中，扦插时露出最上面的一个芽，压实腐殖土，使腐殖土与穗条紧密结合，然后覆上稻草或地膜保湿，并用喷壶喷洒杀菌剂水溶液将稻草浇湿。

5）架棚覆膜

架设拱棚可以增加空气相对湿度、提高苗床温度，有利于插穗生根。拱棚的高度为 0.5～2.8m，拱棚的长度和宽度要比苗床的长度和宽度各多出 40～60cm，为了控制棚内温度，在拱棚上覆盖遮阳网。

6）管理

扦插后定期喷雾，空气相对湿度保持在 80%以上，土壤湿润，但苗床上没有积水。空气温度保持在 20～25℃，苗床温度保持在 18～22℃。定期使用喷壶喷洒杀菌剂水溶液，防止杂菌污染。

7）成苗

扦插后 4～5 周穗条生出不定根，从而完成黄檗硬枝的扦插。

10.3.2 立地选择

1）皆伐迹地

黄檗造林立地首选在皆伐迹地半阳坡。全面整地内容包括：①林地清理，清除伐根、树枝；②林地翻把，坡度较缓的林地可以进行秋翻，疏松土壤。

2）林下造林

选择针阔混交林、疏林地开展林下栽植。局部整地内容同上。

10.3.3 造林

1）苗木准备

黄檗造林通常选用 1～2 年生苗木，GB6000—1999 规定 1 年生黄檗苗木标准苗高 30cm 以上，地径大于 0.5cm。如果秋季起苗应在苗木生长停止后进行，起苗后可以当年秋季造林。若翌年春季造林，需要越冬假植。春季化冻后起苗，可以直接用于造林。

2）定植

土壤解冻后开始定植，苗木定植方式为块状穴植，依据地形，每块面积 0.5～1hm^2，初植密度为 2m×2m 或 2m×4m，植树穴直径 20cm，深度 20～30cm。栽苗前剪掉过长的须根，防止栽植时窝根，栽苗后培土踩实，边踩土边向上提苗，保证根系舒展，提高成活率。

10.3.4 抚育

1）幼林期抚育

（1）培土：定植当年夏季，结合除草给幼树根部培土，踩实。

（2）除草：黄檗幼树每年进行人工除草 2 或 3 次，如果使用除草剂要避开幼树，选择对黄檗植株安全的除草剂，防止发生药害。

（3）割冠：利用割冠机割除各种萌生灌木和杂草。

（4）施肥：每年在春季和生长旺盛季节进行追肥 2 或 3 次，春季施用磷酸二铵和硫酸钾，两种肥料用量各 80～100g/株，在距离幼树根部 10～15cm 处围绕幼树开沟，深度 5～7cm，将肥料施入、覆土。夏季黄檗生长旺盛，追肥 1 或 2 次，追施尿素、硫酸铵或硝酸铵均可，以硝酸铵为例每次 100～150g/株，同样开沟施入。

2）成林期抚育

抚育内容包括以下几点。①除草。黄檗成林可以人工除草，也可以喷施除草剂，尽量选择对黄檗植株安全的除草剂类型，根据杂草生长情况，每年除草 2

或 3 次。②割冠。利用割冠机割除各种萌生灌木。③施肥。在春季萌动期和夏季速生期追肥 2 或 3 次，早期施用氮磷钾复合肥，以磷酸二铵和硫酸钾计每株用量分别施入 150～300g/株，在距离幼树根部 20～30cm 处围绕黄檗植株开沟，深度 10～15cm，将肥料施入后覆土。夏季追施氮肥，以尿素计每次 100～150g/株，同样开沟施肥。④修枝。剪掉树冠底部侧枝和病虫枝条。

3）间伐

初植密度为 2m×2m，林龄 8～10 年，隔行间伐，株行距为 2m×4m；林龄 12～15 年隔株间伐，株行距为 4m×4m。

10.4 黄檗生长节律

林木生长过程是基因型和环境互作的结果，特别对于幼苗生长阶段，经营管理水平直接影响苗木生长。

黄檗 16 个家系种子取自于吉林省临江林业局黄檗种子园，该园建于 1999 年，建园优树主要来源于小兴安岭和长白山，园区海拔 793m，年平均气温 1.4℃，年平均降水量 830mm，属温带大陆性季风气候。种子园黑龙江Ⅰ区和临江Ⅰ区均定植黄檗雌无性系 16 个，雄无性系 15 个，每个无性系 20 个分株。

黄檗苗期生长实验在吉林市磨盘山实验基地进行，该地距吉林市市区 15 公里，属中温带亚湿润季风气候类型，年平均气温 3.9℃，1 月平均气温最低，7 月平均气温最高。全年平均降水量 650～750mm。

在种子园黑龙江Ⅰ区和临江Ⅰ区内各取 8 个半同胞家系的种子，每个家系 3 个分株，共 16 个家系，48 株树。在吉林市磨盘山实验基地，对选择的 16 个家系种子进行低温层积处理，每个家系分株随机选择 1000 粒种子，均匀散播在 2m×1.2m 的苗床上。定期进行苗期维护，于 2015 年 7 月 1 日起每隔 15 天对各家系分株的苗高和地径进行调查。每个分株随机选择 30 株长势良好的幼苗，利用直尺对苗高进行测量，精度为 0.1cm；利用游标卡尺对地径进行测量，精度为 0.1mm。

利用 Excel 和 SAS 软件对实验数据进行整理和统计分析。选择的黄檗苗期生长模型为逻辑斯谛（Logistic）方程：

$$Y=k/[1+e(a-bt)] \qquad (10.1)$$

对模型（10.1）进行求导，可得苗期生长速生初期 $t_1=(a-1.317)/b$，速生末期 $t_2=(a+1.317)/b$，速生持续时间 $t_\triangle=t_2-t_1$。式中，Y 为黄檗苗高或地径；t 为生长天数；k、a、b 为模型参数。

在本实验中，以 2015 年 7 月 1 日为第 1 天（记为 1），7 月 2 日为第二天（记为 2），依此类推。

利用 Logistic 模型对黄檗 16 个家系苗高和地径生长进行拟合（表 10.9）。16

个家系苗高和地径参数检验均达到显著性水平，实测值与拟合值检验精度均大于0.87，说明模型对黄檗苗高和地径的拟合精度较高。其中 L1-12 号无性系苗高模型拟合最优，检验精度达 0.930；H1-1 号无性系地径拟合最优，检验精度达0.9690。

表 10.9　黄檗家系苗高和地径模型参数与检验

家系	苗高				地径			
	k	a	b	P	k	a	b	P
H1-1	47.56	4.0381	0.0890	0.8880	5.31	1.7436	0.0401	0.9690
H1-2	23.47	3.2516	0.0703	0.8910	3.89	2.0713	0.0547	0.9000
H1-3	42.46	3.9800	0.0847	0.8970	5.01	2.0570	0.0532	0.9460
H1-4	67.95	3.5207	0.0713	0.9010	5.46	2.0913	0.0575	0.9560
H1-5	40.26	3.8590	0.0858	0.8860	4.62	1.9694	0.0515	0.9650
H1-6	36.53	3.5387	0.0784	0.8600	5.08	2.0887	0.0464	0.9480
H1-7	31.94	3.7606	0.0780	0.8870	4.52	1.9558	0.0482	0.9440
H1-9	35.10	3.8108	0.0797	0.8950	4.71	1.8864	0.0468	0.9640
L1-12	53.90	4.9580	0.0997	0.9300	7.35	2.2543	0.0393	0.9250
L1-13	30.09	3.3079	0.0664	0.8850	4.59	2.0204	0.0492	0.9350
L1-16	37.98	3.9766	0.0793	0.8950	5.32	2.1361	0.0465	0.9450
L1-17	42.14	4.5116	0.0956	0.9090	5.42	2.3518	0.0591	0.9500
L1-3	24.39	2.6389	0.0550	0.9090	4.18	1.9607	0.0481	0.9470
L1-4	58.29	4.3336	0.0919	0.9130	5.37	1.6899	0.0566	0.9060
L1-6	44.14	4.8373	0.0947	0.8860	5.36	2.5035	0.0610	0.9290
L1-8	30.30	3.9089	0.0831	0.8740	5.53	2.2825	0.0496	0.9440

　　黄檗 16 个家系苗高和地径均呈现出"慢—快—慢"的生长规律，符合"S"型生长曲线。根据黄檗苗木速生初期和末期，将苗期生长分为"前慢期"、"速生期"和"后慢期"。黄檗各家系苗高和地径平均生长"前慢期"分别在 7 月 30 日和 7 月 16 日前，该阶段苗木生长速率逐渐提高；生长"速生期"分别在 7 月 31 日至 9 月 4 日和 7 月 17 日至 9 月 10 日，该期间苗木生长较快，并在速生期达到最大生长量；生长"后慢期"分别在 9 月 5 日和 9 月 11 日之后，该阶段苗木趋于木质化，生长逐渐变慢，直至停止。黄檗苗期地径早于苗高进入生长速生期，且生长速生期持续时间较长。

　　对黄檗家系间苗高生长速生始期、末期及持续时间进行方差分析。结果发现，家系间苗高和地径生长速生始期差异不显著，说明生长初期环境对黄檗苗木生长的影响不大。家系间苗高和地径速生末期和持续时间差异均达到显著水平（苗高

F=2.42 和 *F*=3.12，地径 *F*=3.86 和 *F*=2.69 ），说明随着黄檗苗木生长，遗传因素的影响逐渐提高。

进一步对黄檗家系间苗高和地径生长速生始期、末期及持续时间进行多重比较，7 月 25 日 L1-3 号家系苗高生长最早进入速生期，仅与 L1-17、L1-6、L1-16、L1-4 和 L1-12 号家系差异显著；9 月 15 日 L1-13 号家系苗高生长最晚结束速生期，除与 L1-3 号家系差异不显著外，与其他家系差异均达到显著水平；L1-3 号家系苗高速生期持续时间为 49 天，除与 L1-13 和 H1-2 号家系差异不显著外，与其他家系差异均达到显著水平。7 月 12 日 L1-6 号家系地径生长最早进入速生期，与其他家系差异均不显著；9 月 25 日 H1-1 号家系地径生长最晚结束速生期，除与 H1-6 号家系差异不显著外，与其他家系差异均达到显著水平；H1-1 号家系地径速生期持续时间为 75 天，与其他家系差异均达到显著水平。

掌握植物苗期生长规律，可以确定最佳适时施肥和灌溉时间，以及抚育措施的实施，有利于促进植物苗期生长。黄檗苗期生长存在"慢—快—慢"的生长规律，符合"S"型生长曲线，苗高和地径生长模型拟合精度均大于 0.8，这与赵曦阳等（2013）对毛白杨种内杂交无性系苗期 Logistic 模型拟合结果相近。

黄檗苗期生长分为"前慢期"、"速生期"和"后慢期"，地径早于苗高进入生长速生期，且生长速生期持续时间较长。黄檗家系间生长速生始期差异不显著，速生末期、持续时间均达到显著差异。生长速生期是苗木生长的关键时期，苗木生长速生期持续时间可作为家系选择的重要指标（涂忠虞，1989）。L1-3 号家系苗高速生期持续时间较长（49 天）；H1-1 号家系地径速生期持续时间最长（75 天）。本章仅对黄檗不同家系苗期生长节律进行了研究，对苗期在不同经营措施条件下苗木生长情况有待于进一步探讨。

参 考 文 献

安三平, 许娜, 杜彦昌, 等. 2018. 云杉种和种源生长性状早期评价[J]. 林业科学研究, 31（5）: 20-26.

陈建中, 葛水莲, 叶嘉, 等. 2008. 油松无性系数量性状的遗传变异分析[J]. 浙江林业科技, 1（1）: 10-13.

陈敬德. 1998. 马尾松无性系种子园产量变异的研究[J]. 南京林业大学学报, 22（3）: 81-85.

陈蕾, 邱大琳. 2006. 黄柏体外抑菌作用研究[J]. 时珍国医国药, 5（17）: 759-760.

陈晓波, 杨世桢, 王江, 等. 2019. 水曲柳个体生长节律及优良单株选择试验[J]. 防护林科技, 185（2）: 50-53.

陈晓阳, 沈熙环. 1995. 杉木种子园开花物候特点的研究[J]. 北京林业大学学报, 17（1）: 10-18.

陈亚斌. 2011. 马尾松半同胞家系多年度测定与早期选择[J]. 林业科技开发, 25（1）: 115-118.

陈志阳, 左家哺, 田伟政. 2001. 无性系林业的研究进展[J]. 湖南环境生物职业技术学院学报, 7（2）: 16-23.

程广有. 2010. 东北红豆杉[M]. 北京: 中国科学技术出版社: 10.

程广有. 2001a. 东北红豆杉遗传变异及其繁殖技术的研究[D]. 北京: 北京林业大学博士学位论文: 6

程广有. 2001b. 名优花卉组织培养技术[M]. 北京: 科学技术文献出版社: 11.

程广有, 高峰, 葛春华, 等. 2005. 中国境内东北红豆杉天然群体紫杉醇含量变异规律[J]. 北京林业大学学报, （4）: 7-11.

程广有, 顾地周, 邓军, 等. 2016. 长白山特色植物组织培养[M]. 北京: 中国林业出版社: 10.

程广有, 王明启. 2000. 东北红豆杉微繁技术[J]. 东北林业大学学报, （2）: 13-16.

程广有, 沈熙环. 2001. 东北红豆杉开花结实规律的研究[J]. 东北林业大学学报, （3）: 44-46.

程广有, 唐晓杰, 沈熙环. 2003. 东北红豆杉天然群体插穗生根力变异及扦插技术[J]. 东北林业大学学报, （6）: 23-25.

程广有, 唐晓杰, 高红兵, 等. 2004. 东北红豆杉种子休眠机理及解除技术探讨[J]. 北京林业大学学报, （1）: 5-9.

程广有, 唐晓杰, 马德宝. 2011. 基于紫杉醇质量分数的东北红豆杉优良种源选育[J]. 东北林业大学学报, 39（8）: 7-8.

程广有, 戚继忠, 顾地周. 2012. 植物组织培养[M]. 长春: 吉林科学技术出版社: 5.

崔萌. 2016. 黄檗叶黄酮类提取物对酪氨酸酶的活性影响[D]. 长春: 吉林大学硕士学位论文: 3.

方乐金, 施季森. 2003. 杉木种子园种子产量及其主导影响因子的分析[J]. 植物生态学报, 27（2）: 235-239.

顾地周, 高捍东, 冯颖, 等. 2010. 不同激素对黄檗腋芽丛生芽苗诱导及种质试管保存的影响[J]. 中国农学通报, 26（9）: 255-258.

国家环境保护局, 中国科学院植物研究所. 1987. 中国珍稀濒危保护植物名录[M]. 北京: 科学出版社: 22.

郭志坚, 郭书好, 何康明, 等. 2002, 黄柏叶中黄酮醇甙含量测定及其抑菌实验[J]. 暨南大学学报（自然科学版）, 23（5）: 64.

韩碧文, 刘淑兰. 1986. 桃组织培养. 见: 陈正华主编. 木本植物组织培养及其应用[M]. 北京: 高等教育出版社: 456-465.

韩强, 仲崇禄, 张勇, 等. 2017. 山地木麻黄种源在海南临高的遗传变异及选择[J]. 林业科学研究, 30（4）: 595-603.

何海金, 孙斌, 胡勐鸿, 等. 2014. 青海云杉无性系种子园雌雄球花空间分布与管理[J]. 东北林业大学学报, 42（3）: 28-32.

何霞, 吕子豪, 廖柏勇, 等. 2018. 苦楝不同种源在广东生长适应性表现及早期选择[J]. 中南林业科技大学学报, 38（3）: 44-50.

贺秀霞, 戴灵超, 张晓玲, 等. 2010. 不同种质及生长年限关黄柏中生物碱含量变化规律的研究[J]. 中国农学通报, 26（13）: 114-117.

洪永辉, 林文奖, 黄以法. 2010. 12 年生马尾松种子园半同胞家系生长性状变异分析与优良家系选择[J]. 南京林业大学学报（自然科学版）, 34（4）: 26-30.

侯小涛, 戴航, 周江煜. 2007. 黄柏的药理研究进展[J]. 时珍国医国药, 18（2）: 498-500.

胡集瑞. 2007. 马尾松种子园优良无性系的选择与评价[J]. 福建林业科技, 34（2）: 32-35.

胡集瑞. 2008. 马尾松无性系生长性状的遗传变异[J]. 林业勘察设计,（1）: 80-83.

胡立平, 毛辉. 2007. 长白落叶松第二代种子园子代测定技术[J]. 森林工程, 23（4）: 16-17.

胡永强, 曹荣荣, 杨彩虹, 等. 2017. 白桦苗期种源试验的研究[J]. 陕西农业科学, 63（6）:40-44, 58.

蒋迪军, 牛建新. 1992. 苹果茎尖快速繁殖研究[J]. 新疆农业科学, 4（2）: 171-173.

金国庆, 秦国峰, 周志春, 等. 1998. 马尾松无性系种子园球果产量的遗传变异[J]. 林业科学研究, 11（3）: 277-284.

孔令东, 杨澄, 仇熙, 等. 2001. 黄柏炮制品清除氧自由基和抗脂质过氧化作用[J]. 中国中药杂志,（4）: 29-32.

雷军, 张宏斌, 范菊萍. 2012. 青海云杉无性系种子园开花习性[J]. 西北林学院学报, 27（6）: 70-74.

李丹丹, 江培, 杨书美, 等. 2014. 黄柏的化学成分、药理作用及临床应用研究进展[J]. 黑龙江医药,（3）: 601-605.

李峰, 贾彦竹. 2004. 黄柏的临床药理作用[J].中医药临床杂志, 16（2）: 191.

李光友, 徐建民, 陆钊华, 等. 2006. 尾叶桉二代种子园家系选择及遗传评估[J]. 南京林业大学学报（自然科学版）, 29（6）: 40-44.

李霞, 王洋, 阎秀峰.2007. 水分胁迫对黄檗幼苗三种生物碱含量的影响[J]. 生态学报, 27（1）: 58-64.

李霞, 王洋, 阎秀峰. 2009. 光强对黄檗幼苗三种生物碱含量的影响[J]. 生态学报, 29（4）: 1655-1660.

李霞, 阎秀峰, 刘剑锋. 2005. 氮素形态对黄檗幼苗三种生物碱含量的影响[J]. 生态学报, 25（9）: 2159-2164.

李霞, 杨立学, 阎秀峰. 2006. 一年生黄檗幼苗药用生物碱的分布及其含量变化[J]. 东北师范大学报（自然科学版），38（2）：101-104.

李晓琼，苏勇，郭文锋，等. 2015. 桉树优良无性系选育研究[J]. 广西科学，22（6）：586-592,599.

李悦，王晓茹，李伟，等. 2010. 油松种子园无性系花期同步指数稳定性分析[J]. 北京林业大学学报，32（5）：88-93.

梁鸣. 1995. 芸香科植物黄檗应用一例：中枢神经系统激活剂及开胃性食品添加剂[J]. 国土与自然资源研究，（4）：75-78.

廖静，鳄征，宁涛，等. 1999. 中药黄柏的光敏抗癌作用研究[J]. 首都医科大学学报，20（3）：153-155.

林殿国，谷淑芬，李长海，等. 1998. 黄波罗扦插繁殖技术的研究[J]. 林业科技，（2）：7-9.

刘超. 2018. 黄波萝种子园营建及幼林抚育技术[D]. 吉林：北华大学硕士学位论文：6.

刘彤，夏春梅，胡燕妮，等. 2013. 天然黄檗不同季节主要生物碱含量差异的研究[J]. 北京林业大学学报，（4）：27-33.

刘文盈，张大光，杨艳丽. 2004. 黄波罗在园林绿化中的应用试验[J]. 内蒙古农业科技，（6）：35-37.

鲁敏，姜凤岐. 2003. 绿化树种对大气 SO_2、铅复合污染的反应[J]. 城市环境与城市生态，16（6）：23-25.

马常耕. 1989. 我国林木无性系育种回顾和今后方向[J]. 江西林业科技，（6）：32-37.

倪荣新，陈奕良，陈敏红，等. 1999. 浙江庆元杉木种子园产量预测模型[J]. 林业科学研究，12（6）：639-644.

潘树百. 2019. 黄波罗生长性状变异规律初步研究[D]. 吉林：北华大学硕士学位论文：6.

平吉成. 1994. 苹果属几个种的组织培养繁殖技术及其组培苗缺铁胁迫反应的研究[D]. 北京农业大学硕士学位论文.

钱崇澍，陈焕镛，林鎔，等. 1997. 中国植物志第43卷，第2分册[M]. 北京：科学出版社：100.

秦彦杰，王洋，阎秀峰. 2006. 中国黄檗资源现状及可持续利用对策[J]. 中草药，（7）：1104-1107.

秦彦杰. 2005. 黄檗主要药用成分的分布规律研究[D]. 哈尔滨：东北林业大学 硕士学位论文：4.

丘进清. 2006. 杉木种子园技术综述[J]. 南京林业大学学报，30（5）：103-106.

曲伟娣，张玉红. 2010. 不同因子对黄檗愈伤组织诱导的影响[J]. 经济林研究，28（2）：49-53.

荣辉，金武祚. 1994. 黄皮树果实中的酰胺类化合物[J]. 植物学报，36（10）：817-820.

单良，王井源，高海燕，等. 2017. 黄檗不同家系子代生长性状比较[J]. 北华大学学报（自然科学版），18（3）：308-311.

邵海燕，李殿波，李海山. 2006. 黄菠萝药用林的营造技术[J]. 特种经济动植物，9（6）：25-26.

沈国舫，翟明普. 2001. 森林培育学[M]. 北京：中国林业出版社：97-99.

沈熙环. 1990. 林木育种学[M]. 北京：中国林业出版社.

谭小梅，金国庆，张一，等. 2011. 截干矮化马尾松二代无性系种子园开花结实的遗传变异[J]. 东北林业大学学报，39（4）：39-42.

唐晓杰，张悦，王井源，等. 2019. 黄檗3种生物碱质量分数的变异规律[J]. 东北林业大学学报，47（4）：54-58.

唐晓杰，潘树百，王连福，等. 2019. 黄波椤种子形态变异初步分析[J]. 北华大学学报（自然科学版），20（4）：446-450.

唐效蓉，伍新云，曾令文，等. 2014. 马尾松二代种子园无性系花量分析[J]. 中南林业科技大学学报. 34（12）: 16-23.

涂忠虞. 1989. 柳树工业林的营建[J]. 江苏林业科技,（1）: 43-46.

王昊. 2013. 林木种子园研究现状与发展趋势[J]. 世界林业研究, 26（4）: 32-37.

王衡奇, 秦民坚, 余国奠. 2001. 黄柏的化学成分及药理学研究进展[J]. 中国野生植物资源,（4）: 6-8.

王惠清. 2007. 中药材产销[M]. 成都: 四川科学技术出版社: 6.

王慧梅, 王延兵, 祖元刚, 等. 2007. 干旱胁迫下黄檗幼苗 cDNA 消减文库的构建和分析[J]. 生物工程学报, 24（2）: 198-202.

王井源, 高海燕, 刘剑, 等. 2013.黄檗无性系年生长量比较. 北华大学学报（自然科学版）, 14（6）: 716-719.

王明华, 李光晨, 李正应. 1995. 芭蕾苹果微繁中抑制褐化的研究[M]. 见: 中国科协第二届青年学术年会园艺学论文集. 北京: 北京农业大学出版社: 365-369.

王明庥. 2001. 林木遗传育种学[M]. 北京: 中国林业出版社: 200-223.

王润辉, 胡德活, 郑会全, 等. 2013. 杉木 2.5 代种子园开花物候遗传变异分析[J]. 西南林业大学学报, 33（4）: 25-29.

王绩衍, 林秦碧. 1988. 苹果组织培养研究简报[J]. 四川农业大学学报, 3（1）: 46-48.

王洋, 张玉红, 阎秀峰, 等. 2005. 黄檗幼树茎干中小檗碱含量的分布[J]. 植物生理学通讯, 41（1）: 87-89.

王忠. 2005. 黄菠萝的人工栽培技术[J]. 林业实用技术,（7）: 18.

翁殿伊, 王同立, 杨井泉. 1988. 油松种子园优良无性系的综合评定[J]. 河北林业科技,（1）: 11-14.

吴强, 单翠英, 易东, 等. 1998. 马尾松种子园花期观察与分析[J]. 四川农业大学学报, 16（4）: 444-451.

夏天睿. 2006. 野生黄檗自我更新障碍的种内因素及化学成分多样性研究[D]. 北京: 中国协和医科大学硕士学位论文: 7.

肖复明, 曾志光, 沈彩周, 等. 2006. 杉木速生优良无性系选育[J]. 林业科技开发, 20（2）: 8-11.

谢汝根. 2010. 杉木第三代种子园营建技术初探[J]. 林业科技开发,（1）: 116-118.

徐丽娇, 邱婧珺, 孙铭隆, 等. 2014. 季节和地理差异对天然黄檗小檗碱和药根碱含量的影响[J]. 生态学报, 34（21）: 6355-6365.

许兴华, 李霞, 孟宪伟, 等. 2006. 毛白杨优良无性系选育研究[J]. 山东林业科技,（2）: 30-32.

闫顺吉, 曲喜斌, 张四林. 2001. 黄檗嫁接技术的研究[J]. 吉林林业科技,（3）: 14-16.

闫志峰. 2006. 濒危药用植物黄檗遗传多样性的 AFLP 分析及其保护研究[D]. 北京: 中国协和医科大学硕士学位论文: 2.

阎秀峰. 2003. 药用木本植物的生态保护[J]. 应用生态学报,（9）: 1561-1564.

杨培华, 樊军锋, 刘永红, 等. 2005a. 油松高世代种子园营建技术[J]. 中南林学院学报, 25（6）: 65-69.

杨培华, 樊军锋, 刘永红, 等. 2005b. 油松种子园开花结实规律研究进展[J]. 西北林学院学报, 20（3）: 96-101.

杨秀艳, 孙晓梅, 张守攻, 等. 2011. 日本落叶松EST SSR标记开发及二代优树遗传多样性分析[J]. 林业科学, 47（11）: 52-58.

余莉, 杜超群, 李玲. 等. 2012. 日本落叶松种子园优良家系球花分布规律及花量调查[J]. 湖北林业科技, （4）: 5-7, 20.

张冠英, 董瑞娟, 廉莲. 2012. 川黄柏、关黄柏的化学成分及药理活性研究进展[J]. 沈阳药科大学学报, （10）: 812-821.

张海燕. 2017. 香椿种源生长差异性分析及早期评价[J]. 中南林业科技大学学报, 37（1）:38-42.

张华新, 陈丛梅. 2007. 油松无性系开花物候特点的研究[J].林业科学研究, 14（3）: 288-296.

张华新, 江国奎. 1995. 油松种子园无性系球果性状选择指数的研究[J]. 东北林业大学学报, 23（4）:33-41.

张华新, 李军, 李国锋, 等. 1997.油松无性系雌雄球花量变异和稳定性评价[J].林业科学研究, 10（2）: 154-163.

张华新, 沈熙环. 1996. 油松种子园无性系球果性状的变异和空间变化[J].北京林业大学学报, 18（1）: 29-37.

张靖, 于凌飞, 王一辰, 等. 2017. 赤松生长节律与降雨量关系研究[J].防护林科技, 170（11）: 9-13.

张秋菊, 杨文娣, 刘雪莲, 等. 2008.黄檗种子及果肉中抑制物质活性的研究[J].中草药, 39（1）:108-111.

张任好. 2008. 马尾松第二代种子园建园无性系选育及应用[J]. 福建林业科技, 35（1）: 1-5.

张双英, 王军辉, 田开春, 等. 2013.云杉属的种和种源选择试验[J]. 湖南林业科技, 40（4）: 29-32.

张天雷. 2013. 黑龙江道地药材关黄柏 DNA 指纹图谱的构建及分析[D]. 哈尔滨:黑龙江中医药大学硕士学位论文: 3.

张骁. 2016. 黄檗种子园开花结实规律的研究[D]. 吉林: 北华大学硕士学位论文: 6.

张骁, 苗志远, 刘剑, 等. 2014. 黄檗无性系种子园母树生长性状评价[J]. 特产研究, （2）: 54-57.

张骁, 唐晓杰, 程广有. 2016. 黄檗种子园花期同步指数研究[J]. 东北林业大学学报, （7）: 46-50.

张骁, 王忠良, 刘剑, 等. 2018. 黄檗无性系种子出苗率初步分析[J]. 吉林林业科技, 47（3）: 1-3.

张玉红, 曲伟娣. 2008. 培养条件对黄檗快速繁殖影响的研究[J]. 植物研究, 28（2）: 236-239,256.

张玉红, 刘彤, 周志强. 2012. 黑龙江黄檗皮中药用活性成分含量差异及聚类分析[J]. 经济林研究, 30（3）: 51-54.

张悦. 2018. 黄波罗生物碱含量变异规律研究[D]. 吉林：北华大学硕士学位论文: 6.

张悦, 唐晓杰, 程广有. 2016. 黄檗枝条生物碱含量初步分析[J]. 北华大学学报, 17（3）: 326-329.

张志军. 1994. 黄柏提取物的抗溃疡效果[J].国外医学·中医中药分册,16（1）:29.

赵承开. 2002. 杉木优良无性系早期选择年龄和增益[J].林业科学,38（4）:53-60.

赵鲁青, 增瑞祥, 王森民, 等. 1995.复方黄柏冷敷剂的药理学研究[J]. 中国药事, 9（4）: 236.

赵曦阳, 李颖, 赵丽, 等. 2013. 不同地点白杨杂种无性系生长和适应性表现分析和评价[J]. 北京林业大学学报, 35（6）: 7-14.

周国峰, 牛林龙, 魏殿岭. 2003. 黄檗山地育苗技术[J].林业实用技术, （7）: 27-28.

周海燕. 2001. 关黄柏化学成分的研究[D].沈阳药科大学硕士学位论文: 6.

周志强, 彭英丽, 孙铭隆, 等. 2015. 不同氮素水平对濒危植物黄檗幼苗光合荧光特性的影响[J]. 北京林业大学学报, 37（12）: 17-23.

朱俊义, 周繇. 2013. 木本植物彩色图志[M]. 吉林: 吉林大学出版社: 145.

祖元刚, 王延兵, 王慧梅. 2007. 黄檗 (*Phellodendron amuranse*) 叶片总 RNA 提取方法研究[J]. 植物研究, 27 (5): 593-595.

Anis K V, Rajeshkumar N V, Kuttan R. 2001. Inhibition of chemical carcinogenesis by berberine in rats and mice[J]. Journal of Pharmacokinetics and Pharmacodynamics, 20 (4): 6-8.

Bhutada P, Mundhada Y, Bansod K, et al. 2011. Protection of cholinergic and antioxidant system contributes to the effect of berberine ameliorating memory dysfunction in rat model of streptozotocin induced diabetes[J]. Behav Brain Res, 220 (1): 30-41.

Bradley N L, Leopold A C, Ross J, et al. 1999. Phenological changes reflect climate change in Wisconsin[J]. Proceedings of the National Academy of Sciences of the United States of America, 96 (17): 9701-9704.

Chesnoiu E N, Sofletea N, Curtu A L, et al. 2009. Bud burst and flowering phenology in a mixed oakforest from Eastern Romania[J]. Annals of Forest Reserch, 52 (1): 199-206.

Chevre A M. 1983. In vitro vegetative multiplication of chestnut[J]. J Horl Sci, 58 (1): 23-29.

Cvjetkovi B, Mataruga M, Duki V, et al. 2015. The variability of Scotspine (*Pinus sylvestris* L.) in the provenance test in Bosnia and Herzegovina[C]. Biennial International Symposium Forest and Sustainable Development.

Dalal M A, Sharrna B B, Rao M S. 1992.Studies on stock plant treatment and initiation culture mode in control of oxidative browning in vitro cultures of grapevine[J]. Sci Horl, 51 (1): 35-41.

Fitter A H, Fitter R S R, Harris I T B, et al.1995. Williamson.Relationships between first flowering date and temperature in the flora of alocality in central England[J]. Functional Ecology, 9 (1): 55-60.

Hildebrandt V, Harney P M. 1988. Factors affacting the release of phenolic exudate from explants of Pelargonium Horlorum Bailey 'Sprinter Scarlet' [J] . J Horl Sci, 63 (4): 651-657.

Hu C Y, Wang P J. 1983. Meristem, shoot tip and bud cultures. In:Emvans D A, Sharp W R, Ammirato P V et al(eds).Handbook of Plant Cell Culture (Volum I).New York:Macmillan Publiahing Co. A Division of Macmillan,Inc.: 177-228.

Ishii M, Uemoto S, Fujieda K. 1979. Studies on tissue culture in cattleya species II . Preventive methods for the browning of explanted tissue[J]. J Jap Soc Horl Sci, 48 (2): 199-204.

Ledneva A, Imbres C. 2009. Climate change as reflected in a naturalist's diary, Middleborough, Massachusetts[J]. The Wilson Bulletin, 116 (3): 224-231.

Lee B , Sur B, Shim I, et al. 2012. Phellodendron amurense and its major alkaloid compound, berberine ameliorates scopolamine-induced neuronal impairment and memory dysfunction in rats[J]. Korean J Physiol Pharmacol, 16 (2): 79-89.

Liu G, Chu Y, Shi Y, et al. 2003. The Provenance test of 17-year-old *Pinus sylvestris* var. *mongolica* at Maoershan Area[J]. Journal of Northeast Forestry University, 31 (4): 1-3.

Miyazawa M, Fujioka J, Ishikawa Y. 2002. Insecticidal compounds from *Phellodendron amurense* active against *Drosophila melanogaster*[J].J Sci Food Agric, 82 (8): 830-833.

Reuveni O, Kipnjs H L. 1974. Studies of the in vitro culture of date palm(*Phoenix dactylitera* L.) tissues and organs [J]. Pamphlet, 145 (1): 20.

Rita G, Heather G. 2010. *Phellodendron amurense* Bark extract prevents progression of prostate tumors in transgenic adenocarcinoma of mouse prostate: potential for prostate cancer management[J]. Anticancer Research, 30: 857-866.

Rosvall O, Jansson G, Andersson B, et al. 2002. Orchards and clone mixes in Sweden genetic gain from existing and future seed[M]. Vantaa: Finnish Forest Institute: 71-85.

Schmidtling R C. 1994. Use of provenance tests to predict response to climate change: loblolly pine and Norway spruce[J]. Tree Physiology, 14（7-9）: 805-817.

Taheri E, Till H S. 2012. Phenology of Veronica beccabungal flowering in NW Iran[J]. International Journal of Forest, Soil and Erosion, 2（2）: 74-77.

Wan J Z, Wang C J, Yu J H, et al. 2014. Model based conservation planning of the genetic diversity of *Phellodendron amurense* Rupr dueto climate change [J]. Ecology and Evolution, 4（14）: 2884-2900.

Wang Q C, Tang H R, Quan Y et al. 1994. Phenol induced browning and establishment of shoot-tip explants of 'Fuji' apple and 'Jinhua pear'cultured in vitor[J]. J Horl Sci, 69（5）: 833-839.

Xing X Z. 2001. Adventitious effect and analysis of ecological adaptability of Amur Cork[J].Xinjiang Agric Sci,38（5）: 193-194.

Yu D H, Meredith C P J. 1986. The influence of explant origin on tissue browning and shoot production in shoot tip culture of grapevine[J]. J Amer Soc Horl Sci, 111（6）: 972-975.

Zhou Z, Chen X J, Xue M X. 1997. Introduction to the main timber tree species of the world[M]. Beijing: China Forestry Publishing House.

Ziv M, Halery A H. 1983. Control of oxidative browning and in vitro propagation of Strellitio reginae[J]. Horl Sci, 18（4）: 434-436.